水中目标稀疏稳健方位估计与定位方法

宋海岩　著

哈爾濱工程大學出版社
Harbin Engineering University Press

内容简介

本书是一部关于阵列信号处理及其压缩感知技术在水下方位估计中应用的专著。其主要内容包括绪论、阵列信号处理理论基础、压缩感知基本理论与稀疏信号恢复技术、基于空时频联合分析的水下目标方位估计方法、圆阵模态域压缩波束形成方位估计方法、基于射线理论的水下目标方位及距离联合估计方法、基于简正波传播理论的水下声源稀疏约束定位方法等。

本书可供从事雷达、声呐、通信等领域的广大技术人员学习与参考,也可作为高等院校和科研院所信息科学与技术等相关专业的高年级本科生、研究生教材或参考书。

图书在版编目(CIP)数据

水中目标稀疏稳健方位估计与定位方法/宋海岩著.—哈尔滨:哈尔滨工程大学出版社,2022.6

ISBN 978-7-5661-3538-4

Ⅰ.①水…　Ⅱ.①宋…　Ⅲ.①水下目标识别-研究
Ⅳ.①U675.7

中国版本图书馆CIP数据核字(2022)第109698号

水中目标稀疏稳健方位估计与定位方法
SHUIZHONG MUBIAO XISHU WENJIAN FANGWEI GUJI YU DINGWEI FANGFA

选题策划 刘凯元
责任编辑 刘凯元　秦　悦
封面设计 李海波

出版发行 哈尔滨工程大学出版社
社　　址 哈尔滨市南岗区南通大街145号
邮政编码 150001
发行电话 0451-82519328
传　　真 0451-82519699
经　　销 新华书店
印　　刷 哈尔滨市石桥印务有限公司
开　　本 787 mm×1 092 mm　1/16
印　　张 11.25
字　　数 275千字
版　　次 2022年6月第1版
印　　次 2022年6月第1次印刷
定　　价 60.00元
http://www.hrbeupress.com
E-mail:heupress@hrbeu.edu.cn

前　　言

空间目标方位估计技术是阵列信号处理的一个重要分支，广泛应用于雷达、声呐、通信、勘探、医学工程等众多军事及国民经济领域。随着科学技术的不断发展和深化，空间目标方位估计技术凸显出旺盛的生命力和巨大的发展潜力，新理论、新算法日新月异，层出不穷，在各个相关领域发挥着越来越重要的作用。

目前，在实际工程应用中，如何提高方位估计算法在小快拍数、低信噪比等条件下的精度，受到广大专家学者的高度重视，相关的方位估计技术已取得了丰硕的研究成果，并且国内外已出版了不少深受广大读者喜爱的与空间目标方位估计技术相关的书籍。本书试图将时频分析理论和压缩感知技术引入阵列信号处理方位估计领域，再结合水下声传播规律，提出解决水下目标方位估计的新方法和新思路，目的是使从事目标方位估计、阵列信号处理等专业研究领域的科技人员或高等院校师生掌握空间目标方位估计的基本概念和理论，特别是基于时频分析或压缩感知理论的水下目标方位估计技术。

本书共7章，第1章绪论，主要介绍水下阵列信号处理方位估计技术的发展及研究现状；第2章介绍阵列信号处理理论基础，主要包括阵列系统及信号模型、常规波束形成、自适应波束形成、常用的方位估计方法等；第3章介绍压缩感知基本理论与稀疏信号恢复技术，论述了压缩感知的数学模型、信号的稀疏表示、测量矩阵的设计及信号重构算法和稀疏信号恢复技术；第4章介绍基于空时频联合分析的水下目标方位估计方法，论述了将时频分析理论引入阵列信号处理领域的基本思想和方法，提出基于雅可比旋转的空时频分布矩阵组联合对角化方法，以期获得较高的空间分辨能力；第5章介绍圆阵模态域压缩波束形成方位估计方法，主要讨论了圆阵模态域压缩波束形成技术，将压缩感知技术应用于圆阵模态域阵列信号处理领域，提高了圆阵方位估计方法的分辨能力和精度；第6章介绍基于射线理论的水下目标方位及距离联合估计方法，在建立水平L型均匀线阵信号模型的基础之上，结合水下声射线传播理论，利用压缩感知理论和稀疏恢复技术对水下目标进行方位及距离联合估计，最终提高水下目标定位的精度和性能；第7章介绍基于简正波传播理论的水下声源稀疏约束定位方法，充分利用了信源空间稀疏性和水下声传播规律，在简正波传播模型的基础上，将定位问题转化为最优化稀疏求解问题，并通过凸优化工具进行有效求解。

由于著者水平有限，书中难免有不妥甚至错误之处，恳请诸位专家、同人和广大读者不吝赐教，批评指正。同时，向为本书出版提供大力支持，并提出宝贵意见的专家、学者们表示感谢。

本书获得了2019年黑龙江省博士后科研启动金、黑龙江省省属本科高校基本科研业务费（创新团队类：No. 2018CX11）的资助。

宋海岩

2022年3月20日

目　　录

第 1 章　绪论 …… 1
1.1　引言 …… 1
1.2　水下阵列信号处理方位估计技术的发展及研究现状 …… 2
1.3　本书内容 …… 7
第 2 章　阵列信号处理理论基础 …… 8
2.1　引言 …… 8
2.2　阵列系统及信号模型 …… 8
2.3　常规波束形成 …… 17
2.4　自适应波束形成 …… 23
2.5　常用的方位估计方法 …… 29
2.6　本章小结 …… 56
第 3 章　压缩感知基本理论与稀疏信号恢复技术 …… 57
3.1　引言 …… 57
3.2　压缩感知的数学模型 …… 58
3.3　信号的稀疏表示 …… 59
3.4　测量矩阵的设计 …… 63
3.5　信号重构算法/稀疏信号恢复技术 …… 66
3.6　本章小结 …… 74
第 4 章　基于空时频联合分析的水下目标方位估计方法 …… 75
4.1　引言 …… 75
4.2　阵列信号模型及方位估计方法 …… 75
4.3　时频分析及其性质 …… 78
4.4　空时频分布结构及方位估计方法 …… 87
4.5　雅可比旋转联合对角化方位估计方法 …… 88
4.6　数值仿真分析 …… 93
4.7　本章小结 …… 106
第 5 章　圆阵模态域压缩波束形成方位估计方法 …… 107
5.1　引言 …… 107
5.2　声散射基本理论 …… 107
5.3　圆阵模态域信号模型及模态域方位估计方法 …… 114
5.4　圆阵模态域压缩波束形成方位估计方法 …… 117
5.5　数值仿真分析 …… 120
5.6　本章小结 …… 126

第 6 章　基于射线理论的水下目标方位及距离联合估计方法 …… 127
6.1　引言 …… 127
6.2　射线声学基础 …… 127
6.3　邻近海面的水下点源声场 …… 132
6.4　水平 L 型均匀线阵信号模型 …… 133
6.5　基于稀疏约束的水下目标方位及距离联合估计 …… 135
6.6　数值仿真分析 …… 139
6.7　本章小结 …… 142
第 7 章　基于简正波传播理论的水下声源稀疏约束定位方法 …… 143
7.1　引言 …… 143
7.2　水下声场计算模型 …… 143
7.3　水下声源稀疏约束定位方法 …… 149
7.4　数值仿真分析 …… 154
7.5　本章小结 …… 168
参考文献 …… 169

第1章 绪论

1.1 引言

阵列信号处理技术也称为空时处理技术,广泛应用于雷达、通信、声呐、射电天文、医学诊断、地震遥感等众多领域,其主要功能是获取空间中传播的信号,并根据不同的实际目的及应用需求,对阵列获取到的信号进行时域与空域分析和处理,最终获得我们所需要的或可以利用的有效信息。例如:

(1)在通信领域中,对源信号波形进行估计;

(2)在医学诊断中,对待诊断目标进行医学成像;

(3)在地质勘探、地震遥感领域中,对源信号特征进行提取;

(4)在雷达、声呐领域中,对目标进行空间定位。

阵列信号处理技术领域主要包括常规波束形成、自适应波束形成、信源个数估计、阵列校准、目标参数估计(方位、时延、多普勒频移)等研究内容。其中,空间目标的方位估计问题是阵列信号处理领域的研究热点,也是基本问题之一,与之相关的技术在近几十年得到迅猛发展。从统计估计理论范畴上来讲,目标方位估计问题属于目标参数估计问题,可看作时域信号频谱估计向空域方位估计的拓展,故也称为空间谱估计。

在自然界和人类社会生产活动中,利用空间分布的传感器阵列接收目标信号,继而对目标进行方位估计,早已得到广泛应用。例如,蝙蝠能通过口腔或鼻腔把从喉部产生的超声波发射出去,利用灵敏的耳朵接收反射的声音回波,进而对前方物体进行定向,保证其在完全黑暗中,以极快的速度精确地飞翔,从不会同前方的物体相撞。声呐通过水声换能器基阵接收水中目标反射的回波(主动声呐)或舰船等水中目标产生的辐射噪声(被动声呐),进而测定水下目标的方位,保证自身航行的安全,同时也使武器装备的精确打击成为可能。在现代海洋国防军事及国民经济建设中,声呐作为获取水下信息,进而对水下目标进行探测、定位及跟踪的重要设备已被广泛应用。随着海洋技术、信息处理手段的蓬勃发展,在复杂的海洋环境下,如何有效地实现水下目标稳健方位估计是新一代声呐迫切需要解决的关键问题。

提高声呐系统的方位分辨力一直以来都是人们渴望实现的目标,近三十年来,许多从不同角度提出的、具有不同优点的高分辨算法不断涌现。然而,随着人类对工程技术的不断探索和发展,对方位估计结果的准确性、有效性、实用性提出了更高的需求,继而要求进一步提高现有方位估计算法在低信噪比(SNR)、短快拍、强干扰等条件下的性能,这正是现阶段方位估计算法所要研究的主要内容,具有重要的科学意义和工程实用价值。

1.2 水下阵列信号处理方位估计技术的发展及研究现状

水下目标方位估计技术一直是广大专家学者研究的热点，水中兵器作用距离和打击精度的提高，对方位估计性能提出了更高的要求，各种方位估计方法应运而生。归纳起来，典型的方位估计技术包括：传统的三子阵定位技术和阵列信号处理技术。传统的三子阵定位技术一般通过测量各阵元的相对时延来估计目标的距离和方位，其优点是定位原理简单、工程操作方便；但缺点是测距精度与时延估计精度等因素有关，对于有限的阵列孔径，随着探测距离的增加以及声传播起伏的影响，时延的精确测量以及距离信息的准确获取变得越来越困难，故难以实现远程定位。阵列信号处理技术是在空域滤波和时域谱估计基础上发展起来的新技术，其优越的参数估计性能、广泛的应用前景引起了许多专家学者的深入研究，至今已取得了极为丰硕的成果，可望给声呐方位估计性能带来根本性的改变，已成为解决水下目标方位估计问题的主流方法。

最早的阵列信号处理技术称为波束形成，它是一种空间滤波技术，其性能直接取决于阵列的物理孔径，角度分辨力受到瑞利限的制约。如何突破瑞利限成了一个热门的研究方向，促进了空间谱估计技术的兴起与发展，由此产生了高分辨空间谱估计方法。1967 年，Burg 将熵的概念推广到空间谱估计领域，对信号的波达方向进行估计，这就是著名的最大熵谱法（maximum entropy method，MEM），该算法突破了瑞利限的限制，吸引了广大研究者对现代谱分析参数模型法的广泛研究。1969 年，Capon 提出了最小方差法（minimum variance method，MVM），该方法也称为标准 Capon 法（standard Capon beamforming，SCB）或最小方差信号无畸变响应法（minimum variance distortionless response，MVDR），可在保持来波方向信号能量不变的前提下，使波束内其他方向的能量最小化，该方法可同时获得较高的分辨力以及较强噪声干扰抑制能力。20 世纪 80 年代后期，出现了一类子空间拟合（SF）类算法，其基本思想是构造阵列流型矩阵和接收数据之间的拟合关系，其中典型算法包括加权信号子空间拟合（WSSF）算法、加权噪声子空间拟合（WNSF）算法等。20 世纪 90 年代以来，高分辨阵列处理与优化理论、信息论等相关学科密切结合，提出了很多新的算法和理论，主要包括波束域高分辨阵列信号处理、宽带信号空间谱估计、循环平稳信号的空间谱估计、基于高阶累积量的空间谱估计等。

近年来，随着研究的深入，阵列信号处理方位估计技术逐渐走向实用阶段，如何实现高精度且稳健的水下目标方位估计已成为世界各国专家学者竞相研究的热点。至今，高分辨阵列处理与优化理论、信息论等相关学科密切结合，提出了很多新的算法和理论，主要包括基于空时频分布理论的方位估计方法、圆阵模态域方位估计方法以及匹配场定位处理方法等。

1.2.1 空时频方位估计方法

大量研究表明，以往的大多数方位估计方法仅利用空域－时域二维统计信息进行目标方位估计，并未利用频域信息。最近，国际信号处理研究领域出现了一种新颖的空时频分布理论，该理论突破了大多数方位估计方法仅利用空域－时域二维统计信息的限制，极大地利用了空域－时域－频域三维信息，可有望改善现有方法的方位估计性能，使信号处理领域进入了一个新的革命时代，具有划时代的意义。

时频分析（time－frequency analysis，TFA）也称为时频变换，是经典傅里叶变换在时频域上的拓展，至今已有很多成熟的方法，例如短时傅里叶变换（short time fourier transform，STFT）、小波变换（wavelets transformation，WT）等。随着非平稳信号表示及分析理论的迅猛发展，时频分析吸引了广大学者的注意，并在众多研究领域得到广泛应用。例如，语音合成、医学成像、生物信号分析等。而且值得注意的是，时频分析的蓬勃发展，也引起了阵列信号处理领域的广泛关注。

1998 年，Belouchrani 和 Amin 首次提出了空时频分布（spatial time－frequency distribution，STFD）矩阵的概念，并将其应用于非平稳信号的盲源分离领域。随后，Belouchrani 和 Amin 又进一步将空时频分布矩阵的概念在方位估计领域进行拓展，结合信号子空间与噪声子空间正交的性质，提出时频分析多重信号子空间正交方法（time－frequency music，TFM），开启了时频分布类算法在方位估计领域的应用。与此同时，Gershman 等将空时频分布矩阵的应用由窄带信号拓展到宽带信号。Ghofrani 等利用匹配跟踪（matching pursuit，MP）算法对空时频分布矩阵进行有效估计和修正，改善了方位估计性能。Khodja 等统计分析了阵列误差及加性噪声干扰条件下的空时频分布方位估计方法的性能。然而，现有利用空时频分布矩阵进行方位估计的方法大多是仅利用单个时频分布点信息，如何综合利用多个时频分布点信息，进而更加有效地进行方位估计，已成为广大专家学者竞相研究的热点。

从数学角度看，联合对角化实质上是特征值分解的一种推广，其目的是使多个矩阵同时对角化。依据对角化矩阵是否为正交矩阵，联合对角化可以分为正交联合对角化和非正交联合对角化。最早应用联合对角化技术的信号处理领域是盲源分离，对源信号的统计独立性假设会导致由混合信号的统计量组成的某些矩阵具有特定的联合对角化结构，通过恢复这种联合对角化结构可以求解盲信号分离问题。其后联合对角化技术被广泛应用于频率估计、时延估计、近场源参数估计、盲波束形成、谐波恢复、多输入多输出（MIMO）盲均衡以及盲 MIMO 系统辨识中。

在空间谱估计中，通过对空时相关矩阵或高阶累积量矩阵构造合适的联合对角化结构，可有效抑制噪声干扰的影响，提高高分辨方位估计方法的稳健性。1997 年，Amin 等利用空时相关矩阵组的联合对角化结构，提出一种能够有效分离并估计信号子空间和噪声子空间的新方法，该方法成功推广至所有子空间类空间谱估计算法。2006 年，蒋飚利用 Jacobi 旋转矩阵法对一组空时相关矩阵组联合近似对角化，用联合对角化特征向量矩阵和特征值修正 MUSIC（multiple signal classification）等子空间算法，在相关噪声场中显著地减小了方位估计方差，提高了估计性能。2009 年，曾文俊等基于四阶累积量矩阵联合对角化结构，提出一种针对非高斯信源的方位估计方法，该方法不仅无须预先确定信源个数，而且能够有效抑制空间相关噪声，显著提高了方位估计算法的性能。

除此之外，还有很多学者在联合对角化空间谱估计方面做出了突出贡献，涌现出大量研究成果和文献。但到目前为止，尚未见应用雅可比旋转理论对空时频分布矩阵组进行联合对角化的有关报道,甚至在整个国际水声信号处理研究领域,对空时频分布矩阵组联合对角化技术的研究和应用也很少。基于此,本书拟在空时频分布矩阵概念的基础上,进一步采用基于雅可比旋转的联合对角化方法对多个时频分布点构成的空时频分布矩阵组进行信息融合和联合处理,以有效提高算法方位估计精度。

1.2.2 圆阵模态域方位估计方法及其压缩感知技术的应用

在过去的半个世纪中,随着阵列信号处理的广泛应用,许多满足不同特定需求的阵列孔径应运而生,其空间分布形状也多种多样。其中,以均匀线列阵(uniform linear array, ULA)和均匀圆阵(uniform circular array, UCA)较为典型。然而,相比于均匀线列阵,均匀圆阵具有以下明显优势:

(1)可提供360°方位角全方位估计,还可对俯仰角进行估计;

(2)在进行方位角扫描时,其波束形状可保持不变。

这些优势促使了圆阵方位估计方法的迅猛发展。现阶段,圆阵方位估计方法可分为两大类,一类是基于阵元域的经典信号处理方法,另一类是相位模态(phase modes)的模态域方位估计方法。本书主要研究第二类方法。

在过去的十几年里,圆阵模态域方位估计方法得到广泛研究。Mathews 和 Zoltowski 提出了对窄带信号方位角进行估计的求根子空间类算法,该方法实质上是在波束空间中进行估计,且依赖于相位模态激发形式。Rafaely 等发表了一系列基于圆阵麦克风阵列进行室内声学分析的报道,其核心思想是利用高阶球面谐波改善算法的空间分辨能力。文献[20]提出一种基于球谐波分解的最大似然方位估计方法,该方法避免了球贝塞尔函数的分离并能适用于任意的频率。在文献[21]中,研究者提出了四种时延求和波束形成器并对其性能进行了详细的仿真讨论。

然而,值得注意的是,以往模态域方位估计方法仅仅利用了阵列接收信号的空时特征,并未充分利用源信号在空间上的稀疏性。这可以诉诸近几年国际信号处理研究领域出现了一种新颖的稀疏信号压缩理论,即压缩感知理论(compressive sensing, CS)。该理论突破了传统信号处理理论中奈奎斯特采样定律(Nyquist sampling theory)的限制,极大地降低了信号的采样频率及数据存储和传输代价,实现了从信号采样到信息采样的飞跃,使信号处理领域进入了一个新的革命时代,具有划时代的意义。

随着压缩感知技术的迅猛发展和广泛应用,其在阵列信号处理方位估计领域也引起了广大专家学者的高度重视。Gorodnitsky 研究团队将方位估计问题视为一个欠定问题,并采用迭代加权最小范数方法(focal underdetermined system solver, FOCUSS)进行稀疏解的有效求解。Malioutov 等将方位估计问题转化为范数最优化约束问题,并通过数据协方差矩阵的奇异值分解对算法性能进行改善。马晓川等分别利用对角加载最小二乘法(diagonal loading least squares)、正则化方法(regularization)及正交匹配跟踪法(orthogonal matching pursuit)对高分辨方位估计问题进行研究。在空气声学领域,Simard 和 Antoni 利用麦克风阵列测量数据研究了声源识别问题,并将方位估计转化为基追踪(basis pursuit)问题,通过压缩感知技术进行求解。在海洋声学领域,Edelmann 和 Gaumond 利用压缩波束形成技术对 BASE07 实验数据进行了处理,验证了该技术的有效性。此外,Gerstoft 研究团队详细分析了压缩波束形成进行方位估计的性能。

由此可见,压缩感知技术已成功应用于阵列信号处理领域,并可实现空间目标的有效方位估计,但现有方法大多在阵元域进行处理,很少考虑模态域性质。本书拟在圆阵模态域方位估计方法的基础上,引进压缩感知技术,以有效提高算法方位估计精度和分辨能力。

1.2.3 匹配场定位方法及其压缩感知技术的应用

浅海远程目标被动定位技术一直是广大专家学者研究的热点,水中兵器作用距离和打击精度的提高,对被动定位性能提出了更高的要求,各种定位方法应运而生。归纳起来,典型的被动定位技术包括:传统的三子阵定位技术、目标运动分析(target motion analysis,TMA)技术和匹配场处理(matched field processing,MFP)技术。传统的三子阵定位技术一般通过测量各阵元的相对时延来估计目标的距离和方位,其优点是定位原理简单、工程操作方便;缺点是测距精度与时延估计精度等因素有关,对于有限的阵列孔径,随着探测距离的增加及声传播起伏的影响,时延的精确测量和距离信息的准确获取变得越来越困难,故难以实现远程定位。TMA 技术以平面波传播模型为基础,具有纯方位 TMA 和频率 - 方位 TMA 两种实现方式。纯方位 TMA 仅利用方位信息估计目标运动参数(如距离、方位、速度等),为了解决可观测性问题,观测平台必须机动,这限制了纯方位 TMA 方法的实际应用;频率 - 方位 TMA 联合利用方位和频率信息估计目标运动参数,频率信息的引入使得该方法不要求本舰机动,提高了实用性。TMA 技术的关键是利用运动目标的动态信息,为了在短时间内获得可靠的频率和(或)方位估计值,需要足够高的信噪比。显然,随着定位距离的增加,TMA 技术越来越难以满足实用性要求。MFP 技术源于信号处理技术与水声物理学的交叉与结合,其基本原理如图 1.1 所示,利用浅海声传播的空间相干性,将接收测量场数据与根据传播模型计算所得的拷贝场数据进行相关匹配,呈现的最大相关的候选距离和深度即为目标的真实距离和深度。MFP 技术最大限度地利用了声源、水下声传播物理规律、基阵设计,以及窄带和宽带相关处理技术的综合优势,与传统淡化信道的信号处理技术相比较,取得了突破性的进展,可望给声呐定位性能带来根本性的改变,已成为解决浅海远程目标被动定位问题的主流方法。

随着人们对水下声传播理论研究的深入,以及阵列信号处理技术的飞速发展,MFP 技术取得了长足进步,新思想、新方法及各种研究成果层出不穷。尤其值得关注的是,海洋技术研究领域的国际权威期刊 *IEEE Oceanic Engineering Magazine* 曾特邀美国加州大学圣地亚哥分校海洋物理研究实验室(Marine Physical Laboratory,MPL)水声研究领域著名专家 Kuperman 撰写 MFP 技术综述报告,与此同时,刊登专辑特别报道了 MFP 技术的研究进展和取得的研究成果,这标志着广大专家学者们对 MFP 技术的研究给予了极大的关注。

MFP 技术的稳健性问题曾一度使得人们怀疑它的实用性。随着传播模型的不断改进,以及各种测量手段、补偿算法的进一步发展,有关提高 MFP 定位算法稳健性的研究成果不断涌现出来,综合起来可以概括为两大类:一类是研究对环境、统计及系统失配具有一定宽容性的匹配处理算法(robust matched processor,RMP),另一类是将不确定的失配参数作为未知参量并与声源位置同时解算的聚焦处理算法(focalization)。其中,RMP 包括改进的 MV 估计器、基于本征模分解的匹配模处理方法(MMP),以及不确定声场最佳处理器(OUFP)

等。改进的 MV 估计器能够通过调节拷贝向量对失配参数进行约束,并可推广到宽带信号和多种阵型;MMP 方法利用对环境失配不敏感的部分声场(或部分简正波模态)进行匹配处理,研究表明,该方法具有一定的稳健性和高效性,有望在工程上得到进一步突破;OUFP 方法将不确定环境参数作为随机变量,在一定的先验信息下获得声源位置的最大后验估计(MAP),这是不确定环境因素存在时,统计意义上的一种最佳处理器,但该方法的计算量较大。另一方面,focalization 算法同时求解失配参数和声源位置,虽然在一定程度上确实可改善算法的稳健性能,但由于未知量的增加,搜索空间庞大,计算量过大,很难满足算法的实用性要求。

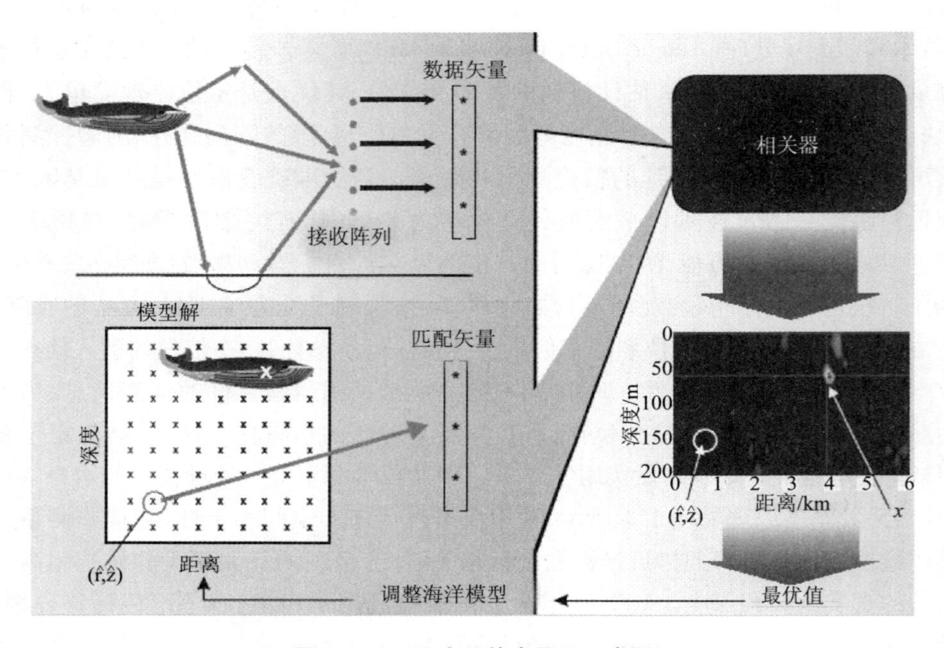

图 1.1　MFP 定位技术原理示意图

国内的学者们也在 MFP 技术研究中取得了很多成果,尤其是在 MFP 定位方面做出了很大贡献。目前,国内在这方面的研究主要集中在哈尔滨工程大学、西北工业大学、中科院声学研究所、中国船舶集团第七一五研究所等高校和研究机构。例如,哈尔滨工程大学杨士莪院士研究团队基于最短传播时间特征声线到达相邻阵元时延和声线传播时间,构造了匹配定位的第一类和第二类代价函数,并研究了代价函数对各种失配因素的敏感性;西北工业大学马远良院士研究团队对 MFP 定位问题进行了深入的研究并综述了国内外的研究方法与成果;中科院声学研究所张仁和院士率领的研究团队利用快速而准确计算海洋声场的广义相积分(WKBZ)简正波方法,研究深海声道中匹配场定位方法,并利用窄带脉冲声信号和宽带爆炸声进行了实验验证;中国船舶集团第七一五研究所利用空 - 时积分(STI)定位算法实施机动目标的被动定位,第一阶段结合模拟退火算法得到目标轨迹的初始估计,第二阶段使用牛顿算法修正初始估计,进而对目标准确定位。

总而言之,匹配场定位技术越来越成熟,其研究成果也越来越丰富,相应的方法种类也趋于多样化,如浅海短垂直阵声源定位、浅海稀疏长基阵声源定位、浅海水平阵匹配定位、利用圆阵实现目标定位、单个水听器匹配场声源定位,以及三维声场环境中的定位研究等。

随着研究的深入,压缩感知技术在阵列信号处理研究领域受到广泛关注。如美国 MPL 水声信号处理专家 Gerstoft 率领的研究团队、美国海军研究实验室(Naval Research Laboratory,NRL)的 Gaumond 研究团队及美国佐治亚理工学院的 Mantzel 等在这方面均进行了一定程度的研究。Gerstoft 研究团队将 CS 理论分别与波束形成技术和地声参数反演算法相结合,提高了现有算法的执行效率;Gaumond 研究团队同样将 CS 理论融入波束形成技术,并详细分析了改进算法的性能;Mantzel 等则利用 CS 理论对 MFP 算法计算量进行压缩,达到了提高计算效率的目的。基于此,本书将压缩感知理论引入匹配场定位处理技术中,分别在射线理论模型和简正波理论模型下对水下目标进行定位,以全面提升浅海目标被动定位方法的实用性。

1.3 本书内容

本书共七章,各章内容如下。

第 1 章绪论,主要介绍水下阵列信号处理方位估计技术的发展及研究现状,具体包括空时频方位估计方法、压缩感知技术在圆阵模态域方位估计中的应用及在匹配场定位中的应用,最后给出本书各章研究内容。

第 2 章介绍阵列信号处理的理论基础,具体包括阵列系统及信号模型、常规波束形成、自适应波束形成、常用的方位估计方法等,从而为后续章节的学习奠定基础。

第 3 章介绍并讨论了压缩感知技术基本理论与稀疏信号恢复技术,具体包括压缩感知的数学模型、信号的稀疏表示、测量矩阵的设计方法及信号重构算法和稀疏信号恢复技术。

第 4 章论述了将时频分析理论应用于目标方位估计领域的基本思想和方法,提出基于雅可比旋转的空时频分布矩阵组联合对角化方法,以期获得较高的空间分辨能力。

第 5 章介绍圆阵模态域压缩波束形成方位估计方法,主要讨论了圆阵模态域压缩波束形成技术,将压缩感知技术应用于圆阵模态域阵列信号处理领域,提高了圆阵方位估计方法的分辨能力和精度。

第 6 章研究基于射线理论的水下目标方位及距离联合估计方法,具体而言,在建立水平 L 型均匀线阵信号模型的基础之上,结合水下声射线传播理论,利用压缩感知理论和稀疏恢复技术对水下目标进行方位及距离联合估计,最终提高水下目标定位的精度和性能。

第 7 章研究基于简正波传播理论的水下声源稀疏约束定位方法,该方法充分利用了信源空间稀疏性和水下声传播规律,在简正波传播模型的基础上,将定位问题转化为最优化稀疏求解问题,并通过凸优化工具进行有效求解。

第 2 章　阵列信号处理理论基础

2.1　引　　言

现代信息与信号处理技术的发展日新月异，促进了国民经济和国防军事建设的融合发展。阵列信号处理是现代信息与信号处理领域的一个重要分支，近年来发展迅猛，引起了广大专家学者及世界各国研究机构的高度重视。阵列信号处理的根本目的是对阵列接收信号进行处理，增强期望信号，抑制干扰和噪声，并提取如信号到达方向等与信号源属性有关的信息。与传统的单传感器相比较，阵列信号处理具有波束指向性控制灵活、空间分辨能力较强等优点，广泛应用于通信、医学工程、地质勘探、声呐、雷达等众多军事及国民经济领域。阵列信号处理技术在人类生产生活中发挥着越来越重要的作用，其基本理论、概念及算法对于我们广大学者，尤其是初学者来说，至关重要。

基于此，本章主要介绍阵列信号处理理论基础，具体包括阵列系统及信号模型、常规波束形成、自适应波束形成、常用方位估计方法等，从而为后续章节的学习奠定基础。

2.2　阵列系统及信号模型

2.2.1　一般阵列系统

如图 2.1 所示为一般阵列系统结构示意图。假设空间中布放着 M 个接收传感器，即该阵列系统是由 M 个阵元组成，每一个阵元的输出信号 $x_m(t)$ $(m=1,2\cdots,M)$ 与一个复加权系数 ω_m 相对应，将该信号 $x_m(t)$ 乘以相应加权系数的复共轭 ω_m^*，然后累加求和得到阵列的输出 $y(t)$，则一般阵列系统的输出可表示为

$$y(t) = \sum_{m=1}^{M} \omega_m^* x_m(t) \tag{2.1}$$

式中，$(\cdot)^*$ 表示复共轭运算。

进一步，将阵列各通道的复加权系数 ω_m 表示为矢量形式，即

$$\boldsymbol{\omega} = [\omega_1, \omega_2, \cdots, \omega_M]^{\mathrm{T}} \tag{2.2}$$

式中，$(\cdot)^{\mathrm{T}}$ 表示一个矢量或矩阵的转置运算。

将阵列各通道的接收信号 $x_m(t)$ $(m=1,2,\cdots,M)$ 表示为矢量形式

$$\boldsymbol{X}(t)=[x_1(t),x_2(t),\cdots,x_M(t)]^{\mathrm{T}} \tag{2.3}$$

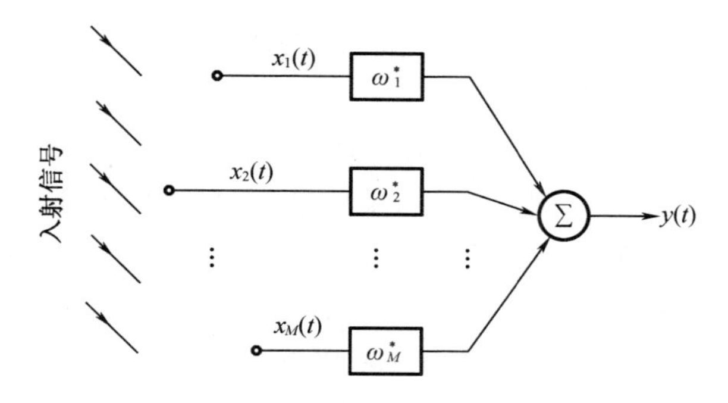

图 2.1　一般阵列系统结构示意图

综合式(2.1)～(2.3),则该阵列系统的输出可表示成矩阵形式为

$$y(t)=\boldsymbol{\omega}^{\mathrm{H}}\boldsymbol{X}(t) \tag{2.4}$$

式中,$(\cdot)^{\mathrm{H}}$ 表式一个矢量或矩阵的复共轭转置运算;$\boldsymbol{\omega}$ 和 $\boldsymbol{X}(t)$ 分别表示权矢量和接收信号矢量。

一般情况,阵列系统的输出功率 $P(t)$ 定义为输出信号幅度的平方,即

$$P(t)=|y(t)|^2=y(t)y^*(t) \tag{2.5}$$

将式(2.4)代入式(2.5),则阵列系统的输出功率可进一步表示成矩阵形式为

$$P(t)=\boldsymbol{\omega}^{\mathrm{H}}\boldsymbol{X}(t)\boldsymbol{X}^{\mathrm{H}}(t)\boldsymbol{\omega} \tag{2.6}$$

若接收信号 $x(t)$ 为零均值平稳随机过程,则阵列的平均输出功率可表示为

$$\begin{aligned}P_{\mathrm{mean}}&=E[\boldsymbol{\omega}^{\mathrm{H}}\boldsymbol{X}(t)\boldsymbol{X}^{\mathrm{H}}(t)\boldsymbol{\omega}]\\&=\boldsymbol{\omega}^{\mathrm{H}}E[\boldsymbol{X}(t)\boldsymbol{X}^{\mathrm{H}}(t)]\boldsymbol{\omega}\\&=\boldsymbol{\omega}^{\mathrm{H}}\boldsymbol{R}\boldsymbol{\omega}\end{aligned} \tag{2.7}$$

式中,$E[\cdot]$表示数学期望;$\boldsymbol{R}$ 为阵列的相关矩阵,表示为

$$\boldsymbol{R}=E[\boldsymbol{X}(t)\boldsymbol{X}^{\mathrm{H}}(t)] \tag{2.8}$$

根据信号相关性的定义,相关矩阵 $\boldsymbol{R}$ 中的数据元素代表各个阵元接收信号之间的相关程度。例如,$\boldsymbol{R}_{ij}$表示阵列第 i 个阵元接收信号和第 j 个阵元接收信号之间的相关性。

进一步考虑空间中同时存在期望信号、干扰信号及随机噪声的情况,其中随机噪声包括背景环境噪声和接收机电子噪声。令 $\boldsymbol{X}_{\mathrm{s}}(t)$、$\boldsymbol{X}_{\mathrm{i}}(t)$ 和 $\boldsymbol{N}(t)$ 分别代表阵列接收信号中的期望信号矢量、干扰信号矢量和噪声矢量,则阵列接收信号可以表示为

$$\boldsymbol{X}(t)=\boldsymbol{X}_{\mathrm{s}}(t)+\boldsymbol{X}_{\mathrm{i}}(t)+\boldsymbol{N}(t) \tag{2.9}$$

令 $y_{\mathrm{s}}(t)$、$y_{\mathrm{i}}(t)$ 和 $y_{\mathrm{n}}(t)$ 分别代表阵列接收信号中的期望信号矢量、干扰信号矢量和噪声矢量的阵列输出,则

$$y_{\mathrm{s}}(t)=\boldsymbol{\omega}^{\mathrm{H}}\boldsymbol{X}_{\mathrm{s}}(t) \tag{2.10}$$

$$y_{\mathrm{i}}(t)=\boldsymbol{\omega}^{\mathrm{H}}\boldsymbol{X}_{\mathrm{i}}(t) \tag{2.11}$$

$$y_{\mathrm{n}}(t)=\boldsymbol{\omega}^{\mathrm{H}}\boldsymbol{N}(t) \tag{2.12}$$

进一步定义期望信号矩阵 $\boldsymbol{R}_{\mathrm{s}}$、干扰信号矩阵 $\boldsymbol{R}_{\mathrm{i}}$ 和噪声信号矩阵 $\boldsymbol{R}_{\mathrm{n}}$ 分别为

$$\boldsymbol{R}_{\mathrm{s}}=E[\boldsymbol{X}_{\mathrm{s}}(t)\boldsymbol{X}_{\mathrm{s}}^{\mathrm{H}}(t)] \tag{2.13}$$

$$\boldsymbol{R}_{\mathrm{i}}=E[\boldsymbol{X}_{\mathrm{i}}(t)\boldsymbol{X}_{\mathrm{i}}^{\mathrm{H}}(t)] \tag{2.14}$$

$$\boldsymbol{R}_{\mathrm{n}}=E[\boldsymbol{N}(t)\boldsymbol{N}^{\mathrm{H}}(t)] \tag{2.15}$$

综合式(2.8)~(2.15),可得

$$\boldsymbol{R}=\boldsymbol{R}_{\mathrm{s}}+\boldsymbol{R}_{\mathrm{i}}+\boldsymbol{R}_{\mathrm{n}} \tag{2.16}$$

令 P_{s}、P_{i} 和 P_{n} 分别代表期望信号、干扰信号和噪声的平均输出功率,则

$$P_{\mathrm{s}}=E[\boldsymbol{\omega}^{\mathrm{H}}\boldsymbol{X}_{\mathrm{s}}(t)\boldsymbol{X}_{\mathrm{s}}^{\mathrm{H}}(t)\boldsymbol{\omega}]=\boldsymbol{\omega}^{\mathrm{H}}E[\boldsymbol{X}_{\mathrm{s}}(t)\boldsymbol{X}_{\mathrm{s}}^{\mathrm{H}}(t)]\boldsymbol{\omega}=\boldsymbol{\omega}^{\mathrm{H}}\boldsymbol{R}_{\mathrm{s}}\boldsymbol{\omega} \tag{2.17}$$

$$P_{\mathrm{i}}=E[\boldsymbol{\omega}^{\mathrm{H}}\boldsymbol{X}_{\mathrm{i}}(t)\boldsymbol{X}_{\mathrm{i}}^{\mathrm{H}}(t)\boldsymbol{\omega}]=\boldsymbol{\omega}^{\mathrm{H}}E[\boldsymbol{X}_{\mathrm{i}}(t)\boldsymbol{X}_{\mathrm{i}}^{\mathrm{H}}(t)]\boldsymbol{\omega}=\boldsymbol{\omega}^{\mathrm{H}}\boldsymbol{R}_{\mathrm{i}}\boldsymbol{\omega} \tag{2.18}$$

$$P_{\mathrm{n}}=E[\boldsymbol{\omega}^{\mathrm{H}}\boldsymbol{N}(t)\boldsymbol{N}^{\mathrm{H}}(t)\boldsymbol{\omega}]=\boldsymbol{\omega}^{\mathrm{H}}E[\boldsymbol{N}(t)\boldsymbol{N}^{\mathrm{H}}(t)]\boldsymbol{\omega}=\boldsymbol{\omega}^{\mathrm{H}}\boldsymbol{R}_{\mathrm{n}}\boldsymbol{\omega} \tag{2.19}$$

令 P_{N} 代表干扰信号和噪声的总平均输出功率,即

$$P_{\mathrm{N}}=P_{\mathrm{i}}+P_{\mathrm{n}} \tag{2.20}$$

将式(2.18)和式(2.19)代入式(2.20),可得

$$\begin{aligned}P_{\mathrm{N}}&=\boldsymbol{\omega}^{\mathrm{H}}\boldsymbol{R}_{\mathrm{i}}\boldsymbol{\omega}+\boldsymbol{\omega}^{\mathrm{H}}\boldsymbol{R}_{\mathrm{n}}\boldsymbol{\omega}\\&=\boldsymbol{\omega}^{\mathrm{H}}(\boldsymbol{R}_{\mathrm{i}}+\boldsymbol{R}_{\mathrm{n}})\boldsymbol{\omega}\end{aligned} \tag{2.21}$$

令 $\boldsymbol{R}_{\mathrm{N}}$ 表示噪声干扰相关矩阵,即

$$\boldsymbol{R}_{\mathrm{N}}=\boldsymbol{R}_{\mathrm{i}}+\boldsymbol{R}_{\mathrm{n}} \tag{2.22}$$

则噪声干扰的总平均输出功率进一步可以表示为

$$P_{\mathrm{N}}=\boldsymbol{\omega}^{\mathrm{H}}\boldsymbol{R}_{\mathrm{N}}\boldsymbol{\omega} \tag{2.23}$$

阵列输出信干噪比(signal to interference plus noise ratio,SINR)定义为期望信号平均输出功率与干扰信号和噪声总平均输出功率的比值,即

$$\mathrm{SINR}=\frac{P_{\mathrm{s}}}{P_{\mathrm{N}}} \tag{2.24}$$

将式(2.17)和式(2.23)代入式(2.24),可得

$$\mathrm{SINR}=\frac{\boldsymbol{\omega}^{\mathrm{H}}\boldsymbol{R}_{\mathrm{s}}\boldsymbol{\omega}}{\boldsymbol{\omega}^{\mathrm{H}}\boldsymbol{R}_{\mathrm{N}}\boldsymbol{\omega}} \tag{2.25}$$

由式(2.25)可以看出,权矢量 $\boldsymbol{\omega}$ 决定了阵列系统的性能。其中,权矢量 $\boldsymbol{\omega}$ 的选择过程与实际工程应用密切相关,同时也决定了不同类型的波束形成器。

2.2.2 阵列信号模型及其统计特性

为方便讨论后续内容,本节将做以下几点假设:

(1)空间信源辐射信号为窄带信号且位于接收阵列的远场区域,故辐射信号以平面波形式入射至接收阵列各阵元;

(2)传播介质为均匀介质;

(3)阵列各阵元无指向性,即各向均匀同性;

(4)各阵元噪声相互独立,且与信号独立。

如图 2.2 所示为一般阵列空间模型示意图,假设空间存在 N 个信源,接收阵列由空间 M 个阵元组成,选定其中一个阵元为参考阵元,并以其为坐标原点建立空间直角坐标系,则空间第 n 个信源入射到参考阵元上的信号可以表示成复数形式

$$s_n(t)=m_n(t)\mathrm{e}^{\mathrm{j}2\pi f_0 t} \tag{2.26}$$

式中，$m_n(t)$表示复调制函数；f_0 表示载波频率。

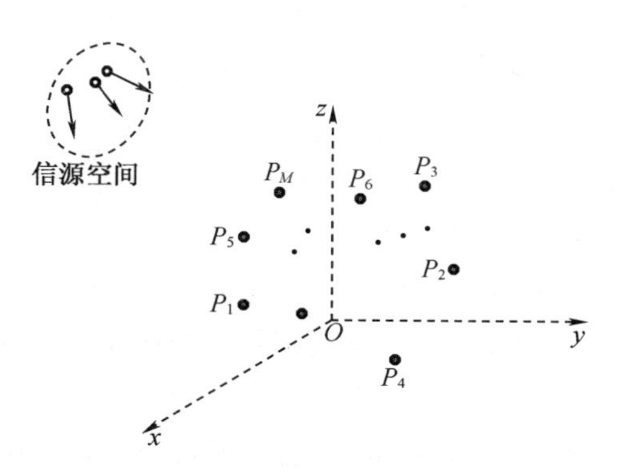

图 2.2 一般阵列空间模型示意图

假设第 n 个信源到达第 m 个阵元时相对于参考阵元的延时为 τ_{mn}，根据式(2.26)，则第 n 个信源入射到第 m 个阵元上的信号可以表示成复数形式为

$$m_n(t-\tau_{mn})\mathrm{e}^{\mathrm{j}2\pi f_0(t-\tau_{mn})} \tag{2.27}$$

当信源为窄带信号且阵列空间足够小时，复调制函数可近似为

$$m_n(t-\tau_{mn})\approx m_n(t) \tag{2.28}$$

则式(2.27)可以进一步表示为

$$m_n(t)\mathrm{e}^{\mathrm{j}2\pi f_0(t-\tau_{mn})} \tag{2.29}$$

因此，第 m 个阵元接收到的空间 N 个信源的总信号可以表示为

$$x_m(t)=\sum_{n=1}^{N}m_n(t)\mathrm{e}^{\mathrm{j}2\pi f_0(t-\tau_{mn})}+n_m(t) \tag{2.30}$$

式中，$n_m(t)$表示第 m 个阵元接收到的随机噪声，一般包括背景环境噪声和第 m 个通道产生的电子噪声。通常假设随机噪声 $n_m(t)$为白噪声，且均值为 0，方差为 σ_{n}^2。另外，假设噪声与信号不相关，即

$$E[m_n(t)n_m(t)]=0 \tag{2.31}$$

同时，假设不同通道的噪声不相关，即

$$E[n_l(t)n_k(t)]=\begin{cases}0 & l\neq k\\ \sigma_{\mathrm{n}}^2 & l=k\end{cases} \tag{2.32}$$

将式(2.30)代入式(2.3)，则阵列各通道接收信号的矢量形式可进一步表示为

$$\boldsymbol{X}(t)=\begin{bmatrix}x_1(t)\\x_2(t)\\\vdots\\x_M(t)\end{bmatrix}=\begin{bmatrix}\sum_{n=1}^{N}m_n(t)\mathrm{e}^{\mathrm{j}2\pi f_0(t-\tau_{1n})}\\\sum_{n=1}^{N}m_n(t)\mathrm{e}^{\mathrm{j}2\pi f_0(t-\tau_{2n})}\\\vdots\\\sum_{n=1}^{N}m_n(t)\mathrm{e}^{\mathrm{j}2\pi f_0(t-\tau_{Mn})}\end{bmatrix}+\boldsymbol{N}(t) \tag{2.33}$$

式中，$\boldsymbol{N}(t)=[n_1(t),n_2(t),\cdots,n_M(t)]^{\mathrm{T}}$ 表示由各个通道噪声组成的噪声矢量。

结合式(2.26)，可将式(2.33)整理成矩阵的形式为

$$\boldsymbol{X}(t)=\begin{bmatrix}x_1(t)\\x_2(t)\\\vdots\\x_M(t)\end{bmatrix}=\begin{bmatrix}\mathrm{e}^{-\mathrm{j}2\pi f_0\tau_{11}} & \mathrm{e}^{-\mathrm{j}2\pi f_0\tau_{12}} & \cdots & \mathrm{e}^{-\mathrm{j}2\pi f_0\tau_{1N}}\\ \mathrm{e}^{-\mathrm{j}2\pi f_0\tau_{21}} & \mathrm{e}^{-\mathrm{j}2\pi f_0\tau_{22}} & \cdots & \mathrm{e}^{-\mathrm{j}2\pi f_0\tau_{2N}}\\ \vdots & \vdots & & \vdots\\ \mathrm{e}^{-\mathrm{j}2\pi f_0\tau_{M1}} & \mathrm{e}^{-\mathrm{j}2\pi f_0\tau_{M2}} & \cdots & \mathrm{e}^{-\mathrm{j}2\pi f_0\tau_{MN}}\end{bmatrix}\cdot\begin{bmatrix}s_1(t)\\s_2(t)\\\vdots\\s_N(t)\end{bmatrix}+\boldsymbol{N}(t) \tag{2.34}$$

进一步定义第 n 个信源的导向矢量为

$$\boldsymbol{a}_n=[\mathrm{e}^{-\mathrm{j}2\pi f_0\tau_{1n}},\mathrm{e}^{-\mathrm{j}2\pi f_0\tau_{2n}},\cdots,\mathrm{e}^{-\mathrm{j}2\pi f_0\tau_{Mn}}]^{\mathrm{T}} \tag{2.35}$$

当选择第一个阵元为参考阵元时，$\tau_{1n}=0$，则导向矢量 $\boldsymbol{a}_n$ 可表示为

$$\boldsymbol{a}_n=[1,\mathrm{e}^{-\mathrm{j}2\pi f_0\tau_{2n}},\cdots,\mathrm{e}^{-\mathrm{j}2\pi f_0\tau_{Mn}}]^{\mathrm{T}} \tag{2.36}$$

定义 $\boldsymbol{S}(t)=[s_1(t),s_2(t),\cdots,s_N(t)]^{\mathrm{T}}$ 为信号矢量，且 $\boldsymbol{A}=[\boldsymbol{a}_1,\boldsymbol{a}_2,\cdots,\boldsymbol{a}_N]$ 为阵列流型矩阵，代入式(2.34)，则阵列接收信号可表示成更加紧凑的矩阵形式

$$\boldsymbol{X}(t)=\boldsymbol{AS}(t)+\boldsymbol{N}(t) \tag{2.37a}$$

或

$$\boldsymbol{X}(t)=\sum_{n=1}^{N}s_n(t)\boldsymbol{a}_n+\boldsymbol{N}(t) \tag{2.37b}$$

将式(2.37b)代入式(2.4)，可得阵列输出为

$$y(t)=\boldsymbol{\omega}^{\mathrm{H}}\boldsymbol{X}(t)=\sum_{n=1}^{N}s_n(t)\boldsymbol{\omega}^{\mathrm{H}}\boldsymbol{a}_n+\boldsymbol{\omega}^{\mathrm{H}}\boldsymbol{N}(t) \tag{2.38}$$

式(2.38)中右侧第一项为空间所有信源的阵列输出，第二项为随机噪声的阵列输出。

进一步考虑阵列的协方差矩阵，将式(2.37b)代入式(2.8)，得

$$\begin{aligned}\boldsymbol{R}&=E\left[\left(\sum_{n=1}^{N}s_n(t)\boldsymbol{a}_n+\boldsymbol{N}(t)\right)\left(\sum_{n=1}^{N}s_n(t)\boldsymbol{a}_n+\boldsymbol{N}(t)\right)^{\mathrm{H}}\right]\\&=E\left[\left(\sum_{n=1}^{N}s_n(t)\boldsymbol{a}_n\right)\left(\sum_{n=1}^{N}s_n(t)\boldsymbol{a}_n\right)^{\mathrm{H}}\right]+E[\boldsymbol{N}(t)\boldsymbol{N}^{\mathrm{H}}(t)]+E\left[\left(\sum_{n=1}^{N}s_n(t)\boldsymbol{a}_n\right)\boldsymbol{N}^{\mathrm{H}}(t)\right]+\\&\quad E\left[\boldsymbol{N}(t)\left(\sum_{n=1}^{N}s_n(t)\boldsymbol{a}_n\right)^{\mathrm{H}}\right]\end{aligned} \tag{2.39}$$

根据式(2.31)，噪声与信号不相关，式(2.39)可进一步表示为

$$\boldsymbol{R}=E\left[\left(\sum_{n=1}^{N}s_n(t)\boldsymbol{a}_n\right)\left(\sum_{n=1}^{N}s_n(t)\boldsymbol{a}_n\right)^{\mathrm{H}}\right]+E[\boldsymbol{R}(t)\boldsymbol{R}^{\mathrm{H}}(t)] \tag{2.40}$$

分析式(2.40)右侧第一项

$$E\left[\left(\sum_{n=1}^{N}s_n(t)\boldsymbol{a}_n\right)\left(\sum_{n=1}^{N}s_n(t)\boldsymbol{a}_n\right)^{\mathrm{H}}\right]=\sum_{n,k=1}^{N}E[s_n(t)s_k^*(t)]\boldsymbol{a}_n\boldsymbol{a}_k^{\mathrm{H}} \tag{2.41}$$

当空间信源不相关时，有

$$E[s_n(t)s_k^*(t)]=\begin{cases}0 & n\neq k\\P_{\mathrm{S}n} & n=k\end{cases} \tag{2.42}$$

式中，$P_{\mathrm{S}n}$ 表示空间第 n 个信源的功率。因此，对于空间不相关信源而言，式(2.41)可表示为

$$E\left[\left(\sum_{n=1}^{N}s_n(t)\boldsymbol{a}_n\right)\left(\sum_{n=1}^{N}s_n(t)\boldsymbol{a}_n\right)^{\mathrm{H}}\right]=\sum_{n=1}^{N}P_{\mathrm{S}n}\boldsymbol{a}_n\boldsymbol{a}_n^{\mathrm{H}} \tag{2.43}$$

又根据式(2.32),不同通道的噪声不相关,则有

$$E[n_l(t)n_k(t)] = \begin{cases} 0 & l \neq k \\ \sigma_{\mathrm{n}}^2 & l = k \end{cases} \tag{2.44}$$

则式(2.40)可进一步表示为

$$\boldsymbol{R} = \sum_{n=1}^{N} P_{\mathrm{S}n} \boldsymbol{a}_n \boldsymbol{a}_n^{\mathrm{H}} + \sigma_{\mathrm{n}}^2 \boldsymbol{I} \tag{2.45}$$

式中,$\boldsymbol{I}$ 为单位矩阵,$\sigma_{\mathrm{n}}^2 \boldsymbol{I}$ 表示噪声相关矩阵,即

$$\boldsymbol{R}_{\mathrm{N}} = \sigma_{\mathrm{n}}^2 \boldsymbol{I} \tag{2.46}$$

将式(2.45)进一步写成矩阵的形式,则

$$\boldsymbol{R} = \boldsymbol{A}\boldsymbol{R}_{\mathrm{S}}\boldsymbol{A}^{\mathrm{H}} + \boldsymbol{R}_{\mathrm{N}} \tag{2.47}$$

式中,$\boldsymbol{A}$ 为阵列流型矩阵

$$\boldsymbol{A} = [\boldsymbol{a}_1, \boldsymbol{a}_2, \cdots, \boldsymbol{a}_N] \tag{2.48}$$

$\boldsymbol{R}_{\mathrm{S}}$ 表示源信号的相关矩阵,对于不相关信源,$\boldsymbol{R}_{\mathrm{S}}$ 为对角矩阵,则有

$$(\boldsymbol{R}_{\mathrm{S}})_{ij} = \begin{cases} P_i & i = j \\ 0 & i \neq j \end{cases} \tag{2.49}$$

此外,我们同样可以从式(2.37a)出发,推导定义阵列的协方差矩阵。

进一步定义基阵接收信号 $\boldsymbol{x}(t)$ 的自相关矩阵为

$$\begin{aligned} \boldsymbol{R} &= E\{\boldsymbol{X}(t)\boldsymbol{X}^{\mathrm{H}}(t)\} \\ &= E\{[\boldsymbol{AS}(t) + \boldsymbol{N}(t)][\boldsymbol{AS}(t) + \boldsymbol{N}(t)]^{\mathrm{H}}\} \\ &= E\{[\boldsymbol{AS}(t) + \boldsymbol{N}(t)][\boldsymbol{S}^{\mathrm{H}}(t)\boldsymbol{A}^{\mathrm{H}} + \boldsymbol{N}^{\mathrm{H}}(t)]\} \\ &= E\{\boldsymbol{AS}(t)\boldsymbol{S}^{\mathrm{H}}(t)\boldsymbol{A}^{\mathrm{H}} + \boldsymbol{AS}(t)\boldsymbol{N}^{\mathrm{H}}(t) + \boldsymbol{N}(t)\boldsymbol{S}^{\mathrm{H}}(t)\boldsymbol{A}^{\mathrm{H}} + \boldsymbol{N}(t)\boldsymbol{N}^{\mathrm{H}}(t)\} \end{aligned} \tag{2.50}$$

由于噪声与信号相互独立,式(2.50)可进一步表示为

$$\begin{aligned} \boldsymbol{R} &= E\{\boldsymbol{AS}(t)\boldsymbol{S}^{\mathrm{H}}(t)\boldsymbol{A}^{\mathrm{H}} + \boldsymbol{N}(t)\boldsymbol{N}^{\mathrm{H}}(t)\} \\ &= \boldsymbol{A}E\{\boldsymbol{S}(t)\boldsymbol{S}^{\mathrm{H}}(t)\}\boldsymbol{A}^{\mathrm{H}} + E\{\boldsymbol{N}(t)\boldsymbol{N}^{\mathrm{H}}(t)\} \\ &= \boldsymbol{A}\boldsymbol{R}_{\mathrm{S}}\boldsymbol{A}^{\mathrm{H}} + \boldsymbol{R}_{\mathrm{N}} \end{aligned} \tag{2.51}$$

至此,我们分别从信号矢量表达式(2.37a)和式(2.37b)出发,通过推导得到阵列的协方差矩阵表达式(2.47)和式(2.51)。

下面将协方差矩阵 $\boldsymbol{R}$ 进行特征分解,并讨论相应特征向量和特征值的特性。

对协方差矩阵 $\boldsymbol{R}$ 进行特征分解,并以降序的顺序定义 M 个特征值 $\lambda_i(i=1,2,\cdots,M)$ 及相应的特征向量 $U_i(i=1,2,\cdots,M)$,有

$$\boldsymbol{R} = \boldsymbol{U}\boldsymbol{\Sigma}\boldsymbol{U}^{\mathrm{H}} \tag{2.52}$$

式中,$\boldsymbol{\Sigma} = \begin{bmatrix} \lambda_1 & & & \\ & \lambda_2 & & \\ & & \ddots & \\ & & & \lambda_M \end{bmatrix}$为由特征值组成的对角矩阵;

$\boldsymbol{U} = [\boldsymbol{U}_1, \boldsymbol{U}_2, \cdots, \boldsymbol{U}_M]$为由特征向量组成的特征向量矩阵。

协方差矩阵的特征值 $\lambda_i(i=1,2,\cdots,M)$ 可以进一步分成两个集合,分别代表信号特征

值和噪声特征值。相应地,分别定义信号对角矩阵和噪声对角矩阵为

$$\boldsymbol{\Sigma}_{\mathrm{S}}=\begin{bmatrix}\lambda_1 & & & \\ & \lambda_2 & & \\ & & \ddots & \\ & & & \lambda_N\end{bmatrix}$$

$$\boldsymbol{\Sigma}_{\mathrm{N}}=\begin{bmatrix}\lambda_{N+1} & & & \\ & \lambda_{N+2} & & \\ & & \ddots & \\ & & & \lambda_M\end{bmatrix}$$

可以看出,信号对角矩阵 $\boldsymbol{\Sigma}_{\mathrm{S}}$ 中的特征值 $\lambda_i(i=1,2,\cdots,N)$ 对应空间存在的信源。噪声对角矩阵 $\boldsymbol{\Sigma}_{\mathrm{N}}$ 中的特征值 $\lambda_i(i=N+1,N+2,\cdots,M)$ 对应空间存在的噪声,若空间噪声为白噪声,则 $\lambda_i=\sigma^2(i=N+1,N+2,\cdots,M)$。

将特征向量矩阵 $\boldsymbol{U}$ 分成与信号特征值和噪声特征值相对应的两个子空间:信号子空间 $\boldsymbol{U}_{\mathrm{S}}=[\boldsymbol{U}_1,\boldsymbol{U}_2,\cdots,\boldsymbol{U}_N]$ 和噪声子空间 $\boldsymbol{U}_{\mathrm{N}}=[\boldsymbol{U}_{N+1},\boldsymbol{U}_{N+2},\cdots,\boldsymbol{U}_M]$,则协方差矩阵 $\boldsymbol{R}$ 特征分解可进一步写为

$$\begin{aligned}\boldsymbol{R}&=\sum_{i=1}^{M}\lambda_i\boldsymbol{U}_i\boldsymbol{U}_i^{\mathrm{H}}\\&=\sum_{j=1}^{N}\lambda_j\boldsymbol{U}_j\boldsymbol{U}_j^{\mathrm{H}}+\sum_{k=N+1}^{M}\lambda_k\boldsymbol{U}_k\boldsymbol{U}_k^{\mathrm{H}}\\&=[\boldsymbol{U}_{\mathrm{S}},\boldsymbol{U}_{\mathrm{N}}]\boldsymbol{\Sigma}[\boldsymbol{U}_{\mathrm{S}},\boldsymbol{U}_{\mathrm{N}}]^{\mathrm{H}}\\&=\boldsymbol{U}_{\mathrm{S}}\boldsymbol{\Sigma}_{\mathrm{S}}\boldsymbol{U}_{\mathrm{S}}^{\mathrm{H}}+\boldsymbol{U}_{\mathrm{N}}\boldsymbol{\Sigma}_{\mathrm{N}}\boldsymbol{U}_{\mathrm{N}}^{\mathrm{H}}\end{aligned}\tag{2.53}$$

下面给出在空间目标信源独立条件下,关于特征子空间的一些性质,为后续的理论研究及分析做铺垫和准备。

性质1:协方差矩阵的大特征值对应的特征向量张成的空间与入射信号的导向矢量张成的空间是一个空间,即

$$\operatorname{span}\{\boldsymbol{U}_1,\boldsymbol{U}_2,\cdots,\boldsymbol{U}_N\}=\operatorname{span}\{\boldsymbol{a}_1,\boldsymbol{a}_2,\cdots,\boldsymbol{a}_N\}\tag{2.54}$$

性质2:信号子空间 $\boldsymbol{U}_{\mathrm{S}}$ 与噪声子空间 $\boldsymbol{U}_{\mathrm{N}}$ 正交,且有 $\boldsymbol{A}^{\mathrm{H}}\boldsymbol{U}_i=0$,式中 $i=N+1,N+2,\cdots,M$。

性质3:信号子空间 $\boldsymbol{U}_{\mathrm{S}}$ 与噪声子空间 $\boldsymbol{U}_{\mathrm{N}}$ 满足

$$\boldsymbol{U}_{\mathrm{S}}\boldsymbol{U}_{\mathrm{S}}^{\mathrm{H}}+\boldsymbol{U}_{\mathrm{N}}\boldsymbol{U}_{\mathrm{N}}^{\mathrm{H}}=\boldsymbol{I}\tag{2.55}$$

$$\boldsymbol{U}_{\mathrm{S}}^{\mathrm{H}}\boldsymbol{U}_{\mathrm{S}}=\boldsymbol{I},\boldsymbol{U}_{\mathrm{N}}^{\mathrm{H}}\boldsymbol{U}_{\mathrm{N}}=\boldsymbol{I}\tag{2.56}$$

更多性质参见文献[1]。

2.2.3 常用阵列模型

1. 均匀线列阵

如图2.3所示,一均匀线列阵由 M 个阵元组成,阵元间距为 d,设线阵所在直线为 x 轴,且第一个阵元为参考阵元,并设为坐标轴原点。空间存在 N 个信源,入射方位角分别为 θ_n

$(n=1,2,\cdots,N)$,第 n 个信源到达第 m 个阵元时相对于参考阵元的延时为 $\tau_m(\theta_n)$

$$\tau_m(\theta_n)=\frac{d}{c}(m-1)\sin\theta_n \tag{2.57}$$

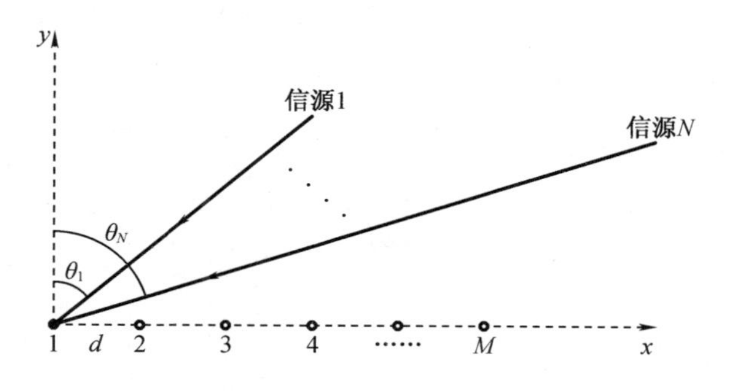

图 2.3　均匀线列阵空间示意图

从表达式(2.57)可以看出,当空间信源入射方位角为 $\theta_n=0°$ 时,$\tau_m(\theta_n)=0(n=1,2,\cdots,N)$。此时,平面波在同一时刻到达阵列的所有阵元。当信源入射方位角为 $\theta_n=90°$ 时,延时为

$$\tau_m(\theta_n)=\frac{d}{c}(m-1) \tag{2.58}$$

将式(2.57)代入式(2.33)得到均匀线列阵各通道接收信号的矩阵形式

$$\boldsymbol{X}(t)=\begin{bmatrix}x_1(t)\\x_2(t)\\\vdots\\x_M(t)\end{bmatrix}=\begin{bmatrix}\sum_{n=1}^{N}m_n(t)\mathrm{e}^{\mathrm{j}2\pi f_0(t-\tau_1(\theta_n))}\\\sum_{n=1}^{N}m_n(t)\mathrm{e}^{\mathrm{j}2\pi f_0(t-\tau_2(\theta_n))}\\\vdots\\\sum_{n=1}^{N}m_n(t)\mathrm{e}^{\mathrm{j}2\pi f_0(t-\tau_M(\theta_n))}\end{bmatrix}+\boldsymbol{N}(t)$$

$$=\begin{bmatrix}\sum_{n=1}^{N}m_n(t)\mathrm{e}^{\mathrm{j}2\pi f_0(t-0)}\\\sum_{n=1}^{N}m_n(t)\mathrm{e}^{\mathrm{j}2\pi f_0(t-\frac{d}{c}\sin\theta_n)}\\\vdots\\\sum_{n=1}^{N}m_n(t)\mathrm{e}^{\mathrm{j}2\pi f_0(t-\frac{d}{c}(M-1)\sin\theta_n)}\end{bmatrix}+\boldsymbol{N}(t) \tag{2.59}$$

式中,$\boldsymbol{N}(t)=[n_1(t),n_2(t),\cdots,n_M(t)]^{\mathrm{T}}$ 表示由各个通道噪声组成的噪声矢量。

进一步将式(2.59)整理成矩阵的形式为

$$
\begin{aligned}
\boldsymbol{X}(t) &= \begin{bmatrix} x_1(t) \\ x_2(t) \\ \vdots \\ x_M(t) \end{bmatrix} = \begin{bmatrix} \mathrm{e}^{-\mathrm{j}2\pi f_0\tau_{11}} & \mathrm{e}^{-\mathrm{j}2\pi f_0\tau_{12}} & \cdots & \mathrm{e}^{-\mathrm{j}2\pi f_0\tau_{1N}} \\ \mathrm{e}^{-\mathrm{j}2\pi f_0\tau_{21}} & \mathrm{e}^{-\mathrm{j}2\pi f_0\tau_{22}} & \cdots & \mathrm{e}^{-\mathrm{j}2\pi f_0\tau_{2N}} \\ \vdots & \vdots & & \vdots \\ \mathrm{e}^{-\mathrm{j}2\pi f_0\tau_{M1}} & \mathrm{e}^{-\mathrm{j}2\pi f_0\tau_{M2}} & \cdots & \mathrm{e}^{-\mathrm{j}2\pi f_0\tau_{MN}} \end{bmatrix} \cdot \begin{bmatrix} s_1(t) \\ s_2(t) \\ \vdots \\ s_N(t) \end{bmatrix} + \boldsymbol{N}(t) \\
&= \begin{bmatrix} 1 & 1 & \cdots & 1 \\ \mathrm{e}^{-\mathrm{j}2\pi f_0\frac{d}{c}\sin\theta_1} & \mathrm{e}^{-\mathrm{j}2\pi f_0\frac{d}{c}\sin\theta_2} & \cdots & \mathrm{e}^{-\mathrm{j}2\pi f_0\frac{d}{c}\sin\theta_N} \\ \vdots & \vdots & & \vdots \\ \mathrm{e}^{-\mathrm{j}2\pi f_0\frac{d}{c}(M-1)\sin\theta_1} & \mathrm{e}^{-\mathrm{j}2\pi f_0\frac{d}{c}(M-1)\sin\theta_2} & \cdots & \mathrm{e}^{-\mathrm{j}2\pi f_0\frac{d}{c}(M-1)\sin\theta_N} \end{bmatrix} \cdot \begin{bmatrix} s_1(t) \\ s_2(t) \\ \vdots \\ s_N(t) \end{bmatrix} + \boldsymbol{N}(t)
\end{aligned}
\tag{2.60}
$$

则第 n 个信源的导向矢量为

$$
\boldsymbol{a}_n = [1, \mathrm{e}^{-\mathrm{j}2\pi f_0\frac{d}{c}\sin\theta_n}, \cdots, \mathrm{e}^{-\mathrm{j}2\pi f_0\frac{d}{c}(M-1)\sin\theta_n}]^{\mathrm{T}} \tag{2.61}
$$

式中，$\boldsymbol{S}(t) = [s_1(t), s_2(t), \cdots, s_N(t)]^{\mathrm{T}}$ 为源信号矢量，且 $\boldsymbol{A} = [\boldsymbol{a}_1, \boldsymbol{a}_2, \cdots, \boldsymbol{a}_N]$ 为阵列流型矩阵，代入式(2.60)，则信号矢量可表示成更加紧凑的矩阵形式为

$$
\boldsymbol{X}(t) = \boldsymbol{AS}(t) + \boldsymbol{N}(t) \tag{2.62}
$$

2. 均匀平面阵

如图 2.4 所示，一均匀矩形阵由 $N\times M$ 个阵元组成且水平布放（其中 x 方向上由 N 行阵元组成，阵元间距为 Δx，y 方向上由 M 列阵元组成，阵元间距为 Δy），建立空间直角坐标系，并以原点处的阵元为参考阵元。假设空间信源为 $s(t)$，入射空间角度为 (θ,φ)，其中 θ 为入射方位角，定义为入射信号在 xOy 平面的投影与 x 轴正向的夹角，φ 为入射俯仰角，定义为入射信号与 z 轴正向的夹角。

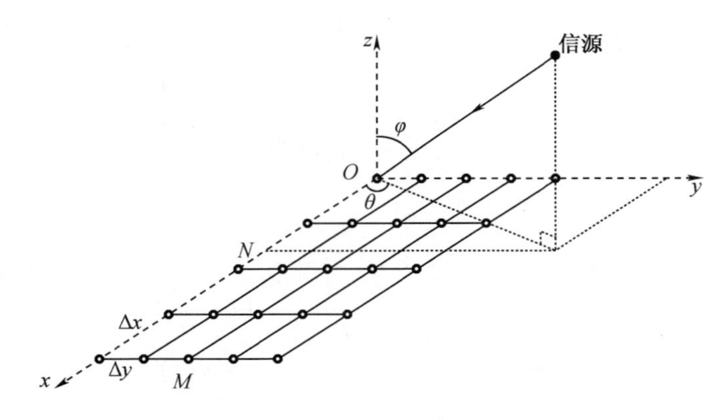

图 2.4　均匀矩形阵列空间示意图

由图 2.4 可以看出，均匀矩形阵列第 m 列的全部阵元构成一均匀直线阵，参照上述均匀直线阵列导向矢量的定义，构造该均匀矩形阵列第 m 列阵元的导向矢量 $\boldsymbol{a}_m(\theta,\varphi)$ 为

$$
\boldsymbol{a}_m(\theta,\varphi)=\begin{bmatrix} e^{-j\frac{\omega}{c}(m\Delta y\sin\theta\sin\varphi)} \\ e^{-j\frac{\omega}{c}(\Delta x\sin\varphi\cos\theta+m\Delta y\sin\theta\sin\varphi)} \\ \vdots \\ e^{-j\frac{\omega}{c}((N-1)\Delta x\sin\varphi\cos\theta+m\Delta y\sin\theta\sin\varphi)} \end{bmatrix} \tag{2.63}
$$

式中，$m=0,1,\cdots,M-1$。

由此可知，该均匀矩形阵列的流型矩阵 $\boldsymbol{a}(\theta,\varphi)$ 为 $N\times M$ 维矩阵，可表示为

$$
\boldsymbol{a}(\theta,\varphi)=[\boldsymbol{a}_0(\theta,\varphi),\boldsymbol{a}_1(\theta,\varphi),\cdots,\boldsymbol{a}_{M-1}(\theta,\varphi)] \tag{2.64}
$$

矢量化阵列流型矩阵 $\boldsymbol{a}(\theta,\varphi)$，可定义为 $NM\times 1$ 维的列向量，即

$$
\hat{\boldsymbol{a}}(\theta,\varphi)=\mathrm{vec}[\boldsymbol{a}(\theta,\varphi)]=\begin{bmatrix} \boldsymbol{a}_0(\theta,\varphi) \\ \boldsymbol{a}_1(\theta,\varphi) \\ \vdots \\ \boldsymbol{a}_{M-1}(\theta,\varphi) \end{bmatrix} \tag{2.65}
$$

相应地，可得到均匀矩形阵列接收信号的矩阵表达形式为

$$
\boldsymbol{X}(t)=\hat{\boldsymbol{a}}(\theta,\varphi)s(t)+\boldsymbol{N}(t) \tag{2.66}
$$

式中，$\boldsymbol{N}(t)$ 为噪声矩阵。

其他形式阵列（如均匀圆阵、立体阵等）的数学模型参见文献[1]。

2.3　常规波束形成

2.3.1　常规波束形成器

如图 2.5 所示，假设空间仅存在一个信源 $s(t)$（即 $N=1$），并忽略噪声的影响，将每个接收阵元的输入信号 $x_i=s(t-\tau_i)$（$i=1,\cdots M$）平移，使之在时间上对齐，然后将它们相加并通过因子$\frac{1}{M}$进行归一化，使得输出为参考输入信号 $s(t)$，这个处理器称为常规波束形成器或延时求和波束形成器。

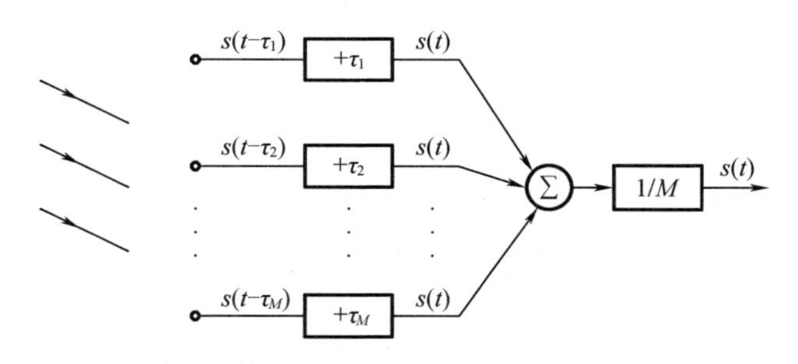

图 2.5　常规波束形成器结构示意图

对于窄带信号而言,信号延时相当于相移,此时阵列权矢量为信号导向矢量 $\boldsymbol{a}(\theta)$ 的 $\frac{1}{M}$,即

$$\boldsymbol{\omega}=\frac{1}{M}\boldsymbol{a}(\theta)=\frac{1}{M}[\mathrm{e}^{-\mathrm{j}2\pi f_0\tau_1(\theta)},\mathrm{e}^{-\mathrm{j}2\pi f_0\tau_2(\theta)},\cdots,\mathrm{e}^{-\mathrm{j}2\pi f_0\tau_M(\theta)}]^{\mathrm{T}} \tag{2.67}$$

根据式(2.67)及阵列系统的输出表达式(2.1),常规波束形成器的输出可以表示为

$$y(t)=\boldsymbol{\omega}^{\mathrm{H}}x(t)=s(t)\boldsymbol{\omega}^{\mathrm{H}}\boldsymbol{a}(\theta)=\frac{1}{M}s(t)\boldsymbol{a}^{\mathrm{H}}(\theta)\boldsymbol{a}(\theta)=s(t) \tag{2.68}$$

2.3.2 阵列增益

阵列增益 G 定义为阵列输出信噪比与单个阵元上的输入信噪比的比值,即

$$G=\frac{\mathrm{SNR_o}}{\mathrm{SNR_i}} \tag{2.69}$$

首先,考虑空间第 k 个阵元的接收信号模型

$$x_k(t)=a_k(\theta)s_0+n_k(t) \tag{2.70}$$

其中,信号功率为

$$E_{\mathrm{s}}=E[\,|a_k(\theta)s_0|^2\,] \tag{2.71}$$

由于 $|a_k(\theta)|^2=1$,故上式可进一步写为

$$E_{\mathrm{s}}=E[\,|s_0|^2\,] \tag{2.72}$$

假设空间白噪声功率为 σ^2,即

$$E_{\mathrm{n}}=E[\,|n_k(t)|^2\,]=\sigma^2 \tag{2.73}$$

则单个阵元上的输入信噪比为

$$\mathrm{SNR_i}=\frac{E_{\mathrm{s}}}{E_{\mathrm{n}}}=\frac{E_{\mathrm{s}}}{\sigma^2} \tag{2.74}$$

考虑波束形成器的输出

$$\begin{aligned}y(t)&=\boldsymbol{\omega}^{\mathrm{H}}\boldsymbol{x}(t)\\&=\boldsymbol{\omega}^{\mathrm{H}}(s_0(t)\boldsymbol{a}(\theta)+\boldsymbol{N}(t))\\&=\frac{1}{M}s_0(t)\boldsymbol{a}^{\mathrm{H}}(\theta)\boldsymbol{a}(\theta)+\frac{1}{M}\boldsymbol{a}^{\mathrm{H}}(\theta)\boldsymbol{N}(t)\\&=s_0(t)+\frac{1}{M}\boldsymbol{a}^{\mathrm{H}}(\theta)\boldsymbol{N}(t)\end{aligned} \tag{2.75}$$

则波束形成器的输出信号功率

$$E_{\mathrm{s-o}}=E[\,|s_0|^2\,] \tag{2.76}$$

波束形成器的输出噪声功率

$$\begin{aligned}E_{\mathrm{n-o}}&=E\left[\left|\frac{1}{M}\boldsymbol{a}^{\mathrm{H}}(\theta)\boldsymbol{N}(t)\right|^2\right]\\&=\frac{1}{M^2}E[\boldsymbol{a}^{\mathrm{H}}(\theta)\boldsymbol{N}(t)\boldsymbol{N}^{\mathrm{H}}(t)\boldsymbol{a}(\theta)]\end{aligned} \tag{2.77}$$

假设各阵元噪声相互独立,则

$$E[\boldsymbol{N}(t)\boldsymbol{N}^{\mathrm{H}}(t)]=\sigma^2 I \tag{2.78}$$

由于$\boldsymbol{a}^{\mathrm{H}}(\theta)\boldsymbol{a}(\theta)=M$,代入式(2.77),则有

$$E_{\mathrm{n-o}}=\frac{M\sigma^2}{M^2} \tag{2.79}$$

因此,阵列输出信噪比为

$$\mathrm{SNR_o}=\frac{E_{\mathrm{s-o}}}{E_{\mathrm{n-o}}}=\frac{ME_s}{\sigma^2} \tag{2.80}$$

将式(2.74)和式(2.80)代入式(2.69),可得

$$G=\frac{\mathrm{SNR_o}}{\mathrm{SNR_i}}=M \tag{2.81}$$

由此可知,常规波束形成器的阵列增益M即为阵元个数。

2.3.3 方向图

阵列输出的幅度与来波方向之间的关系称为阵列的方向图。方向图一般可分为两大类:一类是静态方向图,即将各阵元接收信号进行均匀加权并累加输出,该静态方向图反映阵列的自然方向性特征,也称之为自然指向方向图;另一类是带指向性的方向图,其本质上是将静态方向图根据实际需要进行调向,指向空间预设方向。

1. 均匀线列阵方向图

假设空间仅存在单个窄带信源$s(t)$,信源幅度A,信号频率f,则该窄带信号可以表示成复数形式为

$$s(t)=A\mathrm{e}^{\mathrm{j}\omega t} \tag{2.82}$$

式中,$\omega=2\pi f$,表示信号角频率。

进一步假设信号入射方位角度θ,并忽略噪声的影响,由上述均匀线列阵信号模型的讨论可知,该阵列接收信号可以表示为

$$\boldsymbol{X}(t)=\begin{bmatrix}x_1(t)\\x_2(t)\\\vdots\\x_M(t)\end{bmatrix}=\begin{bmatrix}1\\\mathrm{e}^{-\mathrm{j}\psi}\\\vdots\\\mathrm{e}^{-\mathrm{j}(M-1)\psi}\end{bmatrix}s(t) \tag{2.83}$$

式中,$\psi=\omega\dfrac{d}{c}\sin\theta=\dfrac{2\pi d\sin\theta}{\lambda}$,$\lambda$为入射信号的波长。

根据前面的讨论可知,阵列输出为

$$y(t)=\boldsymbol{\omega}^{\mathrm{H}}\boldsymbol{X}(t)=\sum_{m=1}^{M}\omega_m^* x_m(t)=\sum_{m=1}^{M}\omega_m^*\mathrm{e}^{-\mathrm{j}(m-1)\psi}s(t) \tag{2.84}$$

(1)均匀线列阵的静态方向图

考虑静态方向图,令阵列各通道加权系数均为1,即$\omega_m=1(m=1,2,\cdots,M)$。由式(2.84),阵列输出可以表示为

$$y(t)=s(t)\sum_{m=1}^{M}\mathrm{e}^{-\mathrm{j}(m-1)\psi} \tag{2.85}$$

根据等比级数的定义

$$\sum_{m=1}^{M} e^{-j(m-1)\psi} = \frac{1 - e^{-jM\psi}}{1 - e^{-j\psi}} = e^{-j\frac{(M-1)\psi}{2}} \frac{\sin\left(\frac{M\psi}{2}\right)}{\sin\left(\frac{\psi}{2}\right)} \tag{2.86}$$

将式(2.86)代入式(2.85),则有

$$y(t) = Ae^{j\omega t} e^{-j\frac{(M-1)\psi}{2}} \frac{\sin\left(\frac{M\psi}{2}\right)}{\sin\left(\frac{\psi}{2}\right)} \tag{2.87}$$

进一步将阵列输出幅度归一化,则均匀线列阵输出幅度为

$$B(\theta) = \frac{\sin\left(\frac{M\psi}{2}\right)}{M\sin\left(\frac{\psi}{2}\right)} = \frac{\sin\left(\frac{M\pi d\sin\theta}{\lambda}\right)}{M\sin\left(\frac{\pi d\sin\theta}{\lambda}\right)} \tag{2.88}$$

式(2.88)称为均匀线阵的静态方向图表达式。

图 2.6 所示为 16 元均匀线列阵的静态方向图,其中阵元间距为半波长。

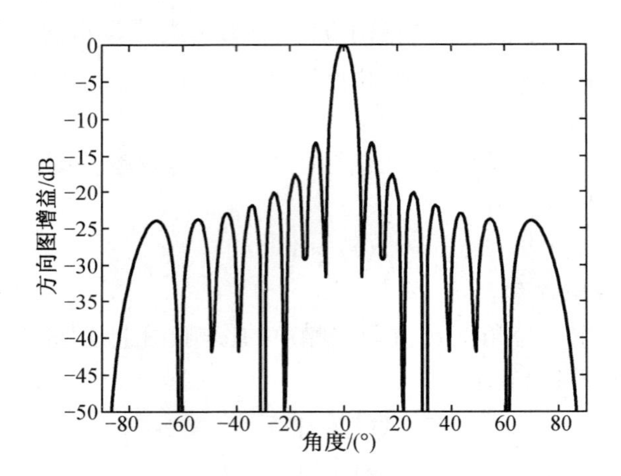

图 2.6　16 元均匀线列阵的静态方向图

(2)均匀线列阵的带指向性方向图

考虑带指向性的方向图,假设其指向为 θ_d,令阵列各通道加权系数为

$$\omega_m = e^{-j(m-1)\psi_d}, m = 1, 2, \cdots, M \tag{2.89}$$

式中,$\psi_d = \frac{2\pi d\sin\theta_d}{\lambda}$,则阵列输出可以表示为

$$\begin{aligned} y(t) &= \sum_{m=1}^{M} \omega_m^* x_m(t) \\ &= s(t) \sum_{m=1}^{M} e^{j(m-1)\psi_d} e^{-j(m-1)\psi} \\ &= s(t) \sum_{m=1}^{M} e^{-j(m-1)(\psi-\psi_d)} \end{aligned} \tag{2.90}$$

与均匀线列阵静态方向图推导过程相类似，将带指向性的阵列输出幅度归一化，则均匀线列阵输出幅度为

$$B_{\mathrm{d}}(\theta)=\frac{\sin\left(\dfrac{M(\psi-\psi_{\mathrm{d}})}{2}\right)}{M\sin\left(\dfrac{(\psi-\psi_{\mathrm{d}})}{2}\right)}=\frac{\sin\left(\dfrac{M\pi d(\sin\theta-\sin\theta_{\mathrm{d}})}{\lambda}\right)}{M\sin\left(\dfrac{\pi d(\sin\theta-\sin\theta_{\mathrm{d}})}{\lambda}\right)} \tag{2.91}$$

式(2.91)称为均匀线列阵的带指向性方向图表达式。

图2.7所示为指向为10°的16元均匀线列阵方向图，其中阵元间距为半波长。

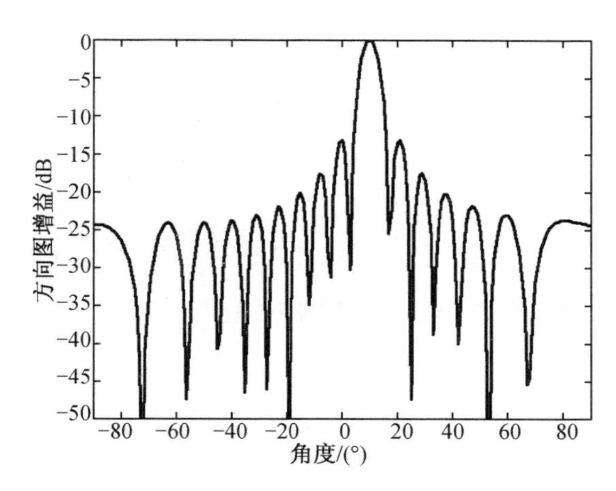

图2.7　指向为10°的16元均匀线列阵方向图

2. 均匀矩形阵方向图

下面考虑均匀矩形阵的方向图，根据上述均匀矩形阵列数学模型的讨论，忽略噪声的影响，其阵列输出为

$$y(t)=\boldsymbol{\omega}^{\mathrm{H}}\boldsymbol{X}(t)=\sum_{p=1}^{NM-1}\omega_p^{*}x_p(t)=\sum_{p=1}^{NM-1}\omega_p^{*}a_p(\theta,\varphi)s(t) \tag{2.92}$$

令阵列各通道加权系数均为1，即 $\omega_p=1(p=1,2,\cdots,NM-1)$，故式(2.92)可进一步表示为

$$y(t)=s(t)\sum_{n=1}^{N}\sum_{m=1}^{M}\mathrm{e}^{-\mathrm{j}\frac{\omega}{c}[(n-1)\Delta x\sin\varphi\cos\theta+(m-1)\Delta y\sin\theta\sin\varphi]} \tag{2.93}$$

假设

$$\psi_x=\frac{\omega}{c}\Delta x\sin\varphi\cos\theta=\frac{2\pi\Delta x\sin\varphi\cos\theta}{\lambda} \tag{2.94}$$

$$\psi_y=\frac{\omega}{c}\Delta y\sin\theta\sin\varphi=\frac{2\pi\Delta y\sin\theta\sin\varphi}{\lambda} \tag{2.95}$$

则式(2.93)阵列输出可化简为

$$\begin{aligned}y(t)&=s(t)\sum_{n=1}^{N}\sum_{m=1}^{M}\mathrm{e}^{-\mathrm{j}\frac{\omega}{c}[(N-1)\Delta x\sin\varphi\cos\theta+(M-1)\Delta y\sin\theta\sin\varphi]}\\&=s(t)\sum_{n=1}^{N}\mathrm{e}^{-\mathrm{j}\frac{\omega}{c}[(n-1)\Delta x\sin\varphi\cos\theta]}\sum_{m=1}^{M}\mathrm{e}^{-\mathrm{j}\frac{\omega}{c}[(m-1)\Delta y\sin\theta\sin\varphi]}\end{aligned}$$

$$= s(t)\sum_{n=1}^{N}\mathrm{e}^{-\mathrm{j}(n-1)\psi_x}\sum_{m=1}^{M}\mathrm{e}^{-\mathrm{j}(m-1)\psi_y} \tag{2.96}$$

与均匀线列阵的讨论相类似，根据等比级数的定义，式中

$$\sum_{n=1}^{N}\mathrm{e}^{-\mathrm{j}(n-1)\psi_x} = \frac{1-\mathrm{e}^{-\mathrm{j}N\psi_x}}{1-\mathrm{e}^{-\mathrm{j}\psi_x}} = \mathrm{e}^{-\mathrm{j}\frac{(N-1)\psi_x}{2}}\frac{\sin(\frac{N\psi_x}{2})}{\sin(\frac{\psi_x}{2})} \tag{2.97}$$

$$\sum_{m=1}^{M}\mathrm{e}^{-\mathrm{j}(m-1)\psi_y} = \frac{1-\mathrm{e}^{-\mathrm{j}M\psi_y}}{1-\mathrm{e}^{-\mathrm{j}\psi_y}} = \mathrm{e}^{-\mathrm{j}[\frac{(M-1)\psi_y}{2}]}\frac{\sin(\frac{M\psi_y}{2})}{\sin(\frac{\psi_y}{2})} \tag{2.98}$$

则式(2.96)可进一步化简为

$$y(t) = s(t)\mathrm{e}^{-\mathrm{j}[\frac{(N-1)\psi_x}{2}+\frac{(M-1)\psi_y}{2}]}\frac{\sin(\frac{N\psi_x}{2})}{\sin(\frac{\psi_x}{2})}\frac{\sin(\frac{M\psi_y}{2})}{\sin(\frac{\psi_y}{2})} \tag{2.99}$$

将阵列输出幅度归一化，则均矩形阵输出幅度为

$$\begin{aligned} B(\theta) &= \frac{\sin(\frac{N\psi_x}{2})}{N\sin(\frac{\psi_x}{2})}\frac{\sin(\frac{M\psi_y}{2})}{M\sin(\frac{\psi_y}{2})} \\ &= \frac{\sin\left(\frac{N\pi\Delta x\sin\varphi\cos\theta}{\lambda}\right)}{N\sin\left(\frac{\pi\Delta x\sin\varphi\cos\theta}{\lambda}\right)}\frac{\sin\left(\frac{M\pi\Delta y\sin\theta\sin\varphi}{\lambda}\right)}{M\sin\left(\frac{\pi\Delta y\sin\theta\sin\varphi}{\lambda}\right)} \end{aligned} \tag{2.100}$$

图2.8给出了16×16元均匀矩形阵的方向图，其中阵元间距为半波长，入射方位角$\theta=90°$，入射俯仰角$\varphi=30°$。图2.8(a)为三维立体图，图2.8(b)为俯视图。

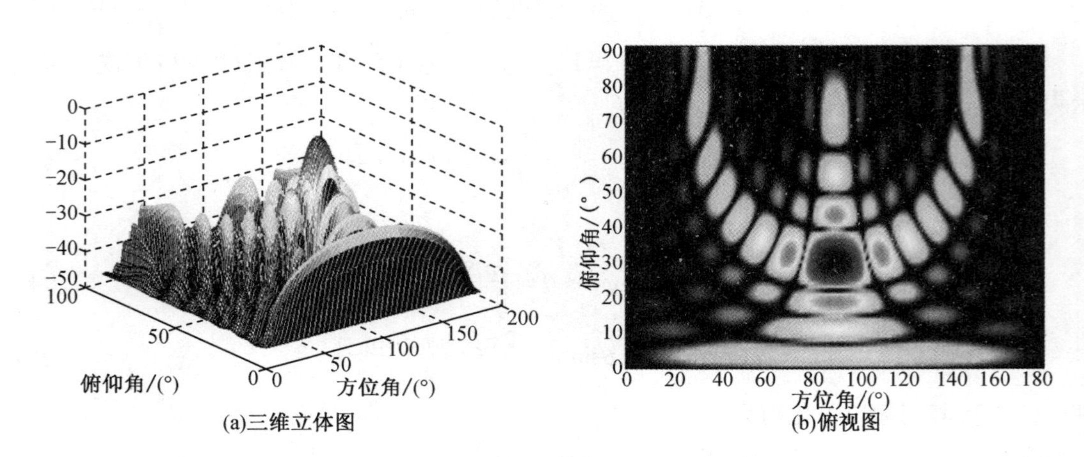

图2.8　16×16元均匀矩形阵的方向图

2.3.4 波束宽度

定义方向图所指方向两侧第一个零点之间的宽度为零点波束宽度 BW_0，根据静态方向图的表达式(2.88)，由 $|G_0(\theta)|^2=0$ 可得零点波束宽度 BW_0 为

$$BW_0=2\arcsin\left(\frac{\lambda}{Md}\right) \tag{2.101}$$

零点波束宽度 BW_0 衡量了阵列分辨两个不同平面波的能力，也称为瑞利限。如果两个平面波入射方向间距大于 BW_0，则称该两个平面波是可分辨的。

定义方向图所指方向两侧半功率点之间的宽度为半功率点波束宽度 $BW_{0.5}$，在 $Md\geqslant\lambda$ 条件下，由 $|G_{0.5}(\theta)|^2=0.5$ 可得半功率点波束宽度 $BW_{0.5}$为

$$BW_{0.5}\approx 0.886\frac{\lambda}{Md} \tag{2.102}$$

2.4 自适应波束形成

统计最优波束形成又可称为自适应波束形成，该问题是在某一准则下寻求最优权矢量，典型的准则包括：最小方差无偏估计(MVUE)准则、最小均方误差(MMSE)准则、最大信干噪比(MSINR)准则等，这些准则虽然在不同应用背景下推导而来，但在一定条件下是等价的。

2.4.1 最小方差无偏估计准则(最小方差无畸变准则)

假设空间中仅存在一个信源 $s(t)$(即 $N=1$)，入射角度为 θ，各接收通道噪声为一零均值，随机过程 $E[n_i]=0(i=1,2,\cdots,M)$。如式(2.62)所述，接收信号由信号和噪声组成，表示为

$$\boldsymbol{X}(t)=\boldsymbol{a}(\theta)s(t)+\boldsymbol{N}(t) \tag{2.103}$$

式中，$\boldsymbol{X}(t)$为接收信号矢量，$\boldsymbol{a}(\theta)$为导向矢量，$s(t)$为源信号，$\boldsymbol{N}(t)$为噪声矢量。

根据式(2.4)，阵列输出为

$$\begin{aligned}y(t)&=\boldsymbol{\omega}^{\mathrm{H}}\boldsymbol{X}(t)\\&=\boldsymbol{\omega}^{\mathrm{H}}(\boldsymbol{a}(\theta)s(t)+\boldsymbol{N}(t))\\&=\boldsymbol{\omega}^{\mathrm{H}}\boldsymbol{a}(\theta)s(t)+\boldsymbol{\omega}^{\mathrm{H}}\boldsymbol{N}(t)\end{aligned} \tag{2.104}$$

无偏估计准则要求阵列输出的统计均值为源信号，即

$$E[y(t)]=s(t) \tag{2.105}$$

将阵列输出式(2.104)代入式(2.105)，可得

$$\begin{aligned}s(t)&=E[\boldsymbol{\omega}^{\mathrm{H}}\boldsymbol{a}(\theta)s(t)+\boldsymbol{\omega}^{\mathrm{H}}\boldsymbol{N}(t)]\\&=E[\boldsymbol{\omega}^{\mathrm{H}}\boldsymbol{a}(\theta)s(t)]+E[\boldsymbol{\omega}^{\mathrm{H}}\boldsymbol{N}(t)]\\&=\boldsymbol{\omega}^{\mathrm{H}}\boldsymbol{a}(\theta)s(t)+\boldsymbol{\omega}^{\mathrm{H}}E[\boldsymbol{N}(t)]\end{aligned} \tag{2.106}$$

根据假设，各接收通道噪声为一零均值随机过程，则

$$E[\boldsymbol{N}(t)]=\mathbf{0} \tag{2.107}$$

则式(2.106)可化简为

$$s(t)=\boldsymbol{\omega}^{\mathrm{H}}\boldsymbol{a}(\theta)s(t) \tag{2.108}$$

即无偏估计准则要求

$$\boldsymbol{\omega}^{\mathrm{H}}\boldsymbol{a}(\theta)=1 \tag{2.109}$$

进一步讨论估计方差,估计方差可以表示为

$$E[|y(t)-s(t)|^2] \tag{2.110}$$

将式(2.104)和式(2.109)代入式(2.110),可得

$$\begin{aligned}
E[|y(t)-s(t)|^2] &= E[|\boldsymbol{\omega}^{\mathrm{H}}\boldsymbol{N}(t)|^2]\\
&= E[\boldsymbol{\omega}^{\mathrm{H}}\boldsymbol{N}(t)(\boldsymbol{\omega}^{\mathrm{H}}\boldsymbol{N}(t))^{\mathrm{H}}]\\
&= E[\boldsymbol{\omega}^{\mathrm{H}}\boldsymbol{N}(t)\boldsymbol{N}^{\mathrm{H}}(t)\boldsymbol{\omega}]\\
&= \boldsymbol{\omega}^{\mathrm{H}}E[\boldsymbol{N}(t)\boldsymbol{N}^{\mathrm{H}}(t)]\boldsymbol{\omega}\\
&= \boldsymbol{\omega}^{\mathrm{H}}\boldsymbol{R}_{\mathrm{N}}\boldsymbol{\omega}
\end{aligned} \tag{2.111}$$

最小方差准则要求 $E[|y(t)-s(t)|^2]$ 最小,即

$$\min E[|y(t)-s(t)|^2] \tag{2.112}$$

综上所述,最小方差无偏估计准则可表示为

$$\begin{cases}\min\limits_{\boldsymbol{\omega}} \boldsymbol{\omega}^{\mathrm{H}}\boldsymbol{R}_{\mathrm{N}}\boldsymbol{\omega}\\ \boldsymbol{\omega}^{\mathrm{H}}\boldsymbol{a}(\theta)=1\end{cases} \tag{2.113}$$

式(2.113)表明,最小方差无偏估计准则在保证所需方向信号输出为无畸变的条件下,使阵列的噪声输出功率极小化,其目的是保证来自某个确定方向 θ 的信号能正确接收,而其他入射方向的信号或干扰被最大程度抑制。

可以利用拉格朗日(Lagrange)乘数法求解式(2.113),令目标函数为

$$L(\boldsymbol{\omega})=\frac{1}{2}\boldsymbol{\omega}^{\mathrm{H}}\boldsymbol{R}_{\mathrm{N}}\boldsymbol{\omega}-\lambda[\boldsymbol{\omega}^{\mathrm{H}}\boldsymbol{a}(\theta)-1] \tag{2.114}$$

上述目标函数对 $\boldsymbol{\omega}$ 求导,并令其为零,可以得到最优权矢量

$$\boldsymbol{\omega}_{\mathrm{opt-MVDR}}=\mu\boldsymbol{R}_{\mathrm{N}}^{-1}\boldsymbol{a}(\theta) \tag{2.115}$$

再利用 $\boldsymbol{\omega}^{\mathrm{H}}\boldsymbol{a}(\theta)=1$,可以得到常数 μ 的表达式

$$\mu=\frac{1}{\boldsymbol{a}^{\mathrm{H}}(\theta)\boldsymbol{R}_{\mathrm{N}}^{-1}\boldsymbol{a}(\theta)} \tag{2.116}$$

至此,我们得到在 $\boldsymbol{\omega}^{\mathrm{H}}\boldsymbol{a}(\theta)=1$ 条件下的最优权矢量 $\boldsymbol{\omega}_{\mathrm{opt-MVDR}}$。

式(2.115)中的处理器称为最小方差无畸变响应(MVDR)波束形成器,最初由著名学者 Capon 提出,有时也称之为 Capon 波束形成器。

2.4.2 最小均方误差准则

如图2.9所示,最小均方误差准则利用已知理想信号求解自适应权矢量,即确定最优线性估计器,使该估计器的输出是对理想信号的最小均方误差估计。换言之,是使理想信号与阵列输出之差的均方值最小。

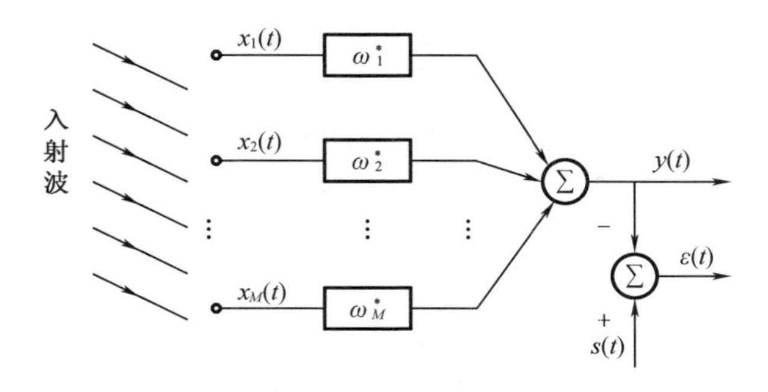

图 2.9　最小均方误差准则示意图

为简化问题，考虑空间仅存在单个平面波信源的情况，信号模型与式(2.103)相同，即接收信号可表示为

$$\boldsymbol{X}(t)=\boldsymbol{a}(\theta)s(t)+\boldsymbol{N}(t) \tag{2.117}$$

根据式(2.45)阵列协方差矩阵可表示为

$$\boldsymbol{R}=P_{\mathrm{s}}\boldsymbol{a}(\theta)\boldsymbol{a}^{\mathrm{H}}(\theta)+\boldsymbol{R}_{\mathrm{N}} \tag{2.118}$$

式中 $P_{\mathrm{s}}=E[s^2(t)]$ 为期望信号的功率，$\boldsymbol{R}_{\mathrm{N}}$ 为噪声的协方差矩阵。

如前所述，阵列输出为

$$y(t)=\boldsymbol{\omega}^{\mathrm{H}}\boldsymbol{X}(t) \tag{2.119}$$

令理想信号为期望信号 $s(t)$①，其与阵列输出的均方误差为

$$\begin{aligned}\varepsilon&=E[|s(t)-\omega^{\mathrm{H}}\boldsymbol{X}(t)|^2]\\&=E[(s(t)-\boldsymbol{\omega}^{\mathrm{H}}\boldsymbol{X}(t))(s(t)-\boldsymbol{\omega}^{\mathrm{H}}\boldsymbol{X}(t))^{\mathrm{H}}]\\&=E[(s(t)-\boldsymbol{\omega}^{\mathrm{H}}\boldsymbol{X}(t))(s^*(t)-\boldsymbol{X}^{\mathrm{H}}(t)\boldsymbol{\omega})]\end{aligned} \tag{2.120}$$

利用上式(2.120)，对 $\boldsymbol{\omega}$ 求复梯度，并令结果为零，即

$$E[s(t)\boldsymbol{X}^{\mathrm{H}}(t)]-\boldsymbol{\omega}_{\mathrm{opt-MMSE}}^{\mathrm{H}}E[\boldsymbol{X}(t)\boldsymbol{X}^{\mathrm{H}}(t)]=0 \tag{2.121}$$

则可得最小均方误差准则下的最优权矢量为

$$\boldsymbol{\omega}_{\mathrm{opt-MMSE}}^{\mathrm{H}}=\boldsymbol{R}_{sX}\boldsymbol{R}^{-1} \tag{2.122}$$

或

$$\boldsymbol{\omega}_{\mathrm{opt-MMSE}}^{\mathrm{H}}=\boldsymbol{R}^{-1}\boldsymbol{R}_{sX} \tag{2.123}$$

式中，$\boldsymbol{R}_{sX}=E[s(t)\boldsymbol{X}^{\mathrm{H}}(t)]$ 为期望信号与接收信号的相关矩阵，可表示为

$$\begin{aligned}\boldsymbol{R}_{sX}&=E[s(t)\boldsymbol{X}^{\mathrm{H}}(t)]\\&=E[s(t)(\boldsymbol{a}(\theta)s(t)+\boldsymbol{N}(t))^{\mathrm{H}}]\\&=E[s(t)s^{\mathrm{H}}(t)\boldsymbol{a}^{\mathrm{H}}(\theta)+s(t)\boldsymbol{N}^{\mathrm{H}}(t)]\end{aligned} \tag{2.124}$$

假设信号与噪声不相关，即 $E[s(t)\boldsymbol{N}^{\mathrm{H}}(t)]=0$，则 $\boldsymbol{R}_{sX}$ 可进一步表示为

$$\boldsymbol{R}_{sX}=E[s(t)s^{\mathrm{H}}(t)\boldsymbol{a}^{\mathrm{H}}(\theta)]=P_{\mathrm{s}}\boldsymbol{a}^{\mathrm{H}}(\theta) \tag{2.125}$$

代入式(2.122)可得

$$\boldsymbol{\omega}_{\mathrm{opt-MMSE}}^{\mathrm{H}}=P_{\mathrm{s}}\boldsymbol{a}^{\mathrm{H}}(\theta)\boldsymbol{R}^{-1} \tag{2.126}$$

---

① 为便于理解，下述 $s(t)$ 均使用了白体。

利用矩阵求逆公式对式(2.118)求逆得

$$\boldsymbol{R}^{-1}=\boldsymbol{R}_{\mathrm{N}}^{-1}-\boldsymbol{R}_{\mathrm{N}}^{-1}P_{\mathrm{s}}\boldsymbol{a}(\theta)(1+P_{\mathrm{s}}\boldsymbol{a}^{\mathrm{H}}(\theta)\boldsymbol{R}_{\mathrm{N}}^{-1}\boldsymbol{a}(\theta))^{-1}\boldsymbol{a}^{\mathrm{H}}(\theta)\boldsymbol{R}_{\mathrm{N}}^{-1} \tag{2.127}$$

令 $\mu^{-1}=\boldsymbol{a}^{\mathrm{H}}(\theta)\boldsymbol{R}_{\mathrm{N}}^{-1}\boldsymbol{a}(\theta)$,代入式(2.127),可得

$$\boldsymbol{\omega}_{\mathrm{opt-MMSE}}^{\mathrm{H}}=\frac{P_{\mathrm{s}}\mu\boldsymbol{a}^{\mathrm{H}}(\theta)\boldsymbol{R}_{N}^{-1}}{P_{\mathrm{s}}+\mu} \tag{2.128}$$

或

$$\boldsymbol{\omega}_{\mathrm{opt-MMSE}}=\frac{P_{\mathrm{s}}\mu\boldsymbol{R}_{\mathrm{N}}^{-1}\boldsymbol{a}(\theta)}{P_{\mathrm{s}}+\mu} \tag{2.129}$$

将最小方差无偏估计准则和最小均方误差准则条件下的最优权矢量公式式(2.115)和式(2.129)进行对比,我们可以看出,该两种最优化准则下的处理器结构相似,两者仅相差一个标量系数$\frac{P_{\mathrm{s}}}{P_{\mathrm{s}}+\mu}$,即在最小方差无偏估计器后级联一个标量乘法器$\frac{P_{\mathrm{s}}}{P_{\mathrm{s}}+\mu}$就可得到最小均方误差估计器,该标量系数不影响阵列的输出信干噪比,因此,最小方差无偏估计准则和最小均方误差准则是等价的。

2.4.3 最大信干噪比准则

本小节讨论在最大输出信干噪比准则条件下,最优处理器的结构。

由上述讨论可知,阵列接收信号可以表示为

$$\boldsymbol{x}(t)=\boldsymbol{x}_{\mathrm{s}}(t)+\boldsymbol{x}_{\mathrm{i}}(t)+\boldsymbol{n}(t) \tag{2.130}$$

阵列输出信干噪比可以表示为

$$\mathrm{SINR}=\frac{\boldsymbol{\omega}^{\mathrm{H}}\boldsymbol{R}_{\mathrm{s}}\boldsymbol{\omega}}{\boldsymbol{\omega}^{\mathrm{H}}\boldsymbol{R}_{\mathrm{N}}\boldsymbol{\omega}} \tag{2.131}$$

为使输出信干噪比最大,式(2.131)对 $\boldsymbol{\omega}^{\mathrm{H}}$ 求复梯度,并令结果为零,可得

$$\frac{\boldsymbol{R}_{\mathrm{s}}\boldsymbol{\omega}(\boldsymbol{\omega}^{\mathrm{H}}\boldsymbol{R}_{\mathrm{N}}\boldsymbol{\omega})-\boldsymbol{R}_{\mathrm{N}}\boldsymbol{\omega}(\boldsymbol{\omega}^{\mathrm{H}}\boldsymbol{R}_{\mathrm{s}}\boldsymbol{\omega})}{(\boldsymbol{\omega}^{\mathrm{H}}\boldsymbol{R}_{\mathrm{N}}\boldsymbol{\omega})^{2}}=0 \tag{2.132}$$

令 $\mathrm{SINR}=\Lambda$,则由以上分析可得

$$\Lambda\boldsymbol{R}_{\mathrm{N}}\boldsymbol{\omega}=\boldsymbol{R}_{\mathrm{s}}\boldsymbol{\omega} \tag{2.133}$$

或

$$\Lambda\boldsymbol{\omega}=\boldsymbol{R}_{\mathrm{N}}^{-1}\boldsymbol{R}_{\mathrm{s}}\boldsymbol{\omega} \tag{2.134}$$

式(2.134)构成了广义特征值问题,$\boldsymbol{\omega}$ 为矩阵 $\boldsymbol{R}_{\mathrm{N}}^{-1}\boldsymbol{R}_{\mathrm{s}}$ 的特征向量,Λ 为该特征向量对应的特征值。为使输出信噪比最大,应选择最大特征值对应的特征向量。

为简化问题,同样仅考虑空间存在单个平面波信号的问题,则

$$\boldsymbol{x}_{\mathrm{s}}(t)=\boldsymbol{a}(\theta)s(t) \tag{2.135}$$

进而

$$\boldsymbol{R}_{\mathrm{s}}=E[\boldsymbol{x}_{\mathrm{s}}(t)\boldsymbol{x}_{\mathrm{s}}^{\mathrm{H}}(t)]=E[\boldsymbol{a}(\theta)s(t)(\boldsymbol{a}(\theta)s(t))^{\mathrm{H}}]=P_{\mathrm{s}}\boldsymbol{a}(\theta)\boldsymbol{a}^{\mathrm{H}}(\theta) \tag{2.136}$$

代入式(2.134),可以表示成

$$\Lambda\boldsymbol{\omega}=\boldsymbol{R}_{\mathrm{N}}^{-1}P_{\mathrm{s}}\boldsymbol{a}(\theta)\boldsymbol{a}^{\mathrm{H}}(\theta)\boldsymbol{\omega} \tag{2.137}$$

则

$$\boldsymbol{\omega}_{\text{opt-MSINR}} = \boldsymbol{R}_{\text{N}}^{-1}\boldsymbol{a}(\theta) \tag{2.138}$$

$$\text{SINR} = \Lambda = P_{\text{s}}\boldsymbol{a}^{\text{H}}(\theta)\boldsymbol{R}_{\text{N}}^{-1}\boldsymbol{a}(\theta) \tag{2.139}$$

通过最优权矢量表达式可以看出，最大信干噪比准则下的最优权矢量 $\boldsymbol{\omega}_{\text{opt-MSINR}}$ 与前述两个准则下（最小方差无偏估计准则和最小均方误差准则）的最优权矢量仅相差一个常系数，故三种准则在统计意义上是等价的。

为方便起见，以上三种准则下的统计最优波束形成器总结如表 2.1 所示。

表 2.1　统计最优波束形成器总结

准则类型	最小方差无偏估计准则	最小均方误差准则	最大信干噪比准则
表达式	$\begin{cases}\min\limits_{\omega} \boldsymbol{\omega}^{\text{H}}\boldsymbol{R}_{\text{N}}\boldsymbol{\omega} \\ \boldsymbol{\omega}^{\text{H}}\boldsymbol{a}(\theta)=1\end{cases}$	$\varepsilon = E[\lvert s(t)-\boldsymbol{\omega}^{\text{H}}\boldsymbol{X}(t)\rvert^2]$	$\text{SINR}=\dfrac{\boldsymbol{\omega}^{\text{H}}\boldsymbol{R}_{\text{s}}\boldsymbol{\omega}}{\boldsymbol{\omega}^{\text{H}}\boldsymbol{R}_{\text{N}}\boldsymbol{\omega}}$
最优解	$\boldsymbol{\omega}_{\text{opt-MVDR}}=\mu\boldsymbol{R}_{\text{N}}^{-1}\boldsymbol{a}(\theta)$	$\boldsymbol{\omega}_{\text{opt-MMSE}}=\dfrac{P_{\text{s}}\mu\boldsymbol{R}_{\text{N}}^{-1}\boldsymbol{a}(\theta)}{P_{\text{s}}+\mu}$	$\boldsymbol{\omega}_{\text{opt-MSINR}}=\boldsymbol{R}_{\text{N}}^{-1}\boldsymbol{a}(\theta)$
要求	必须知道期望信号	必须知道参考信号	必须知道干扰噪声的统计特性和期望信号方向
参考文献	1969，Capon [40]	1967，Widrow[41]	1976，Applebaum[42]

2.4.4　最小功率无畸变响应（MPDR）

最小功率无畸变响应（minimum power distortionless response，MPDR）波束形成器与最小方差无畸变响应波束形成器相类似，主要的区别是阵列接收信号中含有期望信号，此时阵列协方差矩阵为 $\boldsymbol{R}_{\text{X}}$。

对比最小方差无畸变响应波束形成器，最小功率无畸变响应波束形成器可表示为

$$\begin{cases}\min\limits_{\omega} \boldsymbol{\omega}^{\text{H}}\boldsymbol{R}_{\text{X}}\boldsymbol{\omega} \\ \boldsymbol{\omega}^{\text{H}}\boldsymbol{a}(\theta)=1\end{cases} \tag{2.140}$$

式(2.140)表明，MPDR 是在保证所需方向信号输出为无畸变的条件下，使阵列的总输出功率最小。

2.4.5　阵列增益

下面讨论最优波束形成处理器的阵列增益，我们以最小方差无偏估计为例进行推导说明。

如 2.4.1 节式(2.115)所述，在最小方差无偏估计准则条件下，最优权系数表达式为

$$\boldsymbol{\omega}_{\text{opt-MVDR}} = \mu\boldsymbol{R}_{\text{N}}^{-1}\boldsymbol{a}(\theta) \tag{2.141}$$

式中

$$\mu = \frac{1}{\boldsymbol{a}^{\text{H}}(\theta)\boldsymbol{R}_{\text{N}}^{-1}\boldsymbol{a}(\theta)} \tag{2.142}$$

为简化问题，考虑空间仅存在单个平面波信源的情况，根据式(2.37a)，阵列接收信号

可表示为

$$\boldsymbol{X}(t)=\boldsymbol{a}(\theta)s(t)+\boldsymbol{N}(t) \tag{2.143}$$

根据式(2.10)~(2.12),阵列输出信号分量为

$$y_{\mathrm{s}}(t)=\boldsymbol{\omega}_{\mathrm{opt-MVDR}}^{\mathrm{H}}\boldsymbol{x}_{\mathrm{s}}(t)=\boldsymbol{\omega}_{\mathrm{opt-MVDR}}^{\mathrm{H}}\boldsymbol{a}(\theta)s(t)=s(t) \tag{2.144}$$

阵列输出噪声分量为

$$y_n(t)=\boldsymbol{\omega}^{\mathrm{H}}\boldsymbol{N}(t) \tag{2.145}$$

根据式(2.17)~(2.19),期望信号的平均输出功率可表示为

$$P_{\mathrm{s}}=E[y_{\mathrm{s}}(t)y_{\mathrm{s}}^{\mathrm{H}}(t)]=E[s(t)s^{\mathrm{H}}(t)] \tag{2.146}$$

噪声分量的平均输出功率可表示为

$$\begin{aligned}P_{\mathrm{n}}&=E[(\boldsymbol{\omega}^{\mathrm{H}}\boldsymbol{N}(t))(\boldsymbol{\omega}^{\mathrm{H}}\boldsymbol{N}(t))^{\mathrm{H}}]\\&=E[\boldsymbol{\omega}^{\mathrm{H}}\boldsymbol{N}(t)\boldsymbol{N}^{\mathrm{H}}(t)\boldsymbol{\omega}]\\&=\boldsymbol{\omega}^{\mathrm{H}}E[\boldsymbol{N}(t)\boldsymbol{N}^{\mathrm{H}}(t)]\boldsymbol{\omega}\\&=\boldsymbol{\omega}^{\mathrm{H}}\boldsymbol{R}_{\mathrm{N}}\boldsymbol{\omega}\end{aligned} \tag{2.147}$$

将最优权系数 $\boldsymbol{\omega}_{\mathrm{opt-MVDR}}$ 代入式(2.147),可进一步得到

$$\begin{aligned}P_{\mathrm{n}}&=\boldsymbol{\omega}^{\mathrm{H}}\boldsymbol{R}_{\mathrm{N}}\boldsymbol{\omega}\\&=(\mu\boldsymbol{R}_{\mathrm{N}}^{-1}\boldsymbol{a}(\theta))^{\mathrm{H}}\boldsymbol{R}_{\mathrm{N}}(\mu\boldsymbol{R}_{\mathrm{N}}^{-1}\boldsymbol{a}(\theta))\\&=\mu^2\boldsymbol{a}^{\mathrm{H}}(\theta)\boldsymbol{R}_{\mathrm{N}}^{-1}\boldsymbol{R}_{\mathrm{N}}\boldsymbol{R}_{\mathrm{N}}^{-1}\boldsymbol{a}(\theta)\\&=\mu\end{aligned} \tag{2.148}$$

假设每个接收阵元的噪声功率相同为 σ_{N}^2,则阵列增益

$$G=\frac{\mathrm{SNR_o}}{\mathrm{SNR_i}}=\frac{\dfrac{P_{\mathrm{s}}}{P_{\mathrm{n}}}}{\dfrac{P_{\mathrm{s}}}{\sigma_{\mathrm{N}}^2}}=\frac{\sigma_{\mathrm{N}}^2}{P_{\mathrm{n}}}=\frac{\sigma_{\mathrm{N}}^2}{\mu} \tag{2.149}$$

将 $\mu=\dfrac{1}{\boldsymbol{a}^{\mathrm{H}}(\theta)\boldsymbol{R}_{\mathrm{N}}^{-1}\boldsymbol{a}(\theta)}$ 代入式(2.149),可得

$$G=\sigma_{\mathrm{N}}^2\boldsymbol{a}^{\mathrm{H}}(\theta)\boldsymbol{R}_{\mathrm{N}}^{-1}\boldsymbol{a}(\theta) \tag{2.150}$$

进一步假设每个接收阵元的噪声独立不相关,则

$$\boldsymbol{R}_{\mathrm{N}}=\sigma_{\mathrm{N}}^2\boldsymbol{I} \tag{2.151}$$

代入式(2.150)可得

$$G=M \tag{2.152}$$

通过式(2.152)可以看出,在接收阵元的噪声独立不相关且功率相等的条件下,最优波束形成处理器的阵列增益为 M,与常规波束形成的阵列增益相同。但在其他情况下,最优波束形成处理器的阵列增益大于常规波束形成的阵列增益。

2.4.6 统计最优波束形成方向图

下面以最大信干噪比准则为例来分析统计最优波束形成器的方向图。

仿真条件:均匀直线阵阵元个数为16,阵元间距为半波长,期望信号入射方向0°,三个干扰信号入射方向分别为-35°、19°及45°,干扰信号的功率分别为40 dB、35 dB及50 dB。

图 2.10 所示为统计最优波束形成器和常规波束形成器的方向图,其中实线表示最优波束形成器的方向图,虚线表示常规波束形成器的方向图。从图中可以看出,统计最优波束形成器的方向图能够在干扰信号方向形成较深的陷波,而常规波束形成器则无法形成干扰陷波。由此可见,统计最优波束形成器具有较强的干扰抑制能力,能够应用于含有干扰信号的环境。

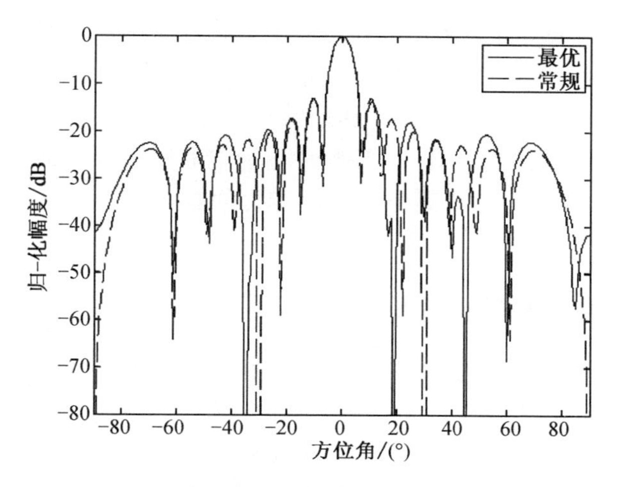

图 2.10　统计最优波束形成器和常规波束形成器的方向图

2.5　常用的方位估计方法

随着科学技术的不断发展和深化,空间谱估计技术凸显出旺盛的生命力和巨大的发展潜力。新理论、新算法日新月异,层出不穷,在各个相关领域发挥着越来越重要的作用。在众多的空间谱估计算法中,本节有选择性地介绍几种具有代表性的经典空间谱估计方法及技术,具体包括:传统延迟求和波束形成器、最小方差无畸变波束形成器、子空间分解类算方法、波达方向瞬时成像法、最大似然估计法、矩阵束算法等。

2.5.1　传统延迟求和波束形成器

传统延迟求和波束形成器(classical delay - and - sum beamforming,CBF)是最早的、最经典的空间谱估计技术。由于该处理器具备较高的稳健性,因此至今仍有广泛的应用。其本质是将各阵元输出经过适当的延迟(加权)并累加,使期望信号相对于噪声或其他方向干扰而得到增强,增强期望信号所需的阵元延迟与信号在不同阵元之间传播时所需时间差有关。

令传统波束形成器的权矢量

$$\boldsymbol{\omega}=\boldsymbol{a}(\theta) \tag{2.153}$$

根据阵列系统结构及平均输出功率表达式(2.7),传统延迟求和波束形成处理器的平均输出功率可表示为

$$P(\theta)=\boldsymbol{a}(\theta)^{\mathrm{H}}\boldsymbol{R}\boldsymbol{a}(\theta) \tag{2.154}$$

式(2.154)即为传统延迟求和波束形成器表达式。

当权矢量 $\boldsymbol{\omega}$ 与入射信号的导向矢量 $\boldsymbol{a}(\theta)$ 相等时，平均输出功率 $P(\theta)$ 将产生谱峰，该谱峰指示入射信号的方向 θ。因此，传统延迟求和波束形成器的基本思想是在空间上进行波束扫描，并测量每一个扫描角度上的信号功率，功率最大的角度即为信号的入射角度。

传统延迟求和波束形成器也称为 Bartlett 波束形成器，具有性能稳定、执行效率高且工程容易实现的优点，但是 Bartlett 波束形成器是传统时域傅里叶谱估计方法中的一种空域简单扩展形式，即利用空域各阵元接收的数据替代传统时域处理中的时域数据。与时域的傅里叶限制一样，将这种方法扩展到空域后，阵列的角度分辨率同样受到空域傅里叶限的限制。空域傅里叶限就是阵列的物理孔径限制，常称为瑞利限。换句话说，对位于一个波束宽度内的空间目标不可分辨，因此提高空域处理能力的有效方法就是增大阵列孔径（等效于减小波束宽度）。

2.5.2 最小方差无畸变波束形成器

假设期望信号的入射方位角为 θ_{d}，通过前面分析讨论可知，MVDR 波束形成的最优权矢量 $\boldsymbol{\omega}_{\mathrm{opt-MVDR}}$ 的表达式为

$$\boldsymbol{\omega}_{\mathrm{opt-MVDR}}=\frac{\boldsymbol{R}^{-1}\boldsymbol{a}(\theta_{\mathrm{d}})}{\boldsymbol{a}^{\mathrm{H}}(\theta_{\mathrm{d}})\boldsymbol{R}^{-1}\boldsymbol{a}(\theta_{\mathrm{d}})} \tag{2.155}$$

根据式(2.7)，则阵列的平均输出功率为

$$\begin{aligned}P&=\boldsymbol{\omega}^{\mathrm{H}}\boldsymbol{R}\boldsymbol{\omega}\\&=\frac{\boldsymbol{a}^{\mathrm{H}}(\theta_{\mathrm{d}})(\boldsymbol{R}^{-1})^{\mathrm{H}}}{\boldsymbol{a}^{\mathrm{H}}(\theta_{\mathrm{d}})(\boldsymbol{R}^{-1})^{\mathrm{H}}\boldsymbol{a}(\theta_{\mathrm{d}})}\boldsymbol{R}\frac{\boldsymbol{R}^{-1}\boldsymbol{a}(\theta_{\mathrm{d}})}{\boldsymbol{a}^{\mathrm{H}}(\theta_{\mathrm{d}})\boldsymbol{R}^{-1}\boldsymbol{a}(\theta_{\mathrm{d}})}\\&=\frac{1}{\boldsymbol{a}^{\mathrm{H}}(\theta_{\mathrm{d}})\boldsymbol{R}^{-1}\boldsymbol{a}(\theta_{\mathrm{d}})}\end{aligned} \tag{2.156}$$

MVDR 波束形成器中的约束条件使得波束形成器对准方向上的目标信号以单位响应通过，同时使总的输出功率（方差）达到最小。换言之，该约束条件在本质上是使非期望方向上的干扰和噪声在波束形成器输出端产生的功率（方差）最小。因此，式(2.156)实际上代表了沿入射方向入射到基阵上的期望信号功率（方差）的一个估计。

如果我们对观察角度范围内的每一个方位进行如式(2.156)的功率估计，则得到观察空间的最小方差无畸变波束形成器目标方位谱为

$$P_{\mathrm{MVDR}}(\theta)=\frac{1}{\boldsymbol{a}^{\mathrm{H}}(\theta)\boldsymbol{R}^{-1}\boldsymbol{a}(\theta)} \tag{2.157}$$

这就是著名的最小方差无畸变波束形成处理器空间谱估计表达式，也称为极大似然谱估计器或最大似然谱估计器，其表达式是扫描方位角 θ 的函数，反映了 MVDR 波束形成器对该方位上入射信号功率的估计。该方法突破了传统波束形成分辨力受瑞利限的限制，较 Bartlett 处理器具有更高的空间信源分辨能力。

2.5.3 子空间分解类算法

本节将介绍子空间分解类算法，该类算法的基本思想源自时域信号频谱估计理论，通

过求解协方差矩阵的特征结构，构造信号和噪声的子空间，根据子空间的性质进行空间谱估计。子空间分解类算法突破了传统阵列空间瑞利限的限制，具有空间高分辨能力，从处理方式上可分为两类：一类是以多重信号分类 MUSIC 为代表的噪声子空间类算法，一类是以旋转不变子空间 ESPRIT 为代表的信号子空间类算法。该类算法促进了特征子空间类算法的兴起，利用两个子空间的正交特性构造出“针状”空间谱峰，从而大大提高了算法的空间分辨能力。

1. MUSIC 算法

在 2.2.2 小节性质 1 中我们可以看到，入射信号的导向矢量张成信号子空间，与噪声子空间正交。基于此，进行空间谱估计的一个基本思想就是进行空间谱峰搜索，寻找与噪声子空间正交的导向矢量。

假设信号导向矢量为 $\boldsymbol{a}(\theta)$，噪声子空间为 $\boldsymbol{U}_{\mathrm{N}}$，则

$$\boldsymbol{a}(\theta)^{\mathrm{H}}\boldsymbol{U}_{\mathrm{N}}=0 \tag{2.158}$$

实际工程应用中，由于噪声的存在和接收数据矩阵的有限长度（即有限采样快拍效应），计算得到的噪声子空间 $\hat{\boldsymbol{U}}_N$ 与 $\boldsymbol{a}(\theta)$ 并不能完全正交，即式(2.158)并不成立，但当入射角 θ 与信号入射方向相等时，函数 P_{MUSIC} 会出现空间谱峰值。

$$P_{\mathrm{MUSIC}}=\frac{1}{\boldsymbol{a}^{\mathrm{H}}(\theta)\hat{\boldsymbol{U}}_{\mathrm{N}}\hat{\boldsymbol{U}}_{\mathrm{N}}^{\mathrm{H}}\boldsymbol{a}(\theta)} \tag{2.159}$$

式(2.159)即为我们熟知的 MUSIC 空间谱估计公式。

值得注意的是，除了利用信号导向矢量 $\boldsymbol{a}(\theta)$ 与噪声子空间 $\hat{\boldsymbol{U}}_{\mathrm{N}}$ 正交这一性质进行空间谱估计外，还可以利用信号子空间 $\hat{\boldsymbol{U}}_{\mathrm{S}}$ 进行空间谱估计，在下式中进行谱峰搜索，即

$$P_{\mathrm{MUSIC}}=\boldsymbol{a}^{\mathrm{H}}(\theta)\hat{\boldsymbol{U}}_{\mathrm{S}}\hat{\boldsymbol{U}}_{\mathrm{S}}^{\mathrm{H}}\boldsymbol{a}(\theta) \tag{2.160}$$

在实际应用中，为了减小运算量和算法复杂度，可通过比较噪声子空间 $\hat{\boldsymbol{U}}_{\mathrm{N}}$ 和信号子空间 $\hat{\boldsymbol{U}}_{\mathrm{S}}$ 的维数大小，来确定采用式(2.159)或式(2.160)。

MUSIC 算法首先由 Schmidt 提出，基本步骤是首先估计噪声子空间，其后进行谱峰搜索，进而找出极大值点对应的角度，即信号入射方向。具体算法步骤如下：

Step1：对协方差矩阵 $\boldsymbol{R}$ 进行特征分解，并根据信号源的个数，确定信号子空间 $\hat{\boldsymbol{U}}_S$ 和噪声子空间 $\hat{\boldsymbol{U}}_{\mathrm{N}}$；

Step2：根据 MUSIC 空间谱公式式(2.159)或式(2.160)进行谱峰搜索，谱峰对应角度即为信号入射方向。

MUSIC 算法具有很好的分辨能力，在理想条件下具有良好的性能，并可拓展至多种阵型。但该算法的缺点是无法分辨出相干信号，即在信号源相干时算法的性能会严重退化。空间平滑法是一类常用的处理相干源问题的方法，经常应用于多途传播环境下的解相干问题，该算法的基本思想是将原阵列分解成更小的子阵列，通过求各子阵列协方差矩阵的均值来形成一个修正的协方差矩阵，在此基础之上采用 MUSIC 算法。

对于空间仅存在单信源的情况，当采样快拍数接近无穷大时，MUSIC 算法的空间谱估计方差近似 Cramer - Rao 界（Cramer - Rao lower bound，CRLB）。对于空间多信源的情况，除采样快拍数接近无穷大以外，还要求信噪比（SNR）接近无穷大，此时 MUSIC 算法的空间谱

估计方差近似 CRLB 界。在小采样快拍数条件下，广大学者对 MUSIC 算法的性能进行了全面的分析，指出 MUSIC 算法本质上是无偏的，在空间单信源及线列阵情况下，估计偏差随着信源入射角度的增大而增大。在理论上，CRLB 界给出了无偏估计器的最小方差估计，Stoica 等对 MUSIC 和 ML 算法的 CRLB 界进行了比较分析，研究表明，在非相干信源、大采样快拍数及阵元数较多的情况下，MUSIC 算法近似 ML 算法。

波束空间 MUSIC（beamspace MUSIC，B－MUSIC）算法是对传统 MUSIC 算法的改进，通过选择适当的波束形成矩阵，该算法能够有效地降低信噪比门限并提高对空间信源的分辨能力。研究进一步表明，波束空间 MUSIC 算法较传统 MUSIC 算法具有更小的估计偏差。

2. 求根 MUSIC 算法

求根 MUSIC（root－MUSIC）算法最早由 Barabell 提出，该算法仅适用于均匀线列阵，是 MUSIC 算法的多项式求根形式，即用求多项式根的方法来替代 MUSIC 算法中的谱搜索。下面讨论求根 MUSIC 算法的求解过程。

根据前述阵列信号基础内容，假设均匀线列阵阵元间距为半波长，则入射信号导向矢量可以表示为

$$a_m(\theta)=\mathrm{e}^{-\mathrm{j}\pi m\sin(\theta)},m=0,1,2,\cdots,M-1 \tag{2.161}$$

式中，θ 为入射方位角。

MUSIC 空间谱估计公式定义为

$$P_{\mathrm{MUSIC}}=\frac{1}{\boldsymbol{a}^{\mathrm{H}}(\theta)\hat{\boldsymbol{U}}_N\hat{\boldsymbol{U}}_N^{\mathrm{H}}\boldsymbol{a}(\theta)}=\frac{1}{\boldsymbol{a}^{\mathrm{H}}(\theta)\boldsymbol{C}\boldsymbol{a}(\theta)} \tag{2.162}$$

式中，$\boldsymbol{C}=\hat{\boldsymbol{U}}_N\hat{\boldsymbol{U}}_N^{\mathrm{H}}$。

进一步将 MUSIC 空间谱估计公式式(2.162)中的分母表达成双重求和形式为

$$P_{\mathrm{MUSIC}}^{-1}=\sum_{k=0}^{M-1}\sum_{p=0}^{M-1}\mathrm{e}^{-\mathrm{j}\pi p\sin\theta}C_{kp}\mathrm{e}^{\mathrm{j}\pi k\sin\theta}=\sum_{p-k=\text{常数}=l}C_l\mathrm{e}^{-\mathrm{j}\pi(p-k)\sin\theta} \tag{2.163}$$

式中，C_l 为矩阵 $\boldsymbol{C}$ 第 l 个对角线元素之和。

根据式(2.163)，构造多项式 $D(z)$ 为

$$D(z)=\sum_{l=-N+1}^{N+1}C_l z^{-1} \tag{2.164}$$

对比式(2.163)和式(2.164)，可以看出，多项式 $D(z)$ 在单位圆上的取值等价于 P_{MUSIC}^{-1}。由此可知，当空间存在 r 个信源时，MUSIC 算法空间谱具有 r 个谱峰，P_{MUSIC}^{-1} 具有 r 个谱谷，$D(z)$ 将在单位圆上存在 r 个零点。

如果 $z_i=b\mathrm{e}^{\mathrm{j}\psi_i}(i=1,2,\cdots,r)$ 是 $D(z)$ 的一个根，则

$$b\mathrm{e}^{\mathrm{j}\psi_i}=\mathrm{e}^{\mathrm{j}\pi l\sin\theta} \tag{2.165}$$

对比上式的等式两边，可得

$$b=1 \tag{2.166}$$

$$\theta=\sin^{-1}\left(\frac{\psi_i}{l\pi}\right) \tag{2.167}$$

当不存在噪声时，$D(z)$ 将在单位圆上获得相应的根；当存在噪声时，求出的根将在接近单位圆的位置。相对于传统 MUSIC 算法而言，root－MUSIC 算法在较低的信噪比条件下具

有更高的分辨能力。

3. 旋转不变子空间算法(ESPRIT)

旋转不变子空间算法是子空间类空间谱估计算法中另一个典型代表,该算法最早由 Roy 和 Kailath 等提出,其基本原理是从原始均匀线列阵中选取出两个或两个以上相同结构的子阵列,并利用接收数据协方差矩阵信号子空间的旋转不变特性来估计信号的方位信息。下面介绍 ESPRIT 算法子阵选取的过程和算法基本原理。

令 M 表示原始阵列阵元个数,M_s 表示子阵列阵元个数,N 表示空间信源个数($M_s \geqslant N+1$),d 表示原始阵列阵元之间的距离,D 表示两子阵列的间距(以原始阵列阵元间距 d 为单位),原始阵列流型矩阵为 $\boldsymbol{A}$。原始阵列的第一个阵元为第一个子阵列的第一个阵元,原始阵列的第 $D+1$ 个阵元为第二个子阵列的第一个阵元,即第一个子阵列选取的阵元为 $1 \sim M-D$,第二个子阵列选取的阵元为 $D+1 \sim M$。

图 2.11 为两子阵列间距 $D=1$ 的子阵选取示意图,此时第一个子阵列选取的阵元为 $1 \sim M-1$,第二个子阵列选取的阵元为 $2 \sim M$。

图 2.12 为两子阵列间距 $D=2$ 的子阵选取示意图,此时第一个子阵列选取的阵元为 $1 \sim M-2$,第二个子阵列选取的阵元为 $3 \sim M$。

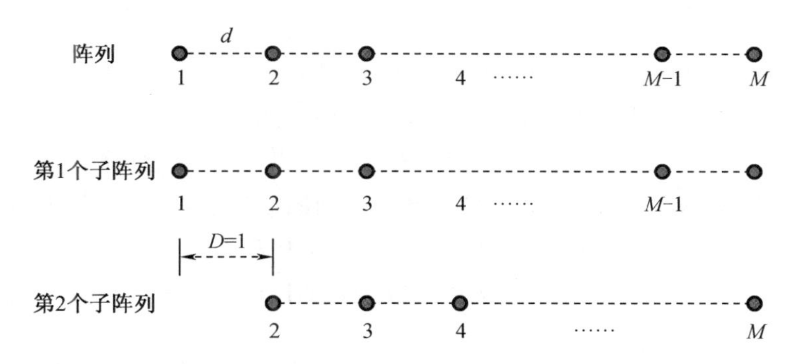

图 2.11　两子阵列间距 $D=1$ 的子阵选取示意图

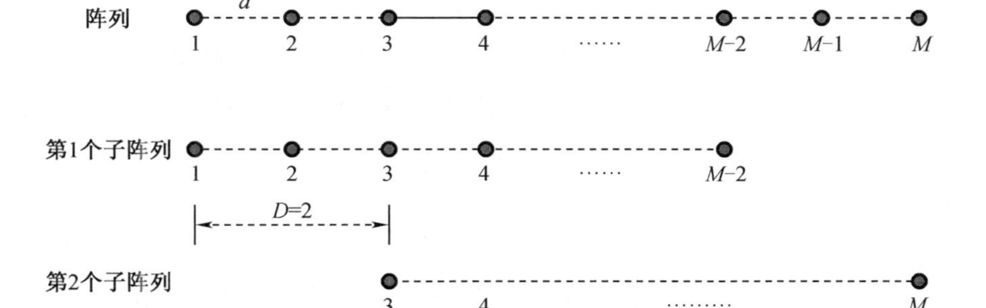

图 2.12　两子阵列间距 $D=2$ 的子阵选取示意图

定义 $M_s \times M$ 维选择矩阵

$$\boldsymbol{J}_{s1} \triangleq [\boldsymbol{J}_s \ \vdots \ \boldsymbol{0}_{M_s \times D}] \tag{2.168}$$

$$\boldsymbol{J}_{s2} \triangleq [\boldsymbol{0}_{M_s \times D} \ \vdots \ \boldsymbol{J}_s] \tag{2.169}$$

式中，$\boldsymbol{J}_{\mathrm{s}}$ 为 $M_{\mathrm{s}} \times M_{\mathrm{s}}$ 维单位矩阵。

则第一个子阵列的阵列流型矩阵 $\boldsymbol{A}_1$ 为

$$\boldsymbol{A}_1 = \boldsymbol{J}_{\mathrm{s1}} \boldsymbol{A} \tag{2.170}$$

第二个子阵列的阵列流型矩阵 $\boldsymbol{A}_2$ 为

$$\boldsymbol{A}_2 = \boldsymbol{J}_{\mathrm{s2}} \boldsymbol{A} \tag{2.171}$$

利用阵列的移动不变特性，可得

$$\boldsymbol{A}_2 = \boldsymbol{A}_1 \boldsymbol{\Phi} \tag{2.172}$$

式中，$\boldsymbol{\Phi} \triangleq \begin{bmatrix} \mathrm{e}^{\mathrm{j}D\psi_1} & & & \\ & \mathrm{e}^{\mathrm{j}D\psi_2} & & \\ & & \ddots & \\ & & & \mathrm{e}^{\mathrm{j}D\psi_N} \end{bmatrix}$，$\psi_i$ 为第 i 个信号源入射到相邻两个阵元上的相位差，$\psi_i = \dfrac{2\pi d \sin\theta_i}{\lambda}(i = 1,2,\cdots,N)$，其中，$\theta_i$ 为第 i 个信号源入射的方位角，λ 为信号波长。

通过以上对式(2.172)的分析可知，$\boldsymbol{\Phi}$ 中包含了所有信号源的方位信息，因此只要得到两个子阵的旋转不变关系 $\boldsymbol{\Phi}$，就可估计出信号源的方位信息。

如2.2节所述，通过阵列协方差矩阵的特征分解，阵列流型矩阵 $\boldsymbol{A}$ 的列向量张成信号子空间 $\boldsymbol{U}_{\mathrm{S}}$，即

$$\mathrm{span}(\boldsymbol{A}) = \mathrm{span}(\boldsymbol{U}_{\mathrm{S}}) \tag{2.173}$$

可以通过一个 $N \times N$ 维非奇异矩阵 $\boldsymbol{T}$ 建立 $\boldsymbol{A}$ 和 $\boldsymbol{U}_{\mathrm{S}}$ 的关系，即

$$\boldsymbol{U}_{\mathrm{S}} = \boldsymbol{A}\boldsymbol{T} \tag{2.174}$$

进一步，通过选择矩阵 $\boldsymbol{J}_{\mathrm{s1}}$ 和 $\boldsymbol{J}_{\mathrm{s2}}$，可得到两子阵列的信号子空间 $\boldsymbol{U}_{\mathrm{S1}}$ 和 $\boldsymbol{U}_{\mathrm{S2}}$ 的表达式

$$\boldsymbol{U}_{\mathrm{S1}} \triangleq \boldsymbol{J}_{\mathrm{s1}} \boldsymbol{U}_{\mathrm{S}} = \boldsymbol{J}_{\mathrm{s1}} \boldsymbol{A}\boldsymbol{T} = \boldsymbol{A}_1 \boldsymbol{T} \tag{2.175}$$

$$\boldsymbol{U}_{\mathrm{S2}} \triangleq \boldsymbol{J}_{\mathrm{s2}} \boldsymbol{U}_{\mathrm{S}} = \boldsymbol{J}_{\mathrm{s2}} \boldsymbol{A}\boldsymbol{T} = \boldsymbol{A}_2 \boldsymbol{T} \tag{2.176}$$

根据阵列的移动不变特性 $\boldsymbol{A}_2 = \boldsymbol{A}_1 \boldsymbol{\Phi}$，可得

$$\boldsymbol{U}_{\mathrm{S2}} = \boldsymbol{U}_{\mathrm{S1}} \boldsymbol{T}^{-1} \boldsymbol{\Phi} \boldsymbol{T} \tag{2.177}$$

定义

$$\boldsymbol{\Psi} = \boldsymbol{T}^{-1} \boldsymbol{\Phi} \boldsymbol{T} \tag{2.178}$$

可以看出，式(2.178)是对 $\boldsymbol{\Psi}$ 的特征分解，$\boldsymbol{\Psi}$ 的特征值即为 $\boldsymbol{\Phi}$ 中的对角元素。因此，如果能够估计得到 $\boldsymbol{\Psi}$ 并计算其特征值，我们就能得到空间各信源入射到相邻两个阵元上的相位差，进而得到空间各信源的入射方位信息。

根据式(2.177)和式(2.178)，可得

$$\boldsymbol{U}_{\mathrm{S2}} = \boldsymbol{U}_{\mathrm{S1}} \boldsymbol{\Psi} \tag{2.179}$$

在算法的实现过程中，阵列协方差矩阵 $\boldsymbol{R}$ 由采样协方差矩阵 $\hat{\boldsymbol{R}}$ 来估计，则原始阵列信号子空间 $\boldsymbol{U}_{\mathrm{S}}$ 的估计 $\hat{\boldsymbol{U}}_{\mathrm{S}}$ 可由 $\hat{\boldsymbol{R}}$ 进行特征分解而得到。相应地，两子阵列信号子空间 $\boldsymbol{U}_{\mathrm{S1}}$ 和 $\boldsymbol{U}_{\mathrm{S2}}$ 的估计 $\hat{\boldsymbol{U}}_{\mathrm{S1}}$ 和 $\hat{\boldsymbol{U}}_{\mathrm{S2}}$ 为

$$\hat{\boldsymbol{U}}_{\mathrm{S1}} = \boldsymbol{J}_{\mathrm{s1}} \hat{\boldsymbol{U}}_{\mathrm{S}} \tag{2.180}$$

$$\hat{\boldsymbol{U}}_{\mathrm{S2}} = \boldsymbol{J}_{\mathrm{s2}} \hat{\boldsymbol{U}}_{\mathrm{S}} \tag{2.181}$$

根据式(2.179),$\boldsymbol{\Psi}$ 的估计 $\hat{\boldsymbol{\Psi}}$ 可由下面表达式确定

$$\hat{\boldsymbol{U}}_{S2} = \hat{\boldsymbol{U}}_{S1}\hat{\boldsymbol{\Psi}} \tag{2.182}$$

上式可由最小二乘法(least square)进行求解,即最小化 $\hat{\boldsymbol{U}}_{S1}$ 和 $\hat{\boldsymbol{U}}_{S2}$ 之间的误差

$$\hat{\boldsymbol{\Psi}}_{LS} = \arg\min_{\boldsymbol{\Psi}}\{\|\hat{\boldsymbol{U}}_{S2} - \hat{\boldsymbol{U}}_{S1}\boldsymbol{\Psi}\|_F\} \tag{2.183}$$

通过求解可得

$$\hat{\boldsymbol{\Psi}}_{LS} = [\hat{\boldsymbol{U}}_{S1}^H\hat{\boldsymbol{U}}_{S1}]^{-1}\hat{\boldsymbol{U}}_{S1}^H\hat{\boldsymbol{U}}_{S2} \tag{2.184}$$

以上利用最小二乘法求解 $\hat{\boldsymbol{\Psi}}$ 的过程称为最小二乘 ESPRIT 算法(LS - ESPRIT),下面总结该算法的求解步骤:

(1)根据阵列接收信号求得采样协方差矩阵 $\hat{\boldsymbol{R}}$;

(2)对 $\hat{\boldsymbol{R}}$ 进行特征值分解得到信号子空间的估计 $\hat{\boldsymbol{U}}_S$;

(3)根据式(2.180)和式(2.181),求得两子阵列信号子空间的估计 $\hat{\boldsymbol{U}}_{S1}$ 和 $\hat{\boldsymbol{U}}_{S2}$;

(4)利用式(2.183)求得 $\hat{\boldsymbol{\Psi}}_{LS}$;

(5)对 $\hat{\boldsymbol{\Psi}}_{LS}$ 进行特征值分解,求得特征值;

(6)利用 $\psi_i = \dfrac{2\pi d\sin\theta_i}{\lambda}$ 求得入射方位信息。

除了可采用最小二乘法求解式(2.183)中的 $\hat{\boldsymbol{\Psi}}_{LS}$ 以外,还有其他多种求解方法,例如总体最小二乘 ESPRIT 算法(total least square ESPRIT,TLS - ESPRIT)等。

2.5.4 波达方向瞬时成像法

波达方向瞬时成像法(computed angle - of - arrival transient imaging,CAATI)最早由 Paul H. Kraeutner 于 1998 年提出。一方面,与常规波束形成方法相比较,CAATI 的分辨率不受阵列孔径限制,突破了常规瑞利限,可以应用在小孔径阵列空间谱估计中。另一方面,与现存的高分辨空间谱估计方法(如 MUSIC 等)相比较,CAATI 可直接对相干声源进行处理,并可同时得到各声源方位及幅度的联合估计。

1. 常规 CAATI 算法基本原理

考虑由 N 个基元组成的均匀线阵,阵元间距为 d,设空间中存在 M 个波长为 λ 的远场窄带相干声源,时间上平稳且 $N > M$,为讨论方便,忽略时间因子及噪声影响,则第 n 号基元的接收信号可表示为

$$s_n = \sum_{m=1}^{M} a_m \mathrm{e}^{-\mathrm{j}\frac{2\pi}{\lambda}(n-1)d\sin\theta_m} \quad (1 \leqslant n \leqslant N, 1 \leqslant m \leqslant M) \tag{2.185}$$

式中,a_m 和 θ_m 分别为第 m 个声源的幅度和方位角。

常规 CAATI 算法是根据 Prony 原理对各阵元信号进行拟合,构成以下的零束控方程

$$\sum_{n=1}^{N} \omega_n s_n = 0 \tag{2.186}$$

结合式(2.185)和式(2.186),进一步得到 z 变换之后的表达式为

$$0=\sum_{m=1}^{M}a_m\sum_{p=0}^{N-1}\omega_p z^{-p}=\sum_{m=1}^{M}a_m W(z) \tag{2.187}$$

式中，$W(z)$是权值ω的z变换式，该多项式为$N-1$阶的多项式。因此，通过z值零点即可求得方位估计θ。

令

$$\boldsymbol{\omega}=[1\quad \omega_1\quad \omega_2\quad \cdots\quad \omega_M]^{\mathrm{T}} \tag{2.188}$$

$$\boldsymbol{S}=\begin{bmatrix} s_1 & s_2 & \cdots & s_{M+1}\\ s_2 & s_3 & \cdots & s_{M+2}\\ \vdots & \vdots & & \vdots\\ s_M & s_{M+1} & \cdots & s_{2M}\end{bmatrix} \tag{2.189}$$

将式(2.186)和式(2.189)代入式(2.186)，得矩阵形式为

$$\boldsymbol{S\omega}=0 \tag{2.190}$$

根据最小二乘原理求解式(2.190)，即可得到权矢量值$\boldsymbol{\omega}$。进一步利用$\boldsymbol{\omega}$构造$W(z)$多项式，可求得其零点$z_m=\mathrm{e}^{\mathrm{j}\frac{2\pi}{\lambda}d\sin\theta_m}$，该零点包含了目标的方位信息$\theta_m$，在此基础之上可求解目标幅度$a_m$。

令

$$\boldsymbol{s}=[s_1\quad s_2\quad \cdots\quad s_M]^{\mathrm{T}} \tag{2.191}$$

$$\boldsymbol{a}=[a_1\quad a_2\quad \cdots\quad a_M]^{\mathrm{T}} \tag{2.192}$$

$$\boldsymbol{B}=\begin{bmatrix} 1 & 1 & \cdots & 1\\ \mathrm{e}^{-\mathrm{j}\frac{2\pi}{\lambda}\sin\theta_1} & \mathrm{e}^{-\mathrm{j}\frac{2\pi}{\lambda}\sin\theta_2} & \cdots & \mathrm{e}^{-\mathrm{j}\frac{2\pi}{\lambda}\sin\theta_M}\\ \vdots & \vdots & & \vdots\\ \mathrm{e}^{-\mathrm{j}\frac{2\pi}{\lambda}(M-1)\sin\theta_1} & \mathrm{e}^{-\mathrm{j}\frac{2\pi}{\lambda}(M-1)\sin\theta_2} & \cdots & \mathrm{e}^{-\mathrm{j}\frac{2\pi}{\lambda}(M-1)\sin\theta_M}\end{bmatrix} \tag{2.193}$$

则信号的矩阵形式可表示为

$$\boldsymbol{s}=\boldsymbol{Ba} \tag{2.194}$$

则有信号幅度

$$\boldsymbol{a}=\boldsymbol{B}^{-1}\boldsymbol{s} \tag{2.195}$$

以上即为常规 CAATI 算法的基本原理，为与下面讨论的 CAATI 改进算法相区别，将常规 CAATI 算法记为 C－CAATI。

2. 常规 CAATI 算法的改进算法

由于常规 CAATI 算法是基于阵元域进行处理的，受噪声及各通道一致性等因素的影响较大。可将阵列进行子阵划分，将各子阵在预成方向上的波束输出视为“等效阵元”输出，这样既可提高算法的空间增益，又可有效提高算法的稳健性。但由于子阵划分构造“等效阵元”损失了阵列孔径，故可采用线性预测虚拟阵元技术扩展阵列的“虚拟”孔径，提高 CAATI 算法的检测概率及计算精度。

(1)线性预测虚拟阵元

线性预测虚拟阵元信号模型与C-CAATI一致,如图2.13所示,其利用线性预测虚拟阵元技术扩展基阵。实阵阵元编号为$n=1,2,\cdots,N$,左向虚拟阵元共L_1个,其编号为$l_1=-L_1+1,-L_1+2,\cdots,0$,右向虚拟阵元共$L_2$个,其编号为$l_2=N+1,N+2,\cdots,N+L_2$。

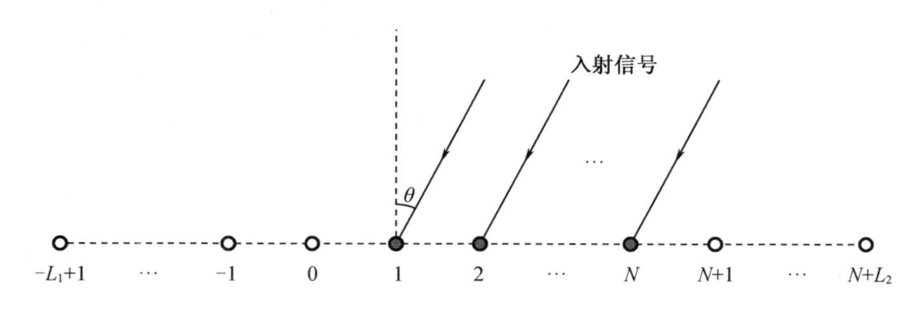

图2.13　线性预测虚拟阵元示意图

根据线性预测原理,对于空间中的N元均匀线阵,利用前$N-1$个阵元的数据来估计第N个阵元的数据为空域中的前向预测,利用后$N-1$个阵元的数据来估计第1个阵元的数据为空域中的后向预测。对于任意第t个采样时刻,空域采样数据存在以下关系。

$$-[\boldsymbol{s}_{N-1}^{\mathrm{T}}\quad \boldsymbol{s}_{N-2}^{\mathrm{T}}\quad \cdots\quad \boldsymbol{s}_{1}^{\mathrm{T}}]\begin{bmatrix} c_1^{\mathrm{f}} \\ c_2^{\mathrm{f}} \\ \vdots \\ c_{N-1}^{\mathrm{f}} \end{bmatrix}=\boldsymbol{s}_N^{\mathrm{T}} \tag{2.196}$$

$$-[\boldsymbol{s}_{2}^{\mathrm{T}}\quad \boldsymbol{s}_{3}^{\mathrm{T}}\quad \cdots\quad \boldsymbol{s}_{N}^{\mathrm{T}}]\begin{bmatrix} c_1^{\mathrm{b}} \\ c_2^{\mathrm{b}} \\ \vdots \\ c_{N-1}^{\mathrm{b}} \end{bmatrix}=\boldsymbol{s}_1^{\mathrm{T}} \tag{2.197}$$

式中,c_k^{f}和$c_k^{\mathrm{b}}(k=1,2,\cdots,N-1)$分别为前向和后向线性预测系数。

利用线性代数知识得到c_k^{f}和c_k^{b}后,可进一步得到虚拟阵元中第$N+1$号和0号阵元上的接收数据。

$$\boldsymbol{s}_{N+1}^{\mathrm{T}}=-\sum_{k=1}^{N-1}c_k^{\mathrm{f}}\boldsymbol{s}_{N-k+1}^{\mathrm{T}} \tag{2.198}$$

$$\boldsymbol{s}_{0}^{\mathrm{T}}=-\sum_{k=1}^{N-1}c_k^{\mathrm{b}}\boldsymbol{s}_{k}^{\mathrm{T}} \tag{2.199}$$

同理,可依次得到左向虚拟阵元及右向虚拟阵元在该时刻的接收数据。t时刻得到的虚拟之后的信号为$\boldsymbol{s}'$,$\boldsymbol{s}'=[s_{-L_1+1}\quad\cdots\quad s_1\quad\cdots\quad s_N\quad\cdots\quad s_{N+L_2}]$。

在一定的信噪比条件下通过对已有阵元接收数据的线性预测,所得虚拟阵元接收数据中的噪声与各实阵元上噪声的相关性比较小,并且已知阵元的个数越多,相关性越小。这样就实现了通过已有阵元的接收数据，求出各相应时刻虚拟阵元的接收信号，使基阵孔径在虚拟意义上得到扩大，可提高 CAATI 算法的检测概率及计算精度。

(2)基于子阵划分及虚拟阵元的 CAATI 算法(VS－CAATI)

如图2.14所示为虚拟阵列子阵划分示意图。经过虚拟阵元处理，总阵元个数已扩充至 N' 个，$N'=N+L_1+L_2$。将此 N' 个阵元分为 K 个子阵，每个子阵均为 $P=N'-K+1$ 元线阵，且相邻子阵仅间隔1个基元。

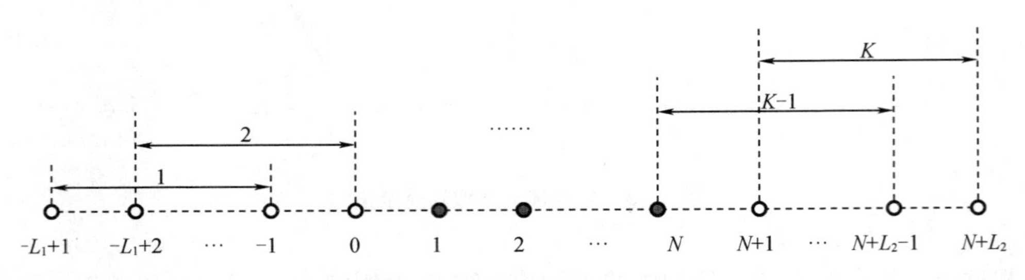

图2.14　虚拟阵列子阵划分示意图

第 p 个子阵预成在波束方向 θ_q 上的输出为

$$
\begin{aligned}
y(p,\theta_q) &= \sum_{n=p}^{p+P-1}\sum_{m=1}^{M} a_m \mathrm{e}^{-\mathrm{j}\frac{2\pi}{\lambda}(n-1)d\sin\theta_m}\mathrm{e}^{-\mathrm{j}\frac{2\pi}{\lambda}(n-p)d\sin\theta_q} \\
&= \mathrm{e}^{-\mathrm{j}\frac{2\pi}{\lambda}(p-1)d\sin\theta_m}\sum_{n=1}^{P}\sum_{m=1}^{M} a_m \mathrm{e}^{-\mathrm{j}\frac{2\pi}{\lambda}(n-1)d(\sin\theta_m-\sin\theta_q)} \\
&= \sum_{m=1}^{M}\left(\sum_{n=1}^{P} a_m \mathrm{e}^{-\mathrm{j}\frac{2\pi}{\lambda}(n-1)d(\sin\theta_m-\sin\theta_q)}\right)\mathrm{e}^{-\mathrm{j}\frac{2\pi}{\lambda}(p-1)d\sin\theta_m} \\
&= \sum_{m=1}^{M} C_{m,\theta_q}\mathrm{e}^{-\mathrm{j}\frac{2\pi}{\lambda}(p-1)d\sin\theta_m}
\end{aligned}
\tag{2.200}
$$

$$
C_{m,\theta_q} = \sum_{n=1}^{P} a_m \mathrm{e}^{-\mathrm{j}\frac{2\pi}{\lambda}(n-1)d(\sin\theta_m-\sin\theta_q)} \tag{2.201}
$$

式中，$p=1,2,\cdots,K$。

依照常规 CAATI 思想，将各个子阵在相同波束方向 θ_q 上的输出，即等效阵元，进行拟合，构成零束控方程并写为

$$
\sum_{k=1}^{K}\omega'_k y(k,\theta_q) = 0 \tag{2.202}
$$

将式(2.200)代入式(2.202)，可得

$$
0 = \sum_{m=1}^{M} C_{m,\theta_q}\sum_{k=0}^{K-1}\omega'_k z^{-k} = \sum_{m=1}^{M} C_{m,\theta_q}W'(z) \tag{2.203}
$$

式中，$W'(z)$ 是权值 ω'_k 的 z 变换式，该多项式为 $K-1$ 阶的多项式。所以，通过 z 值零点即可求得方位估计 θ。

令

$$\boldsymbol{\omega}' = [1 \quad \omega_1' \quad \omega_2' \quad \cdots \quad \omega_M']^{\mathrm{T}} \tag{2.204}$$

$$\boldsymbol{Y}_{L,M,K} = \begin{bmatrix} y_1(l) & y_2(l) & \cdots & y_{M+1}(l) \\ y_2(l) & y_3(l) & \cdots & y_{M+2}(l) \\ \vdots & \vdots & & \vdots \\ y_{K-M}(l) & y_{K-M+1}(l) & \cdots & y_K(l) \\ y_1(l+1) & y_2(l+1) & \cdots & y_{M+1}(l+1) \\ y_2(l+1) & y_3(l+1) & \cdots & y_{M+2}(l+1) \\ \vdots & \vdots & & \vdots \\ y_{K-M}(l+1) & y_{K-M+1}(l+1) & \cdots & y_K(l+1) \\ \vdots & \vdots & & \vdots \\ y_1(L) & y_2(L) & \cdots & y_{M+1}(L) \\ y_2(L) & y_3(L) & \cdots & y_{M+2}(L) \\ \vdots & \vdots & & \vdots \\ y_{K-M}(L) & y_{K-M+1}(L) & \cdots & y_K(L) \end{bmatrix} \tag{2.205}$$

式中,L 为快拍数;M 为信源个数;K 为子阵个数,也为等效阵元的个数。

构造矩阵方程组

$$\boldsymbol{Y\omega}' = 0 \tag{2.206}$$

根据最小二乘原理,求解权值 $\boldsymbol{\omega}'$,使其满足

$$\min_{\omega'} |\boldsymbol{Y}_{L,M,K}\boldsymbol{\omega}'|^2 \tag{2.207}$$

进而,由权值 $\boldsymbol{\omega}'$构造多项式

$$W'(z) = \sum_{k=0}^{M} \boldsymbol{\omega}'_k z^{-k} \tag{2.208}$$

求得上式的多重根为

$$z_m = \mathrm{e}^{\mathrm{j}\frac{2\pi}{\lambda} d\sin\theta_m} \tag{2.209}$$

根 z_m 中即包含了方位信息 θ_m,同理,依据常规 CAATI 的幅度计算方法即可得到 a_m。

(3)解的筛选剔除原则

理想情况下零点解 z 应位于单位圆上,但噪声、干扰等因素的影响,导致实际解算的零点位于单位圆附近,故设定一剔除宽度 Δ,位于圆环$[1-\Delta/2, 1+\Delta/2]$之内的解被认为是目标,其余的解被剔除。

3. 算法性能分析

本节利用计算机仿真及试验数据分析,对常规 CAATI 及改进算法的性能进行对比分析。

仿真1:研究在不同信噪比条件下的成功概率及均方根误差

仿真条件:信号频率 200 kHz,脉冲宽度 0.05 ms,快拍数 80 个,阵元数 8 个,阵元间距 1/2 波长,单声源入射方向 30°,设置根的剔除宽度 $\Delta=0.1$,统计 200 次 Monte - carlo 试验的成功概率和均方根误差。以下对常规 CAATI 算法(以下简称 C - CAATI)、基于子阵划分的

CAATI 算法(以下简称 S－CAATI)以及基于子阵划分和虚拟阵元的 CAATI 算法(以下简称 VS－CAATI)进行对比研究。其中,图 2.15 为三种方位估计成功概率对比图,图 2.16 为三种方位估计均方根误差对比图。

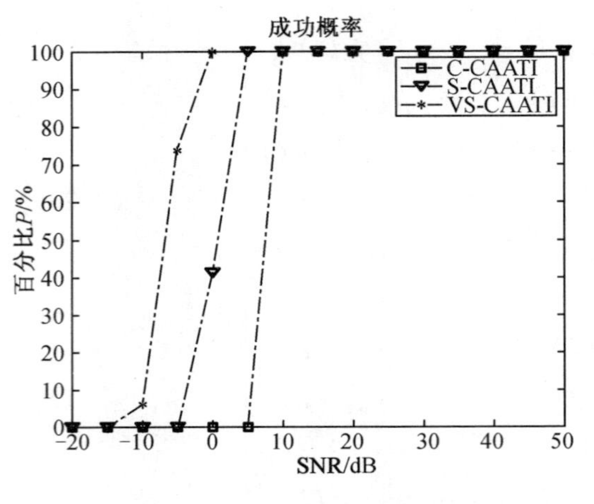

图 2.15　三种方位估计成功概率对比图

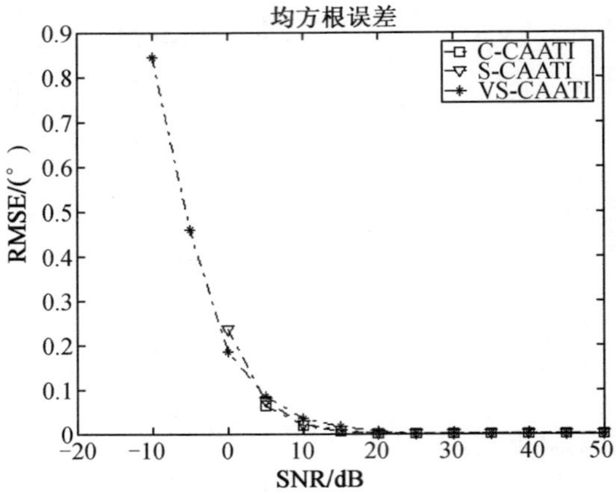

图 2.16　三种方位估计均方根误差对比图

由图 2.15 和图 2.16 可以看出,在较低信噪比条件下,三种方位估计的成功概率及均方根误差有以下关系: $P_{\mathrm{C-CAATI}} < P_{\mathrm{S-CAATI}} < P_{\mathrm{VS-CAATI}}$, $\mathrm{RMSE}_{\mathrm{C-CAATI}} < \mathrm{RMSE}_{\mathrm{S-CAATI}} < \mathrm{RMSE}_{\mathrm{VS-CAATI}}$;而在高信噪比条件下,虚拟阵元方法本身引入了计算误差,使得均方根误差有所增大。综合考虑成功概率和均方根误差,改进方法 VS－CAATI 可在较低信噪比条件下提高成功概率,同时降低方位估计的均方根误差。

仿真 2:研究在不同阵型扰动条件下的成功概率

仿真条件:信号频率 200 kHz,脉冲宽度 0.05 ms,快拍数 80 个,阵元数 8 个,阵元间距 1/2 波长,信源入射方向 30°,设置根的剔除宽度 $\Delta = 0.1$,信噪比 SNR＝10 dB,统计 200 次 Monte－Carlo 试验的成功概率和均方根误差。图 2.17 为三种方位估计成功概率对比图。

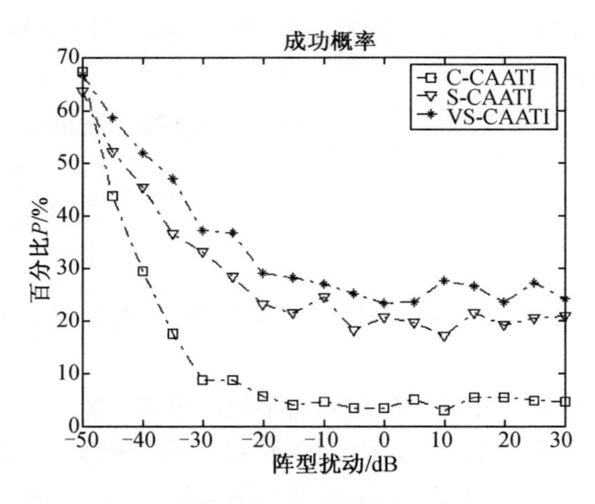

图 2.17　三种方位估计成功概率对比图

从仿真结果可以看出，在相同信噪比条件下，三种方位估计的成功概率有以下关系：$P_{C-CAATI} < P_{S-CAATI} < P_{VS-CAATI}$，改进方法 VS－CAATI 的稳健性有一定的提高。

试验工况 1：前视声呐发射信号频率为 200 kHz，基阵为 48 基元收发合置均匀线阵，阵元间距为半波长，距离基阵 18.5 m 处放置两间距 1 m 的目标，$\Delta = 0.2$。图 2.18 为试验数据的时域波形，图 2.19 为常规前视声呐成像系统输出。

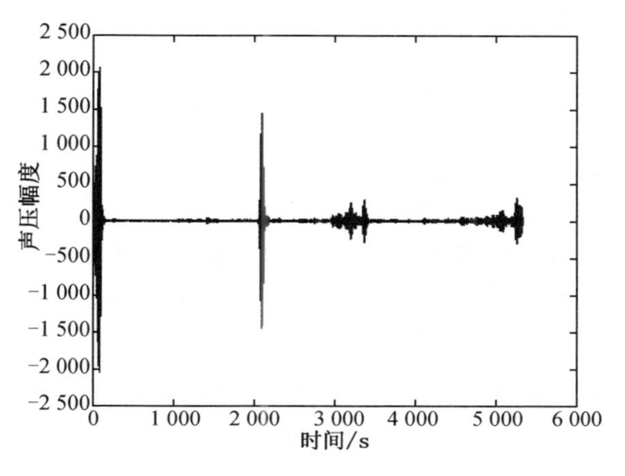

图 2.18　试验数据的时域波形

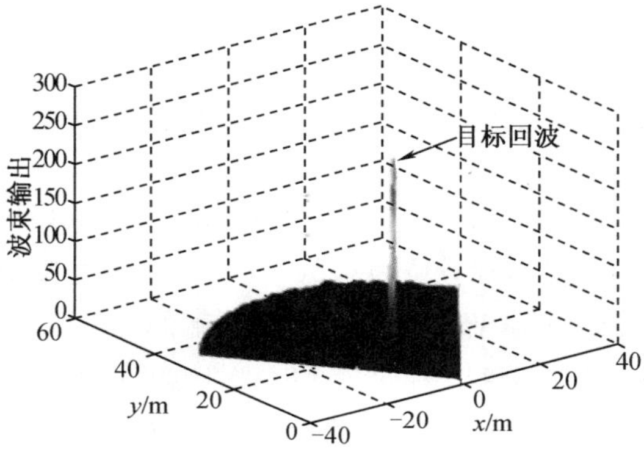

图 2.19　常规前视声呐成像系统输出

从图 2.18、图 2.19 可以看出，常规波束形成方法在此条件下不能分辨两个目标。截取目标回波处的时域波形，进一步采用 CAATI 算法进行处理。图 2.20 ~ 2.22 分别为 C－CAATI、S－CAATI 和 VS－CAATI 处理结果的零点 z 分布图。

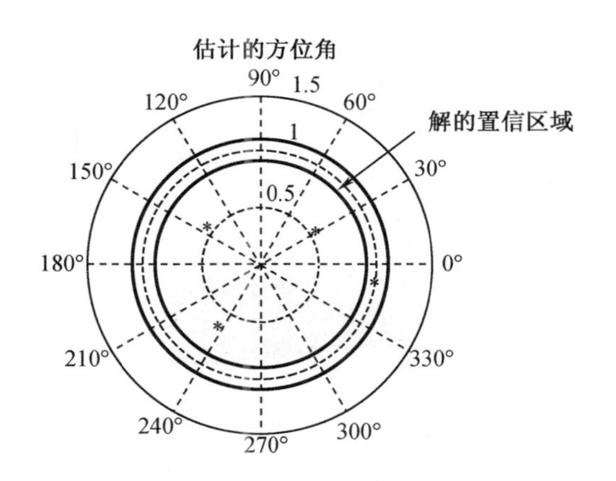

图 2.20　C－CAATI 零点 z 分布图

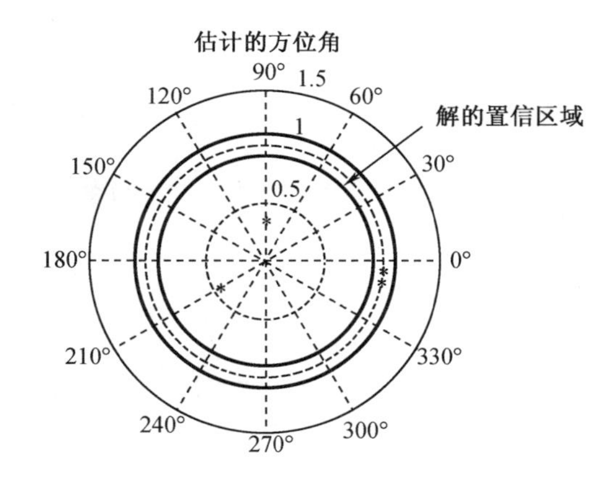

图 2.21　S－CAATI 零点 z 分布图

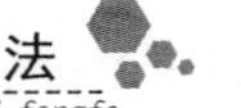

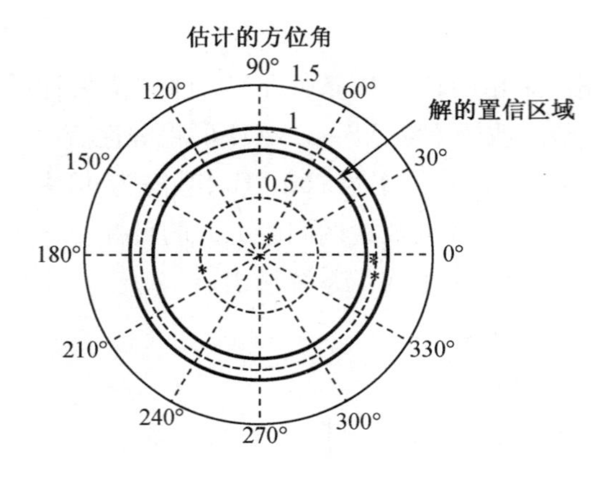

图 2.22　VS – CAATI 零点 z 分布图

从图 2.20 ~2.22 可以看出,C – CAATI 只能在解的置信区域 Δ =0.2 中解得一个目标,得到的目标方位为 4.587 4°,对应幅度为 885.628 9,因此不能成功分辨两个目标;而 S – CAATI 和 VS – CAATI 在相同解的置信区域中均能解得两个目标,S – CAATI 解得的目标方位为 1.554 1°和 4.705 8°,对应幅度为 439.846 0 和 932.221 9,VS – CAATI 解得的目标方位为 1.058 4°和 4.958 6°,对应幅度为 363.132 2 和 980.651 8,因此在此工况下,这两种方法均能分辨两个目标,且均与试验布放情况吻合。

试验工况 2:前视声呐发射信号频率为 200 kHz,基阵为 48 基元收发合置均匀线阵,阵元间距为半波长,距离基阵 18.5 m 处放置两间距 0.7 m 的目标,Δ =0.2。图 2.23 为试验数据的时域波形,图 2.24 为常规前视声呐成像系统输出。

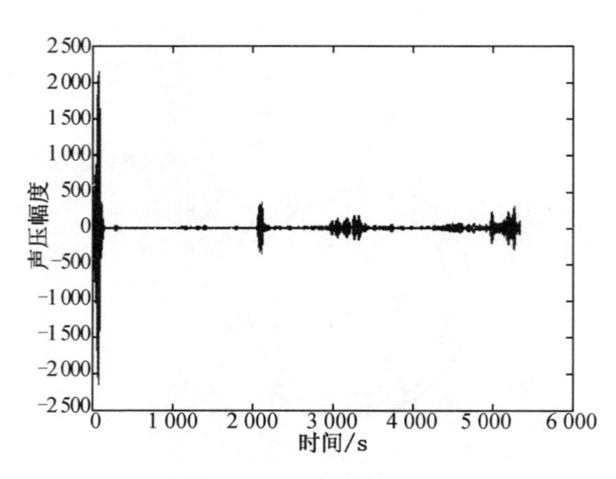

图 2.23　试验数据的时域波形

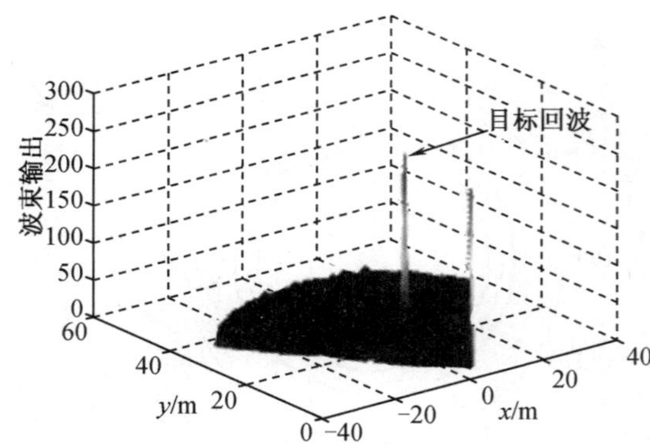

图 2.24　常规前视声呐成像系统输出

从图 2.23、图 2.24 可以看出,常规波束形成方法在此条件下不能分辨两个目标。截取目标回波处的时域波形,进一步采用 CAATI 算法进行处理。图 2.25 ~2.27 分别为 C – CAATI、S – CAATI 和 VS – CAATI 处理结果的零点 z 分布图。

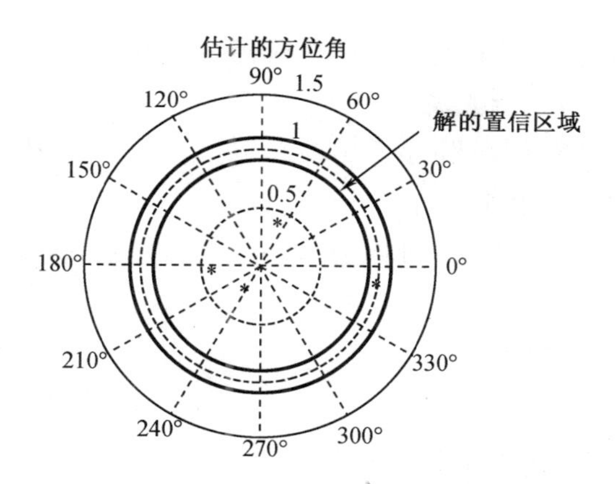

图 2.25　C－CAATI 零点 z 分布图

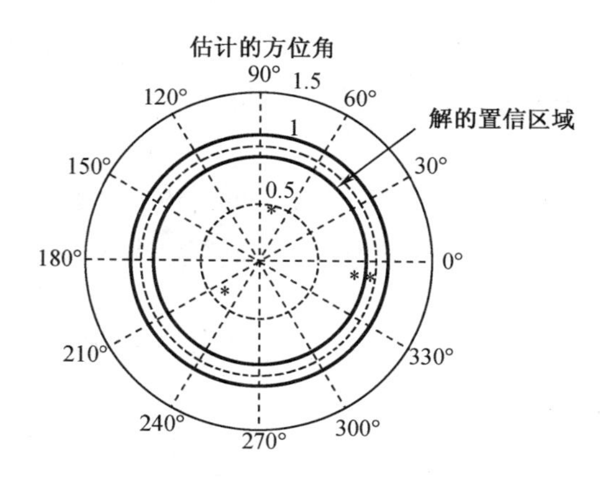

图 2.26　S－CAATI 零点 z 分布图

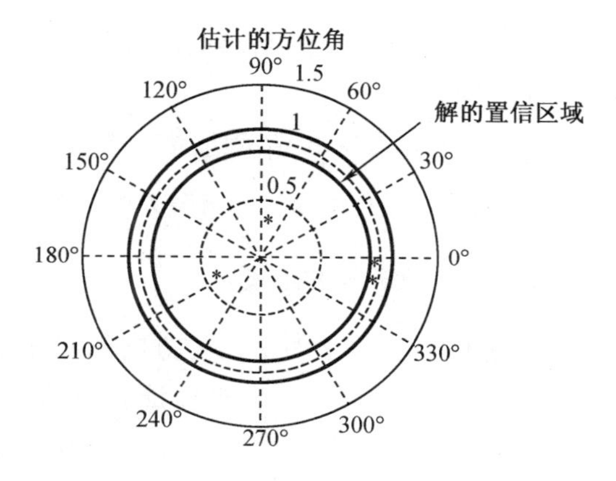

图 2.27　VS－CAATI 零点 z 分布图

从图 2.25 ~ 2.27 可以看出，C－CAATI 和 S－CAATI 均只能在解的置信区域 $\Delta = 0.2$ 中解得一个目标，C－CAATI 得到的目标方位为 3.222 3°，对应幅度为 684.433 8；S－CAATI 得到的目标方位为 3.064 8°，对应幅度为 685.670 0，因此 C－CAATI 和 S－CAATI 均已不能成功分辨两个目标。而 VS－CAATI 在相同解的置信区域中能解得两个目标，解得目标方位为 0.879 0°和 5.128 1°，对应幅度分别为 197.144 8 和 356.741 3，均与试验布放情况吻合。因此在此工况下，VS－CAATI 较前两种方法具有更高的检测能力和分辨力。

从仿真及试验处理结果可以看出，VS－CAATI 新方法突破了传统波束形成方法中的瑞利限，并较 C－CAATI 和 S－CAATI 具有更高的目标检测能力与更高的分辨力。

2.5.5　最大似然估计法(maximum likelihood method, ML)

在空间单信源的情况下，最大似然估计器近似无偏，随着采样快拍数的增加，空间谱估计的期望值接近目标方位真值，该估计器可作为其他估计方法比较性能的标准。与其他空间谱估计方法相比较，最大似然估计法在信噪比较低、采样快拍数较少或相干信源的条件下，均具有较优异的性能，因此在实际应用中引起了广大科研工作者的广泛兴趣。

最大似然算法包括确定性最大似然算法(DML)和随机性最大似然算法(SML)。假设入射信号为确定性信号,可推导窄带确定性最大似然测向算法的代价函数。由窄带信号 DOA 估计的数学模型,可得到阵列接收数据的协方差矩阵为

$$\boldsymbol{R}=E(\boldsymbol{X}\boldsymbol{X}^{\mathrm{H}})=\boldsymbol{A}\boldsymbol{R}_{\mathrm{S}}\boldsymbol{A}^{\mathrm{H}}+\boldsymbol{R}_{\mathrm{N}} \tag{2.210}$$

式中,$\boldsymbol{R}_{\mathrm{S}}$ 为信号的协方差矩阵;$\boldsymbol{R}_{\mathrm{N}}$ 为噪声的协方差矩阵。

假设噪声为遍历、平稳、空时不相关的零均值高斯随机过程,方差为 σ^2,对未知确定性信号有

$$\begin{aligned}E(\boldsymbol{X}(t))&=\boldsymbol{A}\boldsymbol{S}(t)\\ \operatorname{cov}(\boldsymbol{X}(t))&=\sigma^2\boldsymbol{I}\end{aligned} \tag{2.211}$$

由概率论可知,几个独立同高斯分布随机过程的概率密度函数为

$$f=\prod_{t}\frac{1}{((2\pi)^{M}|\sigma^2\boldsymbol{I}|)^{\frac{1}{2}}}\exp\left(-\frac{1}{2\sigma^2}\|\boldsymbol{X}(t)-\boldsymbol{A}\boldsymbol{S}(t)\|^2\right) \tag{2.212}$$

式中,$\|\cdot\|$表示矩阵的 Frobenius 范数;$|\cdot|$表示行列式的值。

经过数学推导后可得代价函数为

$$\hat{\boldsymbol{\theta}}=\arg\max_{\boldsymbol{\theta}}\operatorname{tr}(\boldsymbol{P}_{\boldsymbol{A}(\boldsymbol{\theta})}\hat{\boldsymbol{R}}) \tag{2.213}$$

式中,正交投影矩阵 $\boldsymbol{P}_{\boldsymbol{A}(\boldsymbol{\theta})}=\boldsymbol{A}(\boldsymbol{\theta})(\boldsymbol{A}^{\mathrm{H}}(\boldsymbol{\theta})\boldsymbol{A}(\boldsymbol{\theta}))^{-1}\boldsymbol{A}^{\mathrm{H}}(\boldsymbol{\theta})$,阵列时域采样空间相关矩阵的估计 $\hat{\boldsymbol{R}}=\dfrac{1}{M}\sum\limits_{i=1}^{M}\boldsymbol{X}(i)\boldsymbol{X}^{\mathrm{H}}(i)$,$\operatorname{tr}(\cdot)$为矩阵的求迹。

由代价函数的形式可知,它是一个关于多个入射方向的非线性函数,直接进行多维搜索运算量大,且由于其复杂的局部极大值结构,很难保证收敛到全局最大值;另一方面,求其导数比较困难,因此使用需要目标函数值和目标函数导数值的传统优化算法,很难对其全局优化。

最大似然估计法的基本思想是通过最大化似然比函数进行空间谱估计,该方法是一种非线性最优问题,通常需要迭代算法进行求解,例如梯度下降法、Newton - Raphson 法等。Wax 提出了用交替投影(AP)迭代算法求解似然函数的最优解,大大减少了运算量。交替投影算法把多源参数搜索分成一系列单源参数搜索,可以产生较快的收敛速率。若空间信源个数为 D,交替投影的计算方法如下:

Step1:计算第一个信源的方位估计初值。

$$\theta_1^0=\arg\max_{\theta_1}\operatorname{tr}(\boldsymbol{P}_{\boldsymbol{A}(\theta_1)}\hat{\boldsymbol{R}}) \tag{2.214}$$

Step2:根据已估计出的 $p-1$ 个信源的初值,估计第 p 个信源的方位估计初值。

$$\theta_p^0=\arg\max_{\theta_p}\operatorname{tr}(\boldsymbol{P}_{[\boldsymbol{A}(\theta_1^0,\cdots,\theta_{p-1}^0),\boldsymbol{a}(\theta_p)]}\hat{\boldsymbol{R}}) \tag{2.215}$$

Step3:根据初值,进行迭代操作,得到第 i 次迭代和第 $i-1$ 次迭代时第 p 个信源的方位估计中间迭代结果。

$$\theta_p^{i-1}=\arg\max_{\theta_p}\operatorname{tr}(\boldsymbol{P}_{[\boldsymbol{A}(\theta_1^{i-1},\cdots,\theta_{p-1}^{i-1},\theta_p^{i-2},\cdots,\theta_D^{i-2}),\boldsymbol{a}(\theta_p)]}\hat{\boldsymbol{R}}) \tag{2.216}$$

$$\theta_p^{i}=\arg\max_{\theta_p}\operatorname{tr}(\boldsymbol{P}_{[\boldsymbol{A}(\theta_1^{i},\cdots,\theta_{p-1}^{i},\theta_p^{i-1},\cdots,\theta_D^{i-1}),\boldsymbol{a}(\theta_p)]}\hat{\boldsymbol{R}}) \tag{2.217}$$

按步骤 3 的迭代操作,直到满足收敛条件 $|\theta_p^i-\theta_p^{i-1}|<\varepsilon(p=1,2,\cdots,D)$停止($\varepsilon$ 为任意小的正数)。

Step4：保持第 $i-1$ 步得到的第 $p+1,\cdots,D$ 个信源和第 i 步得到的第 $1,\cdots,p-1$ 个信源的方向估计值不变，估计第 p 个信源的方向。

$$\theta_p = \arg\max_{\theta_p} \operatorname{tr}(\boldsymbol{P}_{[\boldsymbol{A}(\theta_1^i,\cdots,\theta_{p-1}^i,\theta_p^{i-1},\cdots,\theta_D^{i-1}),a(\theta_p)]}\hat{\boldsymbol{R}}) \tag{2.218}$$

然而，该算法在对每个参数进行优化时均能找到其似然函数的一个极值点，由于每次迭代都得到最大值，似然函数的值不会减小，这就导致该算法容易收敛于局部极大值。根据初值的不同，该局部极大值可能不是全局最大值，因此这种方法对初值选择较为敏感。

2.5.6 矩阵束算法(matrix pencil，MP)

矩阵束算法是一种基于单次快拍数据分析的高分辨方法，该算法直接应用于数据域本身，不需要估计协方差矩阵，算法复杂度低，可满足实时性要求，并可直接处理相干源。下面介绍 MP 算法的基本原理。

1. 常规矩阵束算法

根据 2.2 节阵列信号模型，阵元接收信号可以表示为

$$y(k) = \sum_{i=1}^{M} R_i \mathrm{e}^{\mathrm{j}(\frac{2\pi}{\lambda_i} d\sin\theta_i k)} + w(k) \quad k = 0,1,\cdots,N-1 \tag{2.219}$$

通过式(2.219)，可构建 Hankel 矩阵 $\boldsymbol{Y}$ 为

$$\boldsymbol{Y} = \begin{bmatrix} y(0) & y(1) & \cdots & y(L-1) \\ y(1) & y(2) & \cdots & y(L) \\ \vdots & \vdots & & \vdots \\ y(N-L-1) & y(N-L) & \cdots & y(N-1) \end{bmatrix}_{(N-L+1)\times L} \tag{2.220}$$

式中，L 为束参数。

进一步构造 $\boldsymbol{Y}_a$ 和 $\boldsymbol{Y}_b$ 为

$$\boldsymbol{Y}_a = \begin{bmatrix} y(0) & y(1) & \cdots & y(L-1) \\ y(1) & y(2) & \cdots & y(L) \\ \vdots & \vdots & & \vdots \\ y(N-L-2) & y(N-L-1) & \cdots & y(N-2) \end{bmatrix}_{(N-L)\times(L-1)} \tag{2.221}$$

$$\boldsymbol{Y}_b = \begin{bmatrix} y(1) & y(2) & \cdots & y(L) \\ y(2) & y(3) & \cdots & y(L+1) \\ \vdots & \vdots & & \vdots \\ y(N-L-1) & y(N-L) & \cdots & y(N-1) \end{bmatrix}_{(N-L)\times(L-1)} \tag{2.222}$$

求得矩阵束$[\boldsymbol{Y}_a,\boldsymbol{Y}_b]$的广义特征值 z_i，即可得信号的方位估计结果。

下面进一步对常规 MP 算法性能进行计算机仿真分析。

仿真1：信号频率 $f=200$ kHz，信号脉宽 $\tau=0.05$ ms，阵元数 $N=10$，阵元间距为半波长，对于单信源目标情况，声源入射方向 $\theta=30°$。对于相干双信源目标情况，预设信源入射方向 $\theta_1=0°$、$\theta_2=15°$，信噪比均为 10 dB。数据总长共有 80 个数据快拍，每个估计结果均由 1 个快拍数据完成，共进行 80 次 MP 估计。MP 算法的方位估计结果如图 2.28 所示。

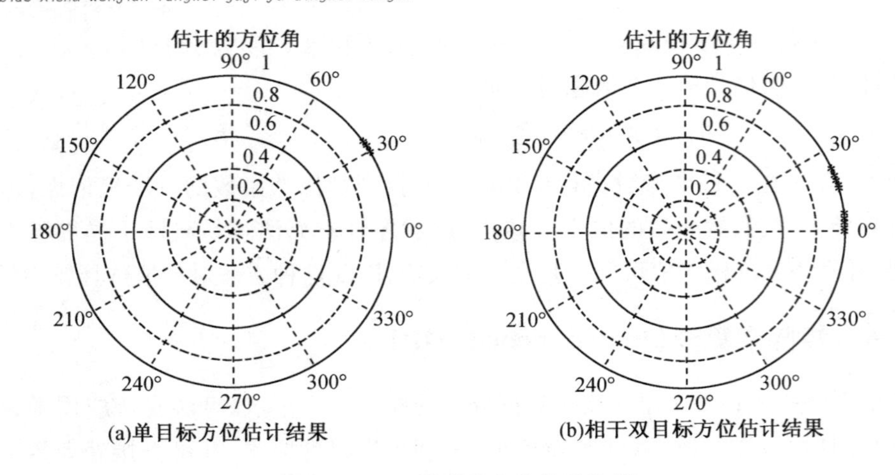

(a)单目标方位估计结果　(b)相干双目标方位估计结果

图 2.28　MP 算法的方位估计结果

图 2.28(a)和图 2.28(b)分别为单目标和相干双目标方位估计结果,从仿真结果图可以清楚看出,在此仿真条件下,MP 算法能够准确地估计出目标的方位。

仿真 2:靠近双信源入射角度,分析单次快拍 MP 算法的双源估计性能。

信号频率 $f=200$ kHz,8 倍采样,脉宽 $\tau=0.05$ ms,阵元数 $N=8$,阵元间距为半波长,信号入射方向 $\theta_1=0°$、$\theta_2=10°$,信号幅度分别为 $A_{\mathrm{MP1}}=0.8$、$A_{\mathrm{MP2}}=0.8$,功率信噪比为 5 dB,采样快拍数 80 个,采用单次快拍数进行方位估计。

从图 2.29 可以看出,在双声源入射方位角较近的条件下,基于单次快拍数的常规 MP 算法的方位估计结果偏差较大,不能有效反映出声源的正确方位。究其原因是常规 MP 算法本身仅采用阵元域单次快拍处理,抗噪声干扰能力较差,算法性能下降,进一步严重影响了该算法的实际工程应用。为了克服单次快拍的制约,可采用多快拍 MP 方位估计算法。

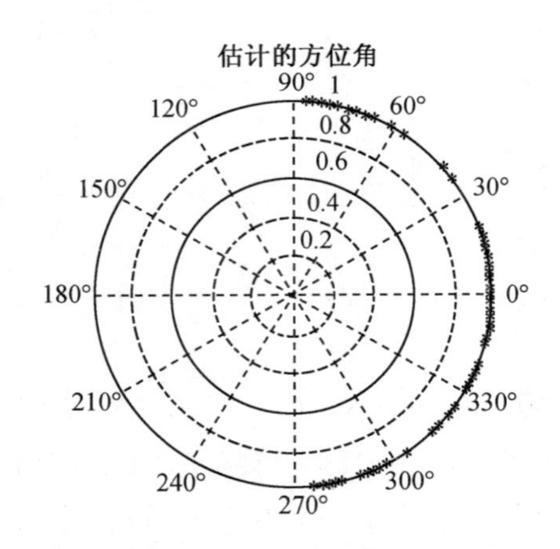

图 2.29　常规 MP 算法单次快拍估计结果

2. 多快拍矩阵束方位估计算法

阵元接收信号模型如式(2.219),以每个快拍数据分别构建数据 Hankel 矩阵为

$$\boldsymbol{Y}_k=\begin{bmatrix} y(0) & y(1) & \cdots & y(L-1) \\ y(1) & y(2) & \cdots & y(L) \\ \vdots & \vdots & & \vdots \\ y(N-L-1) & y(N-L) & \cdots & y(N-1) \end{bmatrix}_{(N-L+1)\times L} \tag{2.223}$$

式中，$k=0,1,\cdots,N-1$。进一步将构建的 N 个单快拍 Hankel 矩阵构建成一个多快拍 Hankel 矩阵为

$$\boldsymbol{Y}_E=[\boldsymbol{Y}_0,\boldsymbol{Y}_1,\cdots,\boldsymbol{Y}_{N-1}]_{(N-L)\times NL} \tag{2.224}$$

根据 $\boldsymbol{Y}_E$ 得到两个子阵 $\boldsymbol{Y}_{E1}$ 和 $\boldsymbol{Y}_{E2}$，对该两个子阵进行广义特征值分解，并根据 MP 算法的基本原理可得空间信源方位估计结果。

进一步对多快拍 MP 算法的性能进行计算机仿真分析。

仿真条件与上述仿真 2 条件相同，讨论基于多次快拍的 MP 算法对空间双相干信源的估计性能。图 2.30 为常规 MP 算法多次快拍估计结果，估计空间两相干信源的方位分别为 5.323 9°和 24.746 5°，幅度分别为 0.790 6 和 0.340 1。

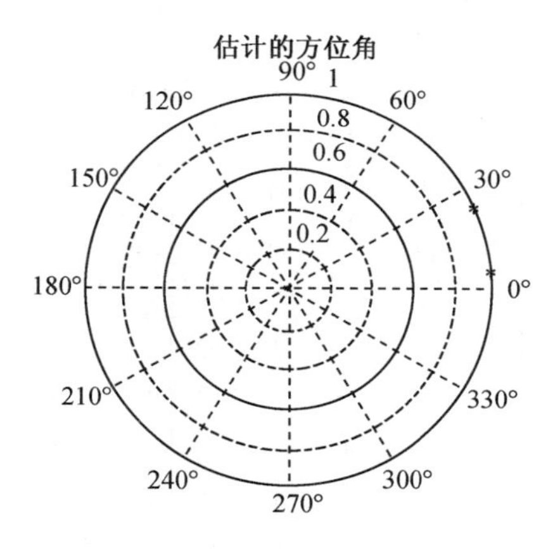

图 2.30　常规 MP 算法多次快拍估计结果

与基于单次快拍的估计结果（图 2.29）相比较，可以看出，多快拍 MP 算法在一定程度上改善了单快拍 MP 算法的估计性能，方位估计结果的收敛性明显改善，但仍然有较大的方位估计偏差。为进一步提高 MP 算法的性能，采用酉变换技术，在提高算法实时性的同时，降低算法信噪比门限，可有效提高算法的性能。

3. 酉矩阵束算法（unitary matrix pencil）

传统的矩阵束算法存在一个缺陷：其仅利用了阵元上的观测数据，而没有利用共轭的观测数据。由于一个复观测数据和它的共轭包含不同的信息，如果能够同时利用两者，则可利用的数据长度等效于增加了一倍。显然，这将提高原算法的估计精度并改善其估计性能，这也正是将酉变换与传统矩阵束算法相结合，讨论酉矩阵束算法的真正原因。

（1）Centro – Hermitian 矩阵

设矩阵 $\boldsymbol{A}\in\boldsymbol{C}^{M\times N}$，若满足 $\boldsymbol{A}=\boldsymbol{\Pi}_M\boldsymbol{A}^*\boldsymbol{\Pi}_N$，则称其为 Centro – Hermitian 矩阵，其中 $\boldsymbol{A}^*$ 为 $\boldsymbol{A}$ 的共轭矩阵，$\boldsymbol{\Pi}_M$ 与 $\boldsymbol{\Pi}_N$ 为置换矩阵。

针对 Centro - Hermitian 矩阵,有如下定理:

①对于信号 $\boldsymbol{x}=[x(0)\quad x(1)\quad \cdots\quad x(N-1)]$,当 N 为奇数时,$\boldsymbol{x}$ 为 Centro - Hermitian 矩阵,即 $\boldsymbol{x}=\boldsymbol{\Pi}_N\boldsymbol{x}^*$,则式中 Hankel 矩阵 $\boldsymbol{Y}$ 为 Centro - Hermitian 矩阵。

②对于任意矩阵 $\boldsymbol{Y}\in\boldsymbol{C}^{M\times N}$,矩阵$[\boldsymbol{Y}\ \vdots\ \boldsymbol{\Pi}_M\boldsymbol{Y}^*\boldsymbol{\Pi}_N]$为 Centro - Hermitian 矩阵。

③若矩阵 $\boldsymbol{A}\in\boldsymbol{C}^{P\times T}$为 Centro - Hermitian 矩阵,则 $\boldsymbol{Q}_P^{\mathrm{H}}\boldsymbol{A}\boldsymbol{Q}_T$为实矩阵。其中,$\boldsymbol{Q}_P$ 和 $\boldsymbol{Q}_T$ 为酉矩阵,当 P(或 T)为偶数时,$\boldsymbol{Q}_P$(或 $\boldsymbol{Q}_T$) $=\frac{1}{\sqrt{2}}\begin{bmatrix} I & iI \\ \Pi & -i\Pi \end{bmatrix}$,当 P(或 T)为奇数时,Q_P(或 Q_T) $=$

$\frac{1}{\sqrt{2}}\begin{bmatrix} I & 0 & iI \\ 0 & \sqrt{2} & 0 \\ \Pi & 0 & -i\Pi \end{bmatrix}$。

下面结合 Centro - Hermitian 矩阵的定义和定理,讨论酉矩阵束算法原理。

(2)酉矩阵束算法原理

根据等式

$$\boldsymbol{Y}_a-\lambda\boldsymbol{Y}_b=\boldsymbol{Z}_a\boldsymbol{R}_0[\boldsymbol{Z}_0-\lambda\boldsymbol{I}]\boldsymbol{Z}_b \tag{2.225}$$

可将式(2.225)等价成

$$\boldsymbol{Y}_a-\lambda\boldsymbol{Y}_b=\boldsymbol{J}_2\boldsymbol{Y}-\lambda\boldsymbol{J}_1\boldsymbol{Y} \tag{2.226}$$

式中,$\boldsymbol{Y}_a=\boldsymbol{J}_1\boldsymbol{Y}$,$\boldsymbol{Y}_b=\boldsymbol{J}_2\boldsymbol{Y}$,$\boldsymbol{J}_1$ 与 $\boldsymbol{J}_2$ 为选择矩阵,分别为

$$\boldsymbol{J}_1=\begin{bmatrix} 1 & 0 & \cdots & 0 & 0 \\ 0 & 1 & \cdots & 0 & 0 \\ \vdots & \vdots & & \vdots & \vdots \\ 0 & 0 & \cdots & 1 & 0 \end{bmatrix}_{(N-L-1)\times(N-L)} \tag{2.227}$$

$$\boldsymbol{J}_2=\begin{bmatrix} 0 & 1 & 0 & \cdots & 0 \\ 0 & 0 & 1 & \cdots & 0 \\ \vdots & \vdots & & \vdots & \vdots \\ 0 & 0 & \cdots & 0 & 1 \end{bmatrix}_{(N-L-1)\times(N-L)} \tag{2.228}$$

根据式(2.226),当 $\lambda_i=z_i=\mathrm{e}^{\mathrm{j}\frac{2\pi d}{\lambda}\sin\theta_i}$时,

$$\boldsymbol{Y}_a-\lambda\boldsymbol{Y}_b=\boldsymbol{J}_2\boldsymbol{Y}-\lambda\boldsymbol{J}_1\boldsymbol{Y}=0 \tag{2.229}$$

则 λ_i 为矩阵对$\{\boldsymbol{Y}_a\quad \boldsymbol{Y}_b\}$的广义特征值。

根据式(2.229)可得

$$\boldsymbol{J}_2\boldsymbol{Y}=\lambda\boldsymbol{J}_1\boldsymbol{Y} \tag{2.230}$$

根据 Centro - Hermitian 矩阵的相关定理,$\boldsymbol{Q}\boldsymbol{Q}^{\mathrm{H}}=I$;$\boldsymbol{Q}^{\mathrm{H}}\boldsymbol{Y}\boldsymbol{Q}=X_r$ 为实数,进一步可得

$$\boldsymbol{Q}^{\mathrm{H}}\boldsymbol{J}_2\boldsymbol{Q}\boldsymbol{Q}^{\mathrm{H}}\boldsymbol{Y}\boldsymbol{Q}=\lambda\boldsymbol{Q}^{\mathrm{H}}\boldsymbol{J}_1\boldsymbol{Q}\boldsymbol{Q}^{\mathrm{H}}\boldsymbol{Y}\boldsymbol{Q} \tag{2.231}$$

$$\boldsymbol{Q}^{\mathrm{H}}\boldsymbol{J}_2\boldsymbol{Q}X_r=\lambda\boldsymbol{Q}^{\mathrm{H}}\boldsymbol{J}_1\boldsymbol{Q}X_r \tag{2.232}$$

根据 $\boldsymbol{\Pi}_P\boldsymbol{\Pi}_P=I$,$\boldsymbol{\Pi}_P\boldsymbol{Q}_P=\boldsymbol{Q}^*$,$\boldsymbol{Q}_P^{\mathrm{H}}\boldsymbol{\Pi}_P=\boldsymbol{Q}^{\mathrm{T}}$,$\boldsymbol{\Pi}_PJ_2\boldsymbol{\Pi}_{P+1}=\boldsymbol{J}_1$,式(2.232)左边可进一步整理为

$$\begin{aligned}\boldsymbol{Q}^{\mathrm{H}}\boldsymbol{\Pi}\boldsymbol{\Pi}\boldsymbol{J}_2\boldsymbol{\Pi}\boldsymbol{\Pi}\boldsymbol{Q}X_r &=\boldsymbol{Q}^{\mathrm{H}}\boldsymbol{\Pi}\boldsymbol{J}_1\boldsymbol{\Pi}\boldsymbol{Q}X_r \\ &=\boldsymbol{Q}^{\mathrm{T}}\boldsymbol{J}_1\boldsymbol{Q}^*X_r \\ &=(\boldsymbol{Q}^{\mathrm{H}}\boldsymbol{J}_1\boldsymbol{Q})^*X_r\end{aligned} \tag{2.233}$$

根据式(2.232)和式(2.233),可得

$$(\boldsymbol{Q}^{\mathrm{H}}\boldsymbol{J}_1\boldsymbol{Q})^* X_r = \lambda \boldsymbol{Q}^{\mathrm{H}}\boldsymbol{J}_1\boldsymbol{Q}X_r \tag{2.234}$$

将实部和虚部分离,进一步得到

$$[\mathrm{Re}(\boldsymbol{Q}^{\mathrm{H}}\boldsymbol{J}_1\boldsymbol{Q}) - \mathrm{jIm}(\boldsymbol{Q}^{\mathrm{H}}\boldsymbol{J}_1\boldsymbol{Q})]X_r = [\mathrm{Re}(\lambda) + \mathrm{jIm}(\lambda)][\mathrm{Re}(\boldsymbol{Q}^{\mathrm{H}}\boldsymbol{J}_1\boldsymbol{Q}) + \mathrm{jIm}(\boldsymbol{Q}^{\mathrm{H}}\boldsymbol{J}_1\boldsymbol{Q})]X_r \tag{2.235}$$

由于 $\lambda_i = \mathrm{e}^{\mathrm{j}\frac{2\pi d}{\lambda}\sin\theta_i} = \mathrm{e}^{\mathrm{j}\pi\sin\theta_i}$,则

$$\mathrm{Re}(\lambda_i) = \cos(\pi\sin\theta_i) \tag{2.236}$$

$$\mathrm{Im}(\lambda_i) = \sin(\pi\sin\theta_i) \tag{2.237}$$

故

$$-\tan\left(\frac{\pi\sin\theta_i}{2}\right)\mathrm{Re}(\boldsymbol{Q}^{\mathrm{H}}\boldsymbol{J}_1\boldsymbol{Q})X_r = \mathrm{Im}(\boldsymbol{Q}^{\mathrm{H}}\boldsymbol{J}_1\boldsymbol{Q})X_r \tag{2.238}$$

由此可见,$-\tan\left(\frac{\pi\sin\theta_i}{2}\right)$为矩阵对$\{\mathrm{Im}(\boldsymbol{Q}^{\mathrm{H}}\boldsymbol{J}_1\boldsymbol{Q})X_r \quad \mathrm{Re}(\boldsymbol{Q}^{\mathrm{H}}\boldsymbol{J}_1\boldsymbol{Q})X_r\}$的广义特征值。

下面进一步对酉矩阵束算法的性能进行计算机仿真分析。

仿真条件与上述相同,讨论基于酉变换的多次快拍 MP 算法对双相干信源方位估计的性能。图 2.31 为酉变换 MP 算法多次快拍估计结果,估计空间两相干信源的方位分别为 0.748 1°和 11.368 0°,幅度分别为 0.863 2 和 0.796 9。

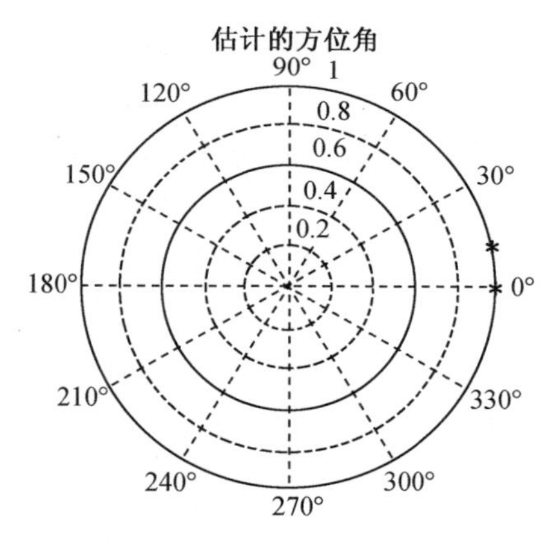

图 2.31　酉变换 MP 算法多次快拍估计结果

与基于常规 MP 算法多次快拍的估计结果(图 2.30)相比较,可以看出,基于酉变换 MP 算法多次快拍的方位估计结果与仿真条件基本吻合,有效地提高了算法的性能。

4. 常规二维矩阵束算法

前面主要讨论基于一维直线阵的 MP 算法,下面将该算法拓展至二维平面矩形阵列,可实现对目标信源的空间定位。二维平面矩形阵阵元接收信号模型可表示为

$$z(m,n) = \sum_{p=1}^{P} a_p \mathrm{e}^{\mathrm{j}\varphi_p} \mathrm{e}^{\mathrm{j}\frac{2\pi}{\lambda}m\Delta x\cos\theta_p\sin\varphi_p} \mathrm{e}^{\mathrm{j}\frac{2\pi}{\lambda}n\Delta y\sin\theta_p\sin\varphi_p} \tag{2.239}$$

令

$$x_p = \mathrm{e}^{\mathrm{j}\frac{2\pi}{\lambda}\Delta x\cos\theta_p\sin\varphi_p} \tag{2.240}$$

$$y_p = \mathrm{e}^{\mathrm{j}\frac{2\pi}{\lambda}\Delta y \sin\theta_p \sin\varphi_p} \tag{2.241}$$

$$\alpha_p = a_p \mathrm{e}^{\mathrm{j}\varphi_p} \tag{2.242}$$

则式(2.239)可表示为

$$z(m,n) = \sum_{p=1}^{P} \alpha_p x_p^m y_p^n \tag{2.243}$$

构造单快拍数据矩阵

$$\boldsymbol{D} = \begin{bmatrix} z(0,0) & z(0,1) & \cdots & z(0,N-1) \\ z(1,0) & z(1,1) & \cdots & z(1,N-1) \\ \vdots & \vdots & & \vdots \\ z(M-1,0) & z(M-1,1) & \cdots & z(M-1,N-1) \end{bmatrix}_{M\times N} \tag{2.244}$$

根据数据矩阵 $\boldsymbol{D}$,构造 Hankel 分块矩阵 $\boldsymbol{D}_{\mathrm{e}}$ 为

$$\boldsymbol{D}_{\mathrm{e}} = \begin{bmatrix} \boldsymbol{D}_0 & \boldsymbol{D}_1 & \cdots & \boldsymbol{D}_{M-B} \\ \boldsymbol{D}_1 & \boldsymbol{D}_2 & \cdots & \boldsymbol{D}_{M-B+1} \\ \vdots & \vdots & & \vdots \\ \boldsymbol{D}_{B-1} & \boldsymbol{D}_B & \cdots & \boldsymbol{D}_{M-1} \end{bmatrix}_{B\times(M-B+1)} \tag{2.245}$$

式中,B 为束参数,并且

$$\boldsymbol{D}_m = \begin{bmatrix} z(m,0) & z(m,1) & \cdots & z(m,N-C) \\ z(m,0) & z(m,1) & \cdots & z(m,N-C+1) \\ \vdots & \vdots & & \vdots \\ z(m,0) & z(m,1) & \cdots & z(m,N-1) \end{bmatrix}_{C\times(N-C+1)} \tag{2.246}$$

式中,C 为束参数;$\boldsymbol{D}_m$ 中的元素 $z(m,i)$,$i=0,1,\cdots,N-1$ 为 $\boldsymbol{D}$ 中第 m 行的元素。

根据以上构造的矩阵,分析可得

$$\boldsymbol{D}_m = \boldsymbol{Y}_C \boldsymbol{G} \boldsymbol{X}_d^m \boldsymbol{Y}_R \tag{2.247}$$

式中

$$\boldsymbol{Y}_C = \begin{bmatrix} 1 & 1 & \cdots & 1 \\ y_1 & y_2 & \cdots & y_P \\ \vdots & \vdots & & \vdots \\ y_1^{(C-1)} & y_2^{(C-1)} & \cdots & y_P^{(C-1)} \end{bmatrix}_{C\times P} \tag{2.248}$$

$$\boldsymbol{G} = \begin{bmatrix} \alpha_1 & & & \\ & \alpha_2 & & \\ & & \ddots & \\ & & & \alpha_P \end{bmatrix}_{P\times P} \tag{2.249}$$

$$\boldsymbol{X}_d = \begin{bmatrix} x_1 & & & \\ & x_2 & & \\ & & \ddots & \\ & & & x_P \end{bmatrix}_{P\times P} \tag{2.250}$$

$$\boldsymbol{Y}_R=\begin{bmatrix}1 & y_1 & \cdots & y_1^{(N-C)}\\ 1 & y_2 & \cdots & y_2^{(N-C)}\\ \vdots & \vdots & & \vdots\\ 1 & y_P & \cdots & y_P^{(N-C)}\end{bmatrix}_{P\times(N-C+1)} \tag{2.251}$$

将 $\boldsymbol{D}_m$ 代入 $\boldsymbol{D}_e$，得

$$\boldsymbol{D}_e=\begin{bmatrix}\boldsymbol{D}_0 & \boldsymbol{D}_1 & \cdots & \boldsymbol{D}_{M-B}\\ \boldsymbol{D}_1 & \boldsymbol{D}_2 & \cdots & \boldsymbol{D}_{M-B+1}\\ \vdots & \vdots & & \vdots\\ \boldsymbol{D}_{B-1} & \boldsymbol{D}_B & \cdots & \boldsymbol{D}_{M-1}\end{bmatrix}$$

$$=\begin{bmatrix}\boldsymbol{Y}_C\boldsymbol{G}\boldsymbol{X}_d^{(0)}\boldsymbol{Y}_R & \boldsymbol{Y}_C\boldsymbol{G}\boldsymbol{X}_d^{(1)}\boldsymbol{Y}_R & \cdots & \boldsymbol{Y}_C\boldsymbol{G}\boldsymbol{X}_d^{(M-B)}\boldsymbol{Y}_R\\ \boldsymbol{Y}_C\boldsymbol{G}\boldsymbol{X}_d^{(1)}\boldsymbol{Y}_R & \boldsymbol{Y}_C\boldsymbol{G}\boldsymbol{X}_d^{(2)}\boldsymbol{Y}_R & \cdots & \boldsymbol{Y}_C\boldsymbol{G}\boldsymbol{X}_d^{(M-B+1)}\boldsymbol{Y}_R\\ \vdots & \vdots & & \vdots\\ \boldsymbol{Y}_C\boldsymbol{G}\boldsymbol{X}_d^{(B-1)}\boldsymbol{Y}_R & \boldsymbol{Y}_C\boldsymbol{G}\boldsymbol{X}_d^{(B)}\boldsymbol{Y}_R & \cdots & \boldsymbol{Y}_C\boldsymbol{G}\boldsymbol{X}_d^{(M-1)}\boldsymbol{Y}_R\end{bmatrix} \tag{2.252}$$

进而

$$\boldsymbol{D}_e=\boldsymbol{E}_C\boldsymbol{G}\boldsymbol{E}_R \tag{2.253}$$

式中

$$\boldsymbol{E}_C=\begin{bmatrix}\boldsymbol{Y}_C\\ \boldsymbol{Y}_C\boldsymbol{X}_d\\ \cdots\\ \boldsymbol{Y}_C\boldsymbol{X}_d^{(B-1)}\end{bmatrix} \tag{2.254}$$

$$\boldsymbol{E}_R=[\boldsymbol{Y}_R,\boldsymbol{X}_d\boldsymbol{Y}_R,\cdots,\boldsymbol{X}_d^{(M-B)}\boldsymbol{Y}_R] \tag{2.255}$$

对 $\boldsymbol{D}_e$ 进行奇异值分解为

$$\boldsymbol{D}_e=\boldsymbol{U}_s\boldsymbol{\Sigma}_s\boldsymbol{V}_s^{\mathrm{H}}+\boldsymbol{U}_n\boldsymbol{\Sigma}_n\boldsymbol{V}_n^{\mathrm{H}} \tag{2.256}$$

可知

$$\mathrm{range}(\boldsymbol{U}_s)=\mathrm{range}(\boldsymbol{E}_C) \tag{2.257}$$

即 $\boldsymbol{U}_s$ 和 $\boldsymbol{E}_C$ 张成相同的信号子空间，则存在非奇异矩阵 $\boldsymbol{T}$，使得 $\boldsymbol{U}_s=\boldsymbol{E}_C\boldsymbol{T}$。

进一步构造

$$\boldsymbol{U}_{s1}=\boldsymbol{U}_s(1:(\boldsymbol{B}-1)\boldsymbol{C},:)\text{（即去掉 }\boldsymbol{U}_s\text{ 的后 }C\text{ 行）} \tag{2.258}$$

$$\boldsymbol{U}_{s2}=\boldsymbol{U}_s(\boldsymbol{C}+1:\boldsymbol{BC},:)\text{（即去掉 }\boldsymbol{U}_s\text{ 的前 }C\text{ 行）} \tag{2.259}$$

$$\boldsymbol{E}_1=\boldsymbol{E}_C(1:(\boldsymbol{B}-1)\boldsymbol{C},:) \tag{2.260}$$

可得

$$\boldsymbol{U}_{s1}=\boldsymbol{E}_1\boldsymbol{T} \tag{2.261}$$

$$\boldsymbol{U}_{s2}=\boldsymbol{E}_1\boldsymbol{X}_d\boldsymbol{T} \tag{2.262}$$

则

$$\boldsymbol{U}_{s2}-\lambda\boldsymbol{U}_{s1}=\boldsymbol{E}_1\boldsymbol{X}_d\boldsymbol{T}-\lambda\boldsymbol{E}_1\boldsymbol{T}=\boldsymbol{E}_1(\boldsymbol{X}_d-\lambda\boldsymbol{I})\boldsymbol{T} \tag{2.263}$$

当 $\lambda=x_i,i=1,2,\cdots,P$ 时，$\mathrm{rank}(\boldsymbol{U}_{s2}-\lambda\boldsymbol{U}_{s1})$ 减 1，故 $x_i,i=1,2,\cdots,P$ 为矩阵束[$\boldsymbol{U}_{s1}$，

$\boldsymbol{U}_{s2}$]的广义特征值(或$\boldsymbol{U}_{s1}^{+}\boldsymbol{U}_{s2}$的特征值)。

类似前面求$x_i, i=1,2,\cdots,P$的原理及方法,可进一步求得$y_i, i=1,2,\cdots,P$。

当x_i、y_i分别求得后,根据信号子空间和噪声子空间的正交性进行参数配对,得到二维方位估计结果。

下面进一步对常规二维 MP 算法的性能进行计算机仿真分析。

仿真1:空间仅存在单信源条件下,研究二维 MP 算法的空间谱估计结果。

仿真条件:空间平面矩形阵信号模型如前所述,阵列由6×6个阵元组成,入射信号频率$f=200$ kHz,脉宽0.05 ms,阵元间距半波长,信号入射方位角和俯仰角分别为$\theta=60°$和$\varphi=30°$,束参数为3。

图2.32示出了信噪比分别为-5 dB、0 dB、5 dB条件下,进行10次独立空间谱估计的仿真结果。从图中可以看出,在低信噪比(-5 dB)条件下,算法受噪声的影响较大,空间谱估计的结果分布发散;随着信噪比的增加(5 dB),空间谱估计结果逐渐收敛至仿真预设角度,算法精度逐渐增加,即在较高信噪比条件下,算法具有较高的估计性能。

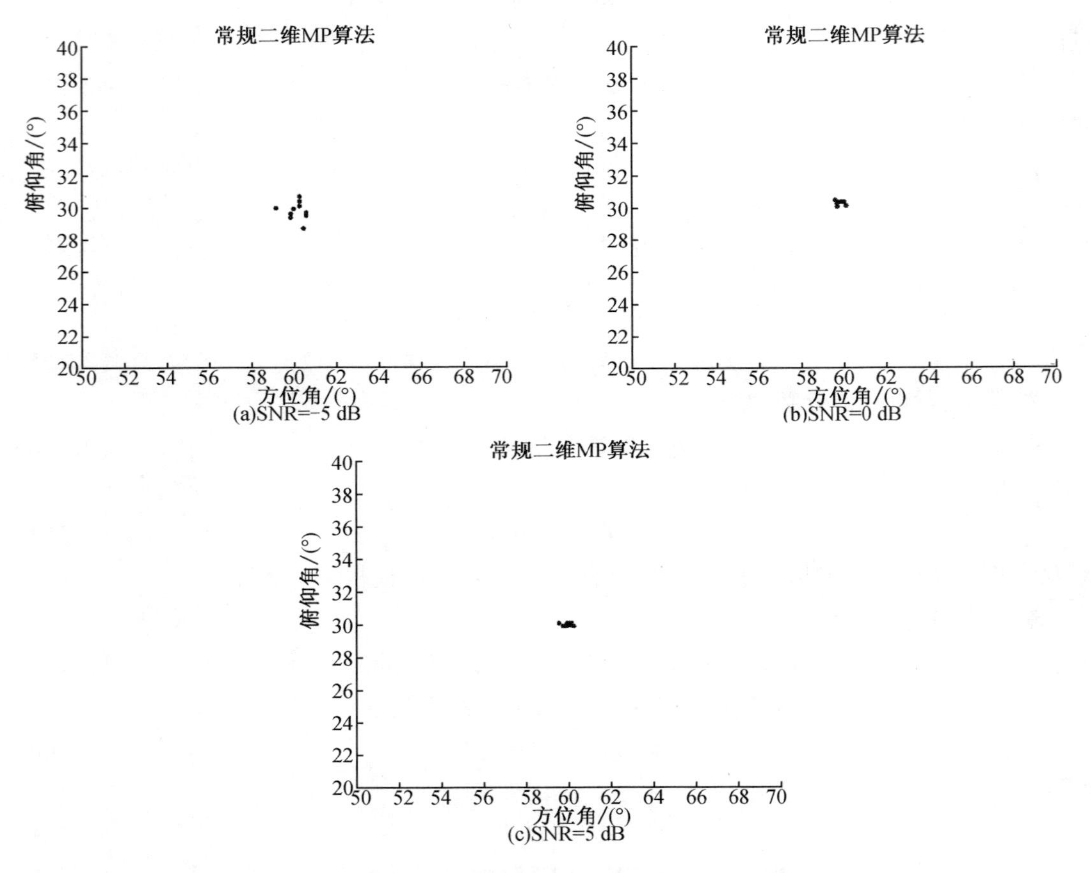

图2.32 空间单信源条件下平面矩形阵 MP 算法空间谱估计图

仿真2:空间存在双相干信源条件下,研究二维 MP 算法的空间谱估计结果。

仿真条件:仿真条件与仿真1相同,空间双相干信源的入射角分别为($\theta_1=20°$、$\varphi_1=$

20°),($\theta_2=60°$、$\varphi_2=60°$),束参数为3。

图2.33示出了信噪比分别为0 dB、10 dB、20 dB条件下,进行10次独立空间谱估计的仿真结果。从图中可以看出,MP算法可直接处理相干信源,算法精度受噪声的影响,随着信噪比的增加,估计精度逐渐增加。

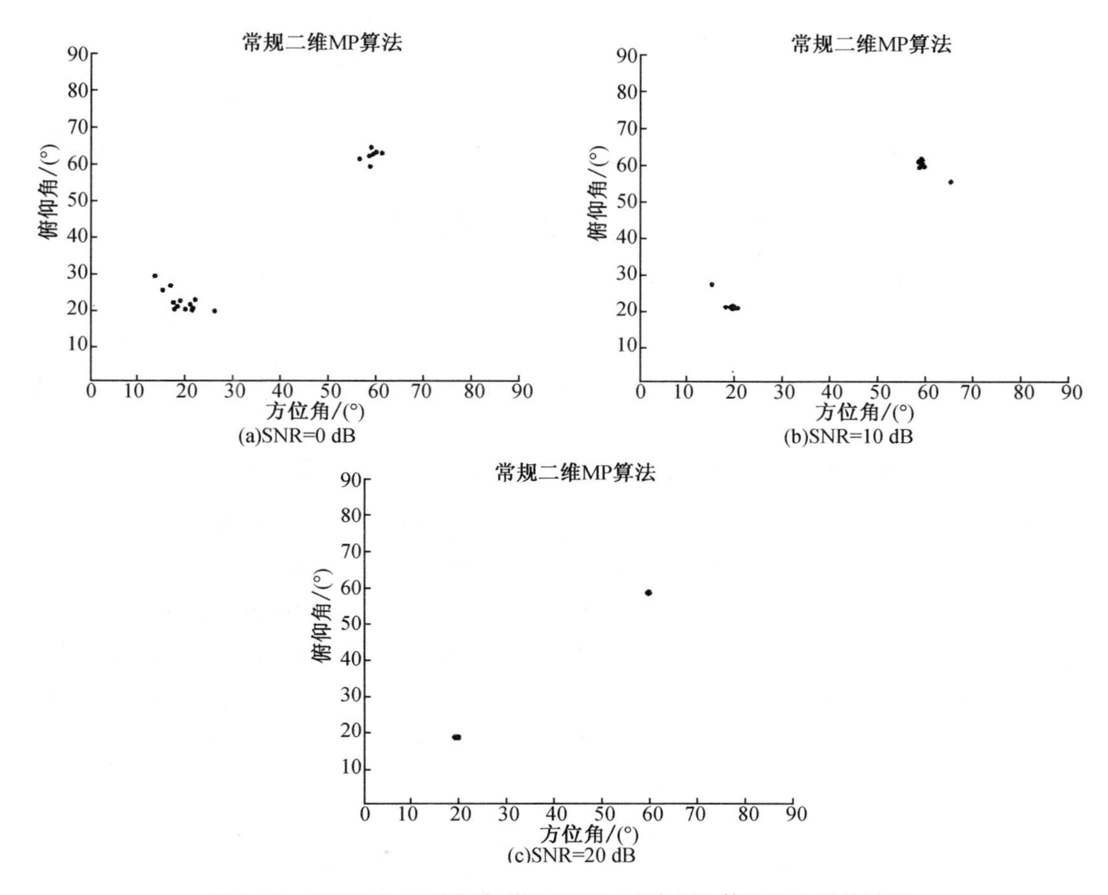

图2.33　空间双相干信源条件下平面矩形阵MP算法空间谱估计图

5. 基于酉变换的二维酉矩阵束算法

本节在一维酉MP算法的基础之上进行二维扩展,实现空间方位角和俯仰角的联合估计。

首先,构造Centro-Hermitian矩阵

$$\boldsymbol{D}_{\mathrm{ch}}=[\boldsymbol{D}_{\mathrm{e}}\vdots\boldsymbol{\Pi}\boldsymbol{D}_{\mathrm{e}}^{*}\boldsymbol{\Pi}] \tag{2.264}$$

将复矩阵$\boldsymbol{D}_{\mathrm{ch}}$变换成实矩阵$\boldsymbol{D}_{\mathrm{r}}$为

$$\boldsymbol{D}_{\mathrm{r}}=\boldsymbol{Q}^{\mathrm{H}}\boldsymbol{D}_{\mathrm{ch}}\boldsymbol{Q} \tag{2.265}$$

构造选择矩阵$\boldsymbol{J}_3$、$\boldsymbol{J}_4$、$\boldsymbol{J}_5$及$\boldsymbol{J}_6$为

$$\boldsymbol{J}_3=[\boldsymbol{I}_{(BC-C)}\vdots\boldsymbol{0}_{(BC-C)\times C}]_{(BC-C)\times(BC)} \tag{2.266}$$

$$\boldsymbol{J}_4=[\boldsymbol{0}_{(BC-C)\times C}\vdots\boldsymbol{0}_{(BC-C)}]_{(BC-C)\times(BC)} \tag{2.267}$$

$$\boldsymbol{J}_5=[\boldsymbol{I}_{(BC-B)}\vdots\boldsymbol{0}_{(BC-B)\times B}]_{(BC-B)\times(BC)} \tag{2.268}$$

$$\boldsymbol{J}_6 = [\boldsymbol{0}_{(BC-B)\times B} \vdots \boldsymbol{I}_{(BC-B)}]_{(BC-B)\times(BC)} \tag{2.269}$$

在 x 轴方向,可得

$$\boldsymbol{J}_4\boldsymbol{D}_{\mathrm{e}} - \lambda\boldsymbol{J}_3\boldsymbol{D}_{\mathrm{e}} \tag{2.270}$$

类似前面一维算法的推导过程,得到

$$\tan\left(\frac{\omega_{xp}}{2}\right)\mathrm{Re}(\boldsymbol{Q}^{\mathrm{H}}\boldsymbol{J}_3\boldsymbol{Q})E_{sx} = \mathrm{Im}(\boldsymbol{Q}^{\mathrm{H}}\boldsymbol{J}_3\boldsymbol{Q})\boldsymbol{E}_{sx} \tag{2.271}$$

式中,

$$\omega_{xp} = \frac{2\pi}{\lambda}\Delta_x \sin\theta_p \cos\varphi_p \tag{2.272}$$

因此,$\tan\left(\frac{\omega_{xp}}{2}\right)$为矩阵束$\{\mathrm{Im}(\boldsymbol{Q}^{\mathrm{H}}\boldsymbol{J}_3\boldsymbol{Q})\boldsymbol{E}_{sx}, \mathrm{Re}(\boldsymbol{Q}^{\mathrm{H}}\boldsymbol{J}_3\boldsymbol{Q})\boldsymbol{E}_{sx}\}$的广义特征值。

同理,在 y 轴方向,可得

$$\boldsymbol{J}_6\boldsymbol{S}\boldsymbol{D}_{\mathrm{e}} - \lambda\boldsymbol{J}_5\boldsymbol{S}\boldsymbol{D}_{\mathrm{e}} \tag{2.273}$$

$$\tan\left(\frac{\omega_{yp}}{2}\right)\mathrm{Re}(\boldsymbol{Q}^{\mathrm{H}}\boldsymbol{J}_5\boldsymbol{Q})\boldsymbol{E}_{sy} = \mathrm{Im}(\boldsymbol{Q}^{\mathrm{H}}\boldsymbol{J}_5\boldsymbol{Q})\boldsymbol{E}_{sy} \tag{2.274}$$

故 $\tan\left(\frac{\omega_{yp}}{2}\right)$为矩阵束$\{\mathrm{Im}(\boldsymbol{Q}^{\mathrm{H}}\boldsymbol{J}_5\boldsymbol{Q})\boldsymbol{E}_{sy}, \mathrm{Re}(\boldsymbol{Q}^{\mathrm{H}}\boldsymbol{J}_5\boldsymbol{Q})\boldsymbol{E}_{sy}\}$的广义特征值。

下面进一步对基于酉变换的二维 MP 算法的性能进行计算机仿真分析。

仿真 1:空间仅存在单信源条件下,研究二维酉 MP 算法的空间谱估计结果。

仿真条件:仿真条件与上述仿真 1 相同。图 2.34 示出了信噪比分别为 −5 dB、0 dB、5 dB 条件下,进行 10 次独立空间谱估计的仿真结果。从图中可以看出,在低信噪比(−5 dB)条件下,算法受噪声的影响较大,空间谱估计的结果分布发散;随着信噪比的增加(5 dB),空间谱估计结果逐渐收敛至仿真预设角度,算法精度逐渐增加,即在较高信噪比条件下,算法具有较高的估计性能。

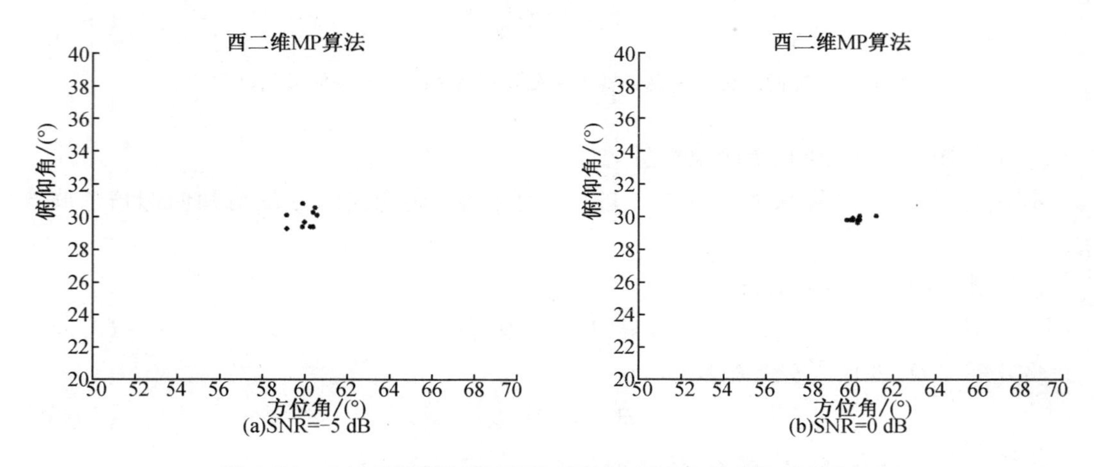

图 2.34 空间单信源条件下平面矩形阵酉 MP 算法空间谱估计图

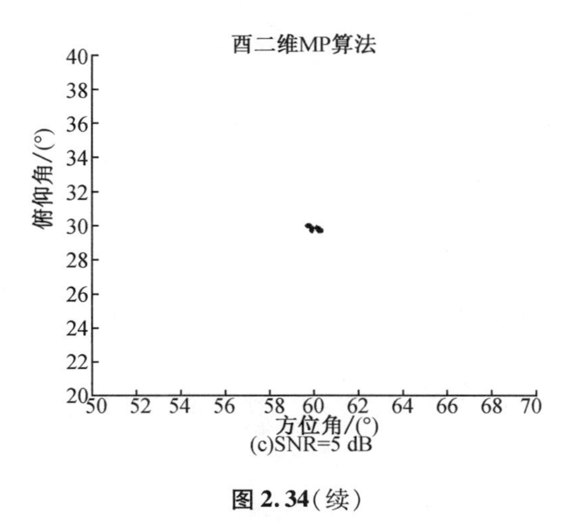

图 2.34(续)

仿真 2:空间存在双相干信源条件下,研究二维 MP 算法的空间谱估计结果。

仿真条件:仿真条件与仿真 1 相同,空间双相干信源的入射角分别为($\theta_1=20°$、$\varphi_1=20°$),($\theta_2=60°$、$\varphi_2=60°$),束参数为 3。图 2.35 示出了信噪比分别为 0 dB、10 dB、20 dB 条件下,进行 10 次独立空间谱估计的仿真结果。从仿真结果可以看出,酉 MP 算法可直接处理相干信源,随着信噪比的增加,估计精度逐渐增加。同时,酉 MP 算法在一定程度上可抑制噪声的影响,例如,在信噪比为 10 dB 的条件下,酉 MP 算法的收敛性要强于 MP 算法。

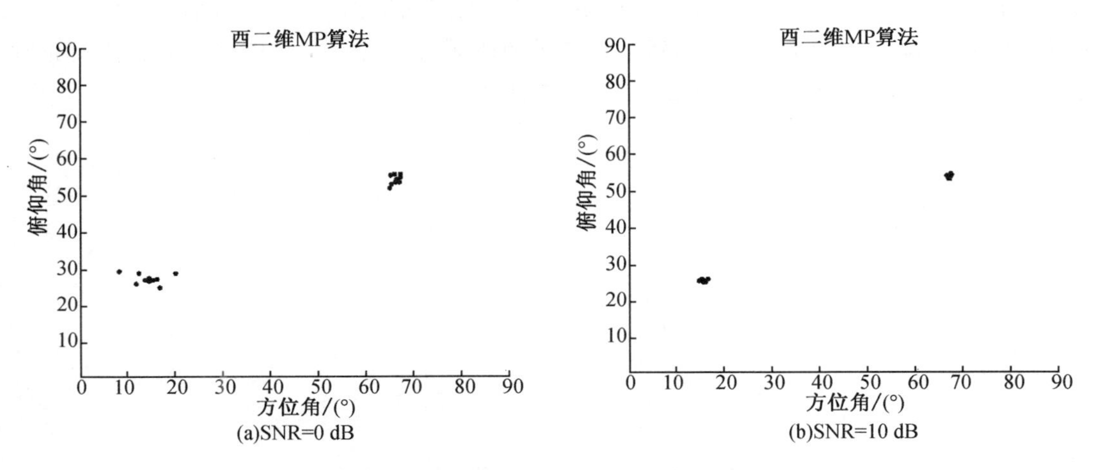

图 2.35　空间双相干信源条件下平面矩形阵酉 MP 算法空间谱估计图

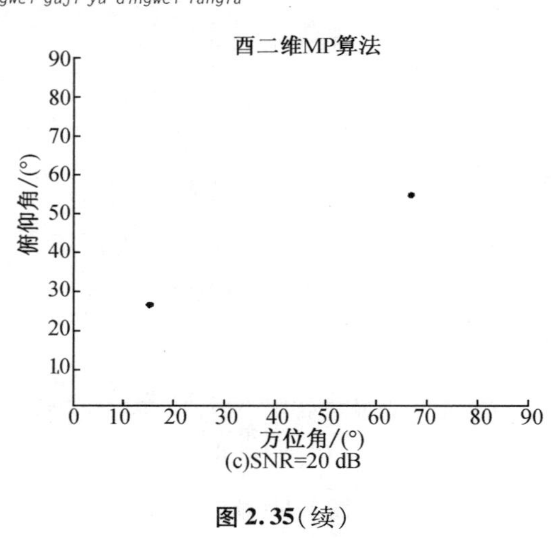

(c)SNR=20 dB

图 2.35(续)

2.6 本章小结

本章首先介绍了阵列信号处理理论相关的基本概念,包括阵列系统的结构、阵列信号模型及其统计特性、常规波束形成和几种典型准则条件下的统计最优波束形成器的基本原理等。在此基础之上,介绍了几种具有代表性的经典空间谱估计技术,包括子空间分解类算法、波达方向瞬时成像法、最大似然估计法及矩阵束算法等。本章的内容和概念将贯穿于本书的各个章节,为本书后续章节的学习奠定基础。

第3章　压缩感知基本理论与稀疏信号恢复技术

3.1　引　　言

随着电子信息科学技术的迅猛发展，人类进入数字时代，信号处理的方式及方法发生了根本性的改变，已由模拟信号处理转换成数字信号处理。究其原因，数字信号处理较模拟信号处理具有更灵活的操纵性和更广阔的应用前景。然而，自然界的信号大多数是以模拟形式存在的，这就需要我们在对信号进行处理之前，先用采样系统将模拟信号转化成数字信号，进而对数字信号实现有效分析和处理。奈奎斯特采样定律是模拟信号数字化处理的理论基石，在模拟信号采样（模/数转换：analog - to - digital，A/D）领域具有深远的影响，至今仍在信号采样领域处于主导地位。该定律指出，在模拟信号采样过程中，假设信号带宽有限，若要采样后的数字信号无失真地恢复出原来的模拟信号，则采样频率至少为信号最高频率的两倍。

然而，随着信息化时代的到来，人们对信息量的需求以几何级数的关系迅猛增长，传输信息的信号带宽不断加大。根据奈奎斯特采样定律，这也必然导致采样频率越来越高，给后续数字信号的存储、传输、处理带来了巨大的压力，甚至在某些特定的应用场合，受客观条件的限制，根本无法满足奈奎斯特采样定律的要求。因此，面对日益突出的存储和传输问题，如何实现高效的数字信号采集和处理在信息数字化领域至关重要。为了解决大量数字信号处理所面临的存储和传输问题，通常采用数据压缩技术，即通过寻找对原始数字信号最精炼的表达，减少原始数据对存储空间和传输带宽的压力，以实现对原始信号的有效压缩。

压缩感知作为一种利用信号的稀疏性或可压缩性对信号进行重建的技术，要求信号在特定基的表示下是稀疏的，究其根本是使这些信号在采样的同时就被压缩，从而大幅度降低采样率。如图3.1所示为基于奈奎斯特采样定律的传统信号采样过程，图3.2为基于压缩感知理论的采样过程。从图中可以明显看出，压缩感知理论采用了将信号采样和信号压缩同时合并处理的采集方式，既可以突破传统信号采集过程中奈奎斯特采样定律的限制，大幅度降低采样频率，又可以在采集初期就摒弃掉原始信号中大量的无用信息，降低传输或储存系统的负担和压力。

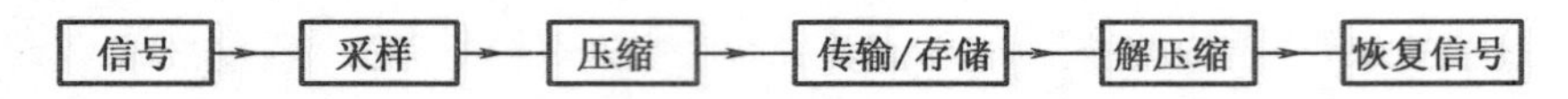

图 3.1　基于奈奎斯特采样定律的传统信号采样过程

图 3.2　基于压缩感知理论的采样过程

3.2　压缩感知的数学模型

本节我们将通过对比常规奈奎斯特采样数学模型，介绍基于压缩感知理论的数学模型。

已知一个 N 维信号 $\boldsymbol{x} \in \mathbf{R}^N$，根据奈奎斯特采样定律进行采样，为了不遗漏信号中的任何信息，需要 N 个测量值，不失一般性，此时的测量矩阵(measurement matrix)可以理解为对角阵。如果信号 $\boldsymbol{x}$ 中仅含有 K 个非零值，根据常规奈奎斯特采样数学模型，测量值 $\boldsymbol{Y}$ 中仍然包含 K 个非零值。可以想象，若 $K \ll N$，则测量数据中包含大量的冗余信息($N-K$ 个零)，浪费更多的存储空间。

若采用降维的投影操作，针对一个 N 维信号 $\boldsymbol{x} \in \mathbf{R}^N$，通过一个测量矩阵 $\boldsymbol{\Phi}$ 获取 M 个线性测量值，该采样过程可描述为

$$\boldsymbol{Y} = \boldsymbol{\Phi x} \tag{3.1}$$

式中，$\boldsymbol{\Phi}$ 为 $M \times N$ 维测量矩阵；$\boldsymbol{Y} \in \mathbf{R}^M$ 为测量向量(measurement vector)。

如图 3.3 所示为压缩感知数学模型示意图。通常来说，$M \ll N$，即矩阵 $\boldsymbol{\Phi}$ 的列数远多于行数，这就是标准的压缩感知过程。观测向量 $\boldsymbol{Y}$ 可认为是对原始信号压缩采样之后所得到的样本序列。值得注意的是，由于 $M \ll N$，式(3.1)为欠定方程组，由观测向量 $\boldsymbol{Y}$ 无法直接恢复原始信号 $\boldsymbol{x}$，会产生无数个方程的解。

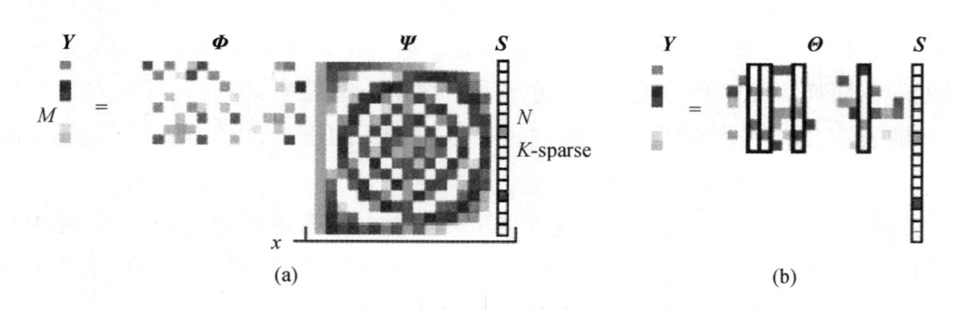

图 3.3　压缩感知数学模型示意图

在自然界中，很多信号本身不具有稀疏性，然而却会在某些变换域或框架下表现出稀疏特性，如

$$\boldsymbol{x} = \boldsymbol{\Psi s} \tag{3.2}$$

式中，$\boldsymbol{\Psi}$ 为变换域矩阵；$\boldsymbol{s}$ 为 $\boldsymbol{x}$ 在变换域中的系数，其中存在少数个非零元素，具有一定的稀

疏性。

将式(3.2)代入式(3.1),可得

$$\boldsymbol{Y}=\boldsymbol{\Phi}\boldsymbol{\Psi}\boldsymbol{s}=\boldsymbol{\Theta}\boldsymbol{s} \tag{3.3}$$

式中,$\boldsymbol{\Theta}$ 是测量矩阵 $\boldsymbol{\Phi}$ 与变换矩阵 $\boldsymbol{\Psi}$ 的乘积。

式(3.3)是一个典型的压缩感知问题,该问题主要讨论在稀疏性约束条件下,如何有效地从观测向量 $\boldsymbol{Y}$ 恢复或重建出稀疏信号 $\boldsymbol{s}$。由此可以看出,压缩感知理论建立在信号存在稀疏结构的基础上,一个特性就是在一个信号的空间表示下,少部分的系数就包含了信号大部分的能量。

在压缩感知理论研究中,主要存在三方面研究内容,即信号的稀疏表示、测量矩阵的设计及信号重构算法/稀疏信号恢复技术。下面分别讨论这三方面的内容。

3.3　信号的稀疏表示

在信号与信息处理领域,信号的有效表示是一个根本性的重要问题,基于正交变换或框架理论的表示技术受到广大学者的广泛关注。其中,信号的稀疏表示即为其中的典型代表,就是把信号转换到一个新的基或框架下,在变换域上用尽量少的基函数来准确表达原始信号,当基函数非零系数的个数远远小于原始信号的维数时,即可通过少量的非零系数揭示信号的本质,这些少量的非零系数称为原始信号的稀疏表示。

信号的稀疏表示问题的研究由来已久,从傅里叶变换到小波变换再到后来的多尺度几何分析,广大学者都是为了研究如何在不同的函数空间为信号提供一种更加简洁而且直接的分析方式,所有的这些变换都是为了发掘信号的特征并稀疏表示它,也可以说是旨在提高信号的非线性函数逼近能力,进一步研究用空间的一组基表示信号的稀疏度或分解稀疏的能量集中程度。为后续讨论方便,首先对向量空间基本概念进行简单介绍。

3.3.1　向量空间基本概念

1.向量空间

矢量空间 $\boldsymbol{V}$ 是用两种运算将矢量联系起来的元素集合。第一种运算是加法,任取两个元素 $\boldsymbol{x},\boldsymbol{y}\in\boldsymbol{V}$,构造出矢量 $\boldsymbol{x}+\boldsymbol{y}\in\boldsymbol{V}$,称为 $\boldsymbol{x}$ 与 $\boldsymbol{y}$ 的和。第二种运算是标量乘法,任取一个元素 $\boldsymbol{x}\in\boldsymbol{V}$ 及一个标量 α,构造出矢量 $\alpha\boldsymbol{x}\in\boldsymbol{V}$,称为 $\boldsymbol{x}$ 与 α 的标量积。并要求加法和标量乘法满足下面的公理:

(1)加法交换律(commutative law of addition)

$$\boldsymbol{x}+\boldsymbol{y}=\boldsymbol{y}+\boldsymbol{x},\ \forall\boldsymbol{x},\boldsymbol{y}\in\boldsymbol{V} \tag{3.4}$$

(2)加法结合律(associative law of addition)

$$\boldsymbol{x}+\boldsymbol{y}+\boldsymbol{z}=\boldsymbol{x}+(\boldsymbol{y}+\boldsymbol{z}),\ \forall\boldsymbol{x},\boldsymbol{y},\boldsymbol{z}\in\boldsymbol{V} \tag{3.5}$$

(3)零向量存在性

在矢量空间 $\boldsymbol{V}$ 中存在唯一的一个零向量 $\boldsymbol{0}$,使得对于任意的 $\boldsymbol{x}\in\boldsymbol{V}$,恒有

$$\boldsymbol{0}+\boldsymbol{x}=\boldsymbol{x} \tag{3.6}$$

(4)负向量存在性

给定一个向量 $\boldsymbol{x} \in \boldsymbol{V}$,存在另一个向量 $-\boldsymbol{x} \in \boldsymbol{V}$,使得

$$\boldsymbol{x} + (-\boldsymbol{x}) = (-\boldsymbol{x}) + \boldsymbol{x} = \boldsymbol{0} \tag{3.7}$$

(5)标量乘法的结合律(associative law of scalar multiplication)

对于任意的矢量 $\boldsymbol{x} \in \boldsymbol{V}$ 及任意的标量 α、β,恒有

$$\alpha\beta\boldsymbol{x} = \alpha(\beta\boldsymbol{x}) \tag{3.8}$$

(6)标量乘法的分配律(distributive law of scalar multiplication)

对于任意的矢量 $\boldsymbol{x},\boldsymbol{y} \in \boldsymbol{V}$ 及任意的标量 α,恒有

$$\alpha(\boldsymbol{x} + \boldsymbol{y}) = \alpha\boldsymbol{x} + \alpha\boldsymbol{y} \tag{3.9}$$

(7)标量乘法的分配律

对于任意的矢量 $\boldsymbol{x} \in \boldsymbol{V}$ 及任意的标量 α,β,恒有

$$(\alpha + \beta)\boldsymbol{x} = \alpha\boldsymbol{x} + \beta\boldsymbol{x} \tag{3.10}$$

(8)标量乘法的单位律(unity law of scalar multiplication)

对于任意的矢量 $\boldsymbol{x} \in \boldsymbol{V}$,恒有

$$1\boldsymbol{x} = \boldsymbol{x} \tag{3.11}$$

2. 向量内积

假设 $\boldsymbol{V}$ 是复矢量空间,若对所有的 $\boldsymbol{x},\boldsymbol{y},\boldsymbol{z} \in \boldsymbol{V}$,函数 $\langle \boldsymbol{x},\boldsymbol{y} \rangle : \boldsymbol{V} \times \boldsymbol{V} \mapsto \boldsymbol{C}$ 满足以下内积公理,则函数 $\langle \boldsymbol{x},\boldsymbol{y} \rangle$ 称为矢量 $\boldsymbol{x}$ 与矢量 $\boldsymbol{y}$ 的内积。

(1)非负性

对于任意的矢量 $\boldsymbol{x}$,均有

$$\langle \boldsymbol{x},\boldsymbol{x} \rangle \geqslant 0 \tag{3.12}$$

当且仅当 $\boldsymbol{x} = 0$ 时

$$\langle \boldsymbol{x},\boldsymbol{x} \rangle = 0 \tag{3.13}$$

(2)可加性

对于任意的矢量 $\boldsymbol{x},\boldsymbol{y},\boldsymbol{z}$,均有

$$\langle \boldsymbol{x} + \boldsymbol{y},\boldsymbol{z} \rangle = \langle \boldsymbol{x},\boldsymbol{z} \rangle + \langle \boldsymbol{y},\boldsymbol{z} \rangle \tag{3.14}$$

(3)齐次性

对于任意的矢量 $\boldsymbol{x},\boldsymbol{y}$ 及复常数 c,均有

$$\langle c\boldsymbol{x},\boldsymbol{y} \rangle = c^* \langle \boldsymbol{x},\boldsymbol{y} \rangle \tag{3.15}$$

式中,$(\cdot)^*$ 表示复共轭。

(4)Hermitian 性

对于任意的矢量 $\boldsymbol{x},\boldsymbol{y}$,均有

$$\langle \boldsymbol{x},\boldsymbol{y} \rangle = \langle \boldsymbol{y},\boldsymbol{x} \rangle^* \tag{3.16}$$

3. 向量范数

假设 $\boldsymbol{V}$ 是复矢量空间,若对所有的 $\boldsymbol{x},\boldsymbol{y} \in \boldsymbol{V}$,函数 $\|\boldsymbol{x}\| : \boldsymbol{V} \mapsto \boldsymbol{R}$ 满足以下范数公理,则函数 $\|\boldsymbol{x}\|$ 称为矢量 $\boldsymbol{x}$ 的范数。

(1)非负性

对于任意的矢量 $\boldsymbol{x}$,均有

$$\|\boldsymbol{x}\| \geqslant 0 \tag{3.17}$$

当且仅当 $\boldsymbol{x}=0$ 时

$$\|\boldsymbol{x}\|=0 \tag{3.18}$$

(2)齐次性

对于任意的矢量 $\boldsymbol{x}$ 及复常数 c,均有

$$\|c\boldsymbol{x}\|=|c|\|\boldsymbol{x}\| \tag{3.19}$$

(3)三角不等式

对于任意的矢量 $\boldsymbol{x},\boldsymbol{y}$,均有

$$\|\boldsymbol{x}+\boldsymbol{y}\| \leqslant \|\boldsymbol{x}\|+\|\boldsymbol{y}\| \tag{3.20}$$

假设 $N\times1$ 维向量 $\boldsymbol{x}=[x_1,x_2,\cdots,x_N]^{\mathrm{T}}$,根据以上范数的定义,下面介绍几种常用的向量范数。

(1)l_1 范数(1 范数)

$$\|\boldsymbol{x}\|_1=\sum_{i=1}^{N}|x_i|=|x_1|+|x_2|+\cdots+|x_N| \tag{3.21}$$

(2)l_2 范数(Euclidean 范数或 Frobenius 范数)

$$\|\boldsymbol{x}\|_2=\left(\sum_{i=1}^{N}|x_i|^2\right)^{\frac{1}{2}}=(|x_1|^2+|x_2|^2+\cdots+|x_N|^2)^{\frac{1}{2}} \tag{3.22}$$

(3)l_∞ 范数(无穷范数或极大范数)

$$\|\boldsymbol{x}\|_\infty=\max(|x_1|+|x_2|+\cdots+|x_N|) \tag{3.23}$$

(4)l_p 范数(Holder 范数)

$$\|\boldsymbol{x}\|_2=\left(\sum_{i=1}^{N}|x_i|^p\right)^{\frac{1}{p}}=(|x_1|^p+|x_2|^p+\cdots+|x_N|^p)^{\frac{1}{p}},p\geqslant1 \tag{3.24}$$

从以上范数的定义可以看出,当 $p=2$ 时,l_p 范数与 l_2 范数等价。此外,值得注意的是,l_∞ 范数是 l_p 范数的极限形式,即

$$\|\boldsymbol{x}\|_\infty=\lim_{p\to\infty}\left(\sum_{i=1}^{N}|x_i|^p\right)^{\frac{1}{p}} \tag{3.25}$$

4. 子空间的基

设向量空间 $\boldsymbol{V}$ 中有 n 个线性无关向量 $\boldsymbol{\alpha}_1,\boldsymbol{\alpha}_2,\cdots,\boldsymbol{\alpha}_n$,而且 $\boldsymbol{V}$ 中任何一个向量 $\boldsymbol{\alpha}$ 都可由 $\boldsymbol{\alpha}_1,\boldsymbol{\alpha}_2,\cdots,\boldsymbol{\alpha}_n$ 线性表示,即

$$\boldsymbol{\alpha}=k_1\boldsymbol{\alpha}_1+k_2\boldsymbol{\alpha}_2+\cdots+k_n\boldsymbol{\alpha}_n \tag{3.26}$$

则称 $\boldsymbol{\alpha}_1,\boldsymbol{\alpha}_2,\cdots,\boldsymbol{\alpha}_n$ 为 $\boldsymbol{V}$ 的一个基,$(k_1,k_2,\cdots,k_n)^{\mathrm{T}}$ 为 $\boldsymbol{\alpha}$ 在基 $\boldsymbol{\alpha}_1,\boldsymbol{\alpha}_2,\cdots,\boldsymbol{\alpha}_n$ 下的坐标。这时,就称 $\boldsymbol{V}$ 为 n 维线性空间,并记 $\dim\boldsymbol{V}=n$。

令 $\boldsymbol{\alpha}_1,\boldsymbol{\alpha}_2,\cdots,\boldsymbol{\alpha}_n$ 为向量空间 $\boldsymbol{V}$ 的一个基,若这些基向量满足正交条件

$$\langle\boldsymbol{\alpha}_i,\boldsymbol{\alpha}_j\rangle=\boldsymbol{\alpha}_i^{\mathrm{T}}\boldsymbol{\alpha}_j=0,\forall i\neq j \tag{3.27}$$

则称这些基向量为正交基向量。

5. 投影定理

设 $\boldsymbol{V}$ 是向量空间,$\boldsymbol{H}$ 是 $\boldsymbol{V}$ 内的 n 维子空间。若对于 $\boldsymbol{V}$ 中的向量 $\boldsymbol{x}$,在子空间 $\boldsymbol{H}$ 内有一

个向量 $\hat{\boldsymbol{x}}$,使得 $\boldsymbol{x}-\hat{\boldsymbol{x}}$ 与 $\boldsymbol{H}$ 中的每一个向量 $\boldsymbol{y}$ 都满足正交条件,即

$$\langle \boldsymbol{x}-\hat{\boldsymbol{x}},\boldsymbol{y}\rangle =0 \tag{3.28}$$

则不等式$\boldsymbol{x}-\hat{\boldsymbol{x}}\leqslant \boldsymbol{x}-\boldsymbol{y}$对于所有的向量 $\boldsymbol{y}\in \boldsymbol{H}$ 成立,并且等号仅当 $\boldsymbol{y}=\hat{\boldsymbol{x}}$ 时成立。

投影定理表明,当 $\boldsymbol{H}$ 是有限维的子空间时,向量 $\boldsymbol{x}$ 到该子空间的投影 $\hat{\boldsymbol{x}}$ 唯一存在。相类似,向量 $\boldsymbol{x}$ 到子空间 $\boldsymbol{H}$ 的正交补 $\boldsymbol{H}^{\perp}$ 上的投影则称为正交投影。

3.3.2 稀疏信号表示

通常而言,许多实际工程中的信号都可以由正交基表示,即设计一组正交基,使得信号在该组正交基下能够被稀疏表示。在信号处理中,通过获得信号更加稀疏的表示,可有效降低信号的复杂度,减小信号传输、存储的成本。

设 N 维矢量信号 $\boldsymbol{x}\in \mathbf{R}^{N}$,在标准正交基 $\boldsymbol{\Psi}_1,\boldsymbol{\Psi}_2,\cdots,\boldsymbol{\Psi}_N$ 下可以表示成 N 个单位正交基的线性组合,即

$$\boldsymbol{x}=\sum_{n=1}^{N}\alpha_n\boldsymbol{\Psi}_n=\boldsymbol{\Psi}\boldsymbol{\alpha} \tag{3.29}$$

式中,$\boldsymbol{\Psi}=[\boldsymbol{\Psi}_1,\boldsymbol{\Psi}_2,\cdots,\boldsymbol{\Psi}_N]$称为正交基矩阵,列向量 $\boldsymbol{\Psi}_n$ 为基函数,$\boldsymbol{\alpha}=[\alpha_1,\alpha_2,\cdots,\alpha_N]^{\mathrm{T}}$ 是系数向量。

根据投影定理,在标准正交基 $\boldsymbol{\Psi}_1,\boldsymbol{\Psi}_2,\cdots,\boldsymbol{\Psi}_N$ 下的系数向量可以表示为信号与对应基函数的内积,即

$$\boldsymbol{\alpha}=\boldsymbol{\Psi}^{\mathrm{T}}\boldsymbol{x} \tag{3.30}$$

显而易见,$\boldsymbol{x}$ 和 $\boldsymbol{\alpha}$ 分别是同一个信号的不同表示,两者是等价的。$\boldsymbol{x}$ 代表信号的时域表示,$\boldsymbol{\alpha}$ 代表信号的 $\boldsymbol{\Psi}$ 域表示。

若 $\boldsymbol{\alpha}$ 只有 K 个系数较大($K\ll N$),则称 $\boldsymbol{x}$ 是可压缩的,也可称 $\boldsymbol{x}$ 是 K – 稀疏的。当然,也可以从范数的角度定义信号的稀疏性,根据 l_p 范数的定义,若 $\boldsymbol{\alpha}$ 满足

$$\|\boldsymbol{\alpha}\|_p\leqslant K \tag{3.31}$$

对于实数 $0<p<2$ 和 $K>0$ 同时成立,则称 $\boldsymbol{x}$ 在变换域 $\boldsymbol{\psi}$ 下是稀疏的。尤其是,当 $p=0$ 时,称信号 $\boldsymbol{x}$ 在变换域 $\boldsymbol{\psi}$ 下是 K – 稀疏的。

通常情况下,实际工程中的信号都是非稀疏的,但在某些变换域 $\boldsymbol{\psi}$ 上,能够得到这些信号的稀疏表示。例如,对于一幅自然图像,几乎所有的像素值都是非零的,但是将其变换到小波域时,大多数小波系数的绝对值都接近于零,并且有限的大系数能够表示出原始图像的绝大部分信息。如何找到给定信号的稀疏域并对其进行稀疏表示是压缩感知理论的应用基础和前提。只有选择合适的变换基 $\boldsymbol{\psi}$ 来表示信号才能保证信号的稀疏程度,从而保证信号的重构精度。2007 年,Peyre 将一个正交基拓展成多个正交基,构成正交基冗余字典。在该字典中,可根据信号的不同类型及特点,寻找到与信号特性相适合的一组正交基,进而对信号变换分解,以得到信号的稀疏表示。2008 年,Rauhut 研究团队将压缩感知对信号稀疏性的要求进一步放宽,证明在一般的冗余字典中,当冗余字典和采样点数满足一定的要求时,可由不完整的采样数据有效地恢复出原始信号。从标准正交基到一般的冗余字典,对信号稀疏性约束的条件越来越宽松,这也为压缩感知技术在实际工程中的进一步应用提供了有力保障。

3.4 测量矩阵的设计

在压缩感知理论中，当可压缩信号经过变换得到原始信号的稀疏表示后，我们需要设计一个观测矩阵 $\boldsymbol{\Phi}$，使得在这个观测矩阵上的压缩投影得到的 M 个观测值能够包含原始信号的绝大部分信息，使原始信号的信息损失最小，从而保证从观测值里对信号精确重构，即保证从这些少量的测量值中能够精确重构出长度为 $N(M\ll N)$ 的原始信号。换言之，参照式(3.1)，对于原始信号 $\boldsymbol{x}$，设计非自适应观测矩阵 $\boldsymbol{\Phi}$，使得由信号映射到低维空间中得到的观测向量 $\boldsymbol{Y}$ 能够包含原始信号的全部信息，从而使信号的恢复成为可能。

纵观现阶段压缩感知理论有关观测矩阵的研究内容，可以看出，对稀疏信号进行压缩观测的观测矩阵通常采用的是局部正交矩阵或者随机矩阵。不同类型观测矩阵的选取将直接影响观测数据的大小、原始信号恢复的精度等。目前，如何设计最有效的观测矩阵仍然是压缩感知研究领域的关键问题。研究表明，选取随机矩阵作为观测矩阵是该领域的里程碑式创新，例如高斯矩阵、伯努力矩阵、二值随机矩阵等。

压缩感知理论框架下的测量数据 $\boldsymbol{y}=[y_1,y_2,\cdots,y_M]^{\mathrm{T}}$ 不对信号直接进行采样，而是原始信号与设计的测量矩阵 $\boldsymbol{\Phi}$ 的内积，即

$$y_j=\langle \boldsymbol{x},\boldsymbol{\varphi}_j\rangle \quad \text{or} \quad \boldsymbol{y}=\boldsymbol{\Phi x}=\boldsymbol{\Phi\Psi s}=\boldsymbol{\Theta s} \tag{3.32}$$

式中，测量矩阵 $\boldsymbol{\Phi}$ 的维数为 $M\times N$，且 $M\ll N$。$\boldsymbol{\varphi}_j$ 为测量矩阵 $\boldsymbol{\Phi}$ 的第 j 列向量。这里的采样过程是非自适应的，即 $\boldsymbol{\Phi}$ 无须根据信号 $\boldsymbol{x}$ 而变化，测量不再是信号的点采样，而是信号更一般的线性泛函。

当 $M\ll N$ 时，$\boldsymbol{y}=\boldsymbol{\Phi x}$ 为欠定方程，无法直接通过方程求解得到信号 $\boldsymbol{x}$。然而，压缩感知理论表明，对于稀疏或可压缩信号，当感知矩阵 $\boldsymbol{\Theta}=\boldsymbol{\Phi\Psi}$ 满足一定条件时，可以通过求解最优化问题以很高的概率实现该信号的精确重构。对此，E. Candès 和 T. Tao 提出的约束等距条件和 D. Donoho 提出的不一致性条件等给出了信号稀疏重构的充分条件。

接下来，将从不同角度对观测矩阵进行分析，介绍压缩感知理论体系中测量矩阵应具有的一些特性，明确何种测量矩阵特性可以保障从观测数据中精确重构原始信号。

3.4.1 零空间特性

我们首先从测量矩阵 $\boldsymbol{\Phi}$ 的零空间定义入手，测量矩阵 $\boldsymbol{\Phi}$ 的零空间定义为

$$N(\boldsymbol{\Phi})=\{\boldsymbol{x}\mid\boldsymbol{\Phi x}=0\} \tag{3.33}$$

对于任意给定的稀疏信号 $\boldsymbol{x}$，若要通过测量值 $\boldsymbol{\Phi x}$ 精确地重建出该稀疏信号 $\boldsymbol{x}$，则对于任何两个不同的矢量信号 $\boldsymbol{x}$ 和 $\hat{\boldsymbol{x}}$ ($\boldsymbol{x},\hat{\boldsymbol{x}}\in\sum_K=\{z:\|z\|_0\leqslant K\}$)，必须满足 $\boldsymbol{\Phi x}\neq\boldsymbol{\Phi}\hat{\boldsymbol{x}}$。也就是说，它们之间要满足一一映射的关系，否则基于测量值 $\boldsymbol{\Phi x}$ 将无法区别 $\boldsymbol{x}$ 和 $\hat{\boldsymbol{x}}$。

除了上述表达外，还常用 spark 来表达矩阵的这种性质。spark 是由英文单词 sparse 和 rank 合成而来的。一个矩阵 $\boldsymbol{\Phi}$ 的 spark 可以表达为

$$\operatorname{spark}(\boldsymbol{\Phi})=\min_{x\neq0}\|\boldsymbol{x}\|_0,\ \text{s. t. } \boldsymbol{\Phi x}=0 \tag{3.34}$$

式中,s. t. 是 subject to 的缩写,表示“约束于”。一个矩阵 $\boldsymbol{\Phi}$ 的 spark 是指矩阵 $\boldsymbol{\Phi}$ 的列向量中最少线性相关列向量的个数。

定理 1:对于任一矢量信号 $\boldsymbol{y}\in\mathbf{R}^M$,当且仅当 spark($\boldsymbol{\Phi}$) $>2K$ 时,最多存在一个稀疏信号 $\boldsymbol{x}\in\mathbf{R}^N$,使得 $\boldsymbol{y}=\boldsymbol{\Phi x}$。

上述定理 1 应用于处理严格稀疏矢量信号,但处理近似稀疏信号时,则需要考虑更为严格的条件。

定理 2:假设矩阵 $\boldsymbol{\Phi}:\mathbf{R}^N\to\mathbf{R}^M$ 是一个测量矩阵,$\boldsymbol{\Phi}^{-1}:\mathbf{R}^M\to\mathbf{R}^N$ 表示任意一种重构算法。如果($\boldsymbol{\Phi},\boldsymbol{\Phi}^{-1}$)满足

$$\|\boldsymbol{\Phi}^{-1}(\boldsymbol{\Phi x})-\boldsymbol{x}\|_2\leqslant\frac{C\min\|\boldsymbol{x}-\hat{\boldsymbol{x}}\|_1}{\sqrt{K}} \tag{3.35}$$

则矩阵 $\boldsymbol{\Phi}$ 满足 $2K$ 阶零空间特性。其中,C 表示存在某一常数,$\hat{\boldsymbol{x}}$ 表示通过重构算法重建出具有 K 个非零元素的近似解。$\min\|\boldsymbol{x}-\hat{\boldsymbol{x}}\|_1$ 表示去除 $\boldsymbol{x}$ 的 K 个幅值最大的元素后矢量信号的 l_1 范数。

上述定理 2 给出了能够重建稀疏信号的保证条件,同时明确了通过重构后的误差最大值。它称为具有普适性的重建条件,可用于衡量任意稀疏信号的重建效果。

结合传统的阵列信号模型可以看出,阵列信号模型中导向矢量矩阵等价于压缩感知理论模型中的过完备字典,如果在阵列信号模型上应用理论进行信号稀疏重建,则要求导向矢量矩阵必须满足 Spark 约束条件。在水下声信号模型中,实际的信源数量在空间维度上是稀疏的,并且满足 $N>2K$。此外,导向矢量矩阵是非奇异矩阵,矩阵中的列向量互不相关。因此,导向矢量矩阵必然满足 spark 约束条件,能够保障空间稀疏信号的重构及恢复。

3.4.2 约束等距性质(restricted isometry properties,RIP)

上述讨论的零空间特性是在没有噪声干扰影响下,推导出的确保稀疏信号能够重构恢复的必要条件。然而,在实际工程应用中,噪声干扰必然存在,因此需要进一步讨论更加严格的稀疏信号重建条件。

定理 3:如果存在 $\delta_K\in(0,1)$,使得对于所有向量 $\boldsymbol{x}\in\{\boldsymbol{x}:\|\boldsymbol{x}\|_0\leqslant K\}$,均满足条件

$$(1-\delta_K)\|\boldsymbol{x}\|_2^2\leqslant\|\boldsymbol{\Phi x}\|_2^2\leqslant(1+\delta_K)\|\boldsymbol{x}\|_2^2 \tag{3.36}$$

若针对所有 K 阶稀疏信号矢量 $\boldsymbol{x}$ 均满足上式的最小常数 δ_K,则矩阵 $\boldsymbol{\Phi}$ 满足 K 阶约束等距特性,δ_K 称为矩阵 $\boldsymbol{\Phi}$ 的约束等距常数,简记为 RIP $-(K,\delta_K)$。

上述定理是由 Candes 和 Tao 引入的,主要用来描述在实际工程应用中稀疏信号可以重构恢复的条件,在整个压缩感知理论研究中具有举足轻重的地位。

值得注意的是,若某个矩阵满足 RIP 条件,是指对于特定的两个参数 δ_K 和 K 而言,式(3.36)对于任意 $\boldsymbol{x}\in\{\boldsymbol{x}:\|\boldsymbol{x}\|_0\leqslant K\}$ 均成立。研究表明,满足 K 阶约束等距性质的矩阵,随机抽取其中 K 列矢量,这些列矢量之间是近似正交的。所谓近似正交,是因为这个子集的行列长度不同,故不可能是真正正交。如果矩阵 $\boldsymbol{\Phi}$ 满足 $2K$ 阶约束等距特性,则任何一对 K 阶稀疏的矢量经过矩阵 $\boldsymbol{\Phi}$ 的线性变换后,它们之间的欧几里得距离几乎保持不变,即测量矩阵近似地保持两个 K 阶稀疏矢量间的欧几里得距离。也就是说,K 阶稀疏的矢量信号没有

在测量矩阵的零空间中,否则将无法重构原始信号。矩阵的约束等距性质是利用 l_1 范数最小化方法恢复重构稀疏信号的充分非必要条件,满足约束等距性质意味着信号恢复重建具有稳定性和鲁棒性。

通过上面的分析可见,对于阵列信号处理模型而言,若导向矢量矩阵满足约束等距性质,就可以由阵列接收数据通过压缩感知稀疏重建算法精确地恢复出原始信号。然而,在实际应用中,对导向矢量矩阵的约束等距性质进行验证复杂度很高,尤其是当矩阵维数较大时,约束等距性质很难得到验证。因而在很多情况下,相比于直接验证 RIP 条件,更需要另外一种简便、易计算的矩阵性质来确保原始信号的稀疏重建,而矩阵的"非相关性"恰恰具有这种特性,其考虑矩阵的相干系数更加容易,因此得到广泛应用。

3.4.3 非相关性

线性代数理论中有关矩阵相关性的定义描述如下:

假设 $M\times N$ 维测量矩阵 $\boldsymbol{\Phi}$,其相关性 $\mu(\boldsymbol{\Phi})$ 定义为矩阵中任意两个列向量 $\boldsymbol{\Phi}_i,\boldsymbol{\Phi}_j$ 归一化后的内积绝对值的最大值

$$\mu(\boldsymbol{\Phi})=\max\frac{|\boldsymbol{\Phi}_i^{\mathrm{T}}\boldsymbol{\Phi}_j|}{\|\boldsymbol{\Phi}_i\|_2\|\boldsymbol{\Phi}_j\|_2},1\leqslant i\leqslant j\leqslant N \tag{3.37}$$

从式(3.37)可以明显得出,矩阵的相关性取值通常会介于一个范围之间:$\mu(\boldsymbol{\Phi})\in\left[\sqrt{\frac{N-M}{M(N-1)}},1\right]$,这个下边界 $\sqrt{\frac{N-M}{M(N-1)}}$ 通常称为 Welch 界。值得注意的是,当 $M\ll N$ 时,Welch 下界近似表示为 $\frac{1}{\sqrt{M}}$。

研究学者 Donoho 和 Huo 将以上矩阵相关性的定义引入压缩感知理论研究中,将矩阵相关性定义为

$$\mu(\boldsymbol{\Phi})=\sqrt{N}\cdot\max|\Phi_{i,j}|,1\leqslant i\leqslant j\leqslant N \tag{3.38}$$

以上矩阵相关性的定义是将所有元素中幅值最大的值定义为该矩阵的相关性。

研究表明,当测量值的个数 M 满足下面条件时,原始稀疏信号才会以极高的概率得到恢复与重建。

$$M\geqslant C\cdot K\cdot\mu(\boldsymbol{\Phi})\cdot\mathrm{In}(N) \tag{3.39}$$

特别地,当采用最小化 l_1 范数的方法来重建恢复原始稀疏信号时,观测数据的个数 M 需满足条件

$$M\geqslant K\cdot\mu(\boldsymbol{\Phi})\cdot\mathrm{In}(N) \tag{3.40}$$

从式(3.39)和式(3.40)可以看出,测量矩阵的相关性越弱,重构恢复原始稀疏信号所需要的采样个数就越少(即采样效率越高),越能满足多阶的 RIP,有利于精确重构信号,利用压缩感知理论进行稀疏信号重构性的性能就越好。反之,测量矩阵的相关性越强,重构恢复原始稀疏信号所需要的采样个数就越多,即采样效率越低。对于阵列信号模型中的导向矢量矩阵而言,某方向的导向矢量仅与附近方向的其他导向矢量具有较高的相关性,而与较远方向导向矢量具有较低的相关性,满足约束等距性质及条件。

目前,已经出现的常用测量矩阵有高斯随机矩阵、二值随机矩阵、局部傅里叶变换矩

阵等。

(1)高斯随机矩阵

对于一个 $M\times N$ 维高斯随机矩阵 $\boldsymbol{\Phi}$，当 $M\geqslant C\cdot K(\log\frac{N}{K})$ 时，感知矩阵 $\boldsymbol{\Theta}$ 在很大概率下具有 RIP 性质。此外，高斯随机矩阵与大多数固定正交基构成的矩阵不相关，这一特性也决定了选它作为测量矩阵、其他正交基作为稀疏变换基时，$\boldsymbol{\Theta}$ 满足 RIP 等稀疏重构性质。因此，可以生成多个服从 $N\left(0,\frac{1}{N}\right)$ 独立正态分布的高斯随机变量，将它们作为测量矩阵 $\boldsymbol{\Phi}$ 的元素。

(2)二值随机矩阵

二值随机矩阵是指矩阵中每个值都服从对称伯努利分布 $P\left(\varphi_{ij}=\pm\frac{1}{\sqrt{M}}\right)=\frac{1}{2}$。研究表明，当 $K\leqslant C\cdot M\left(\log\frac{N}{M}\right)$ 时，压缩信号重构将以极高的概率精确重构信号，并且重构速度很快。伯努利分布的 ±1 矩阵提供了一种硬件上简单可行的压缩感知方式。

(3)局部傅里叶矩阵

局部傅里叶矩阵是从傅里叶矩阵中随机抽取 M 行，再对列进行单位正则化得到的矩阵。局部傅里叶矩阵的一个突出优点是可以利用快速傅里叶变换得到，大大降低了采样系统的复杂性，提高了采样系统的效率。然而，由于局部傅里叶矩阵仅仅与时域的稀疏信号不相关，应用范围受到了限制。

(4)其他测量矩阵

其他常见的能使感知矩阵满足稀疏重构条件的测量矩阵还包括一致球测量矩阵、局部哈达玛测量矩阵及托普利兹矩阵和循环矩阵等。此外，D. Donoho 等提出了结构化随机矩阵，该类矩阵具有与几乎所有其他正交矩阵(单位阵和极度稀疏矩阵除外)不相关的优点，可以分解成定点、结构化分块对角矩阵与随机置换向量或伯努利向量点积的形式。该矩阵可以看成高斯随机矩阵/伯努利矩阵与部分傅里叶变换矩阵的混合模型，并保持了各自的优点。

3.5 信号重构算法/稀疏信号恢复技术

前述内容主要讨论了压缩感知相关的理论基础，包括信号的稀疏表示方法和测量矩阵的设计。我们知道，压缩感知通过测量矩阵对原始信号同时进行采样和压缩，也就是说，采样和压缩两个过程是同时完成的，因而若要恢复原始信号，需要一个稀疏信号的重构过程。

稀疏信号重构过程是压缩感知理论的核心问题，其关键点在于如何基于测量数据 $\boldsymbol{y}$ 精确地重构恢复出原始的稀疏信号 $\boldsymbol{x}$。长期以来，广大专家学者一直致力于寻找高效、稳健和精确的重构算法。通常而言，设计稀疏信号重构算法需要考虑多种因素，大体包括以下三个方面内容：

(1)如何采用数量较少的测量值稳定地重建稀疏信号;

(2)重构算法要具有较强的噪声及干扰鲁棒性;

(3)重构算法的执行速度要具有高效性。

如前所述,稀疏信号重构算法的目的是从 M 个测量值中重构出长度为 $N(M \ll N)$ 的稀疏信号。当 $M \ll N$ 时,式 $\boldsymbol{y} = \boldsymbol{\Phi x}$ 为欠定方程,无法直接通过方程求解得到信号 $\boldsymbol{x}$。传统的方程组求解思路是寻找使其能量(l_2 - 范数)最小时的值,即

$$\min \|\boldsymbol{s}\|_2 \quad \text{s.t.} \quad \boldsymbol{y} = \boldsymbol{\Theta s} \tag{3.41}$$

式中,s.t. 表示“约束于”。式(3.41)是基于 l_2 - 范数的最优化问题,其解析解可以通过伪逆表达为

$$\boldsymbol{s} = \boldsymbol{\Theta}^{\mathrm{T}}(\boldsymbol{\Theta\Theta}^{\mathrm{T}})^{-1}\boldsymbol{y} \tag{3.42}$$

然而,l_2 - 范数最小化问题求解的核心思想旨在约束信号的能量,而不是信号的稀疏特性。因此,式(3.42)几乎无法求得原问题的稀疏解。文献[59][63]指出,由于信号本身是稀疏的或可压缩的,若感知矩阵 $\boldsymbol{\Theta} = \boldsymbol{\Phi\Psi}$ 满足约束等距性质等稀疏重构条件,则该信号可以以很高的概率被稀疏重构出来。根据定义,衡量稀疏性最理想的方法是计量源信号 $\boldsymbol{s}$ 中非零元素的个数,该思想在数学上由 l_0 - 范数实现,即 $\|\boldsymbol{s}\|_0$。因此,信号重构问题可以通过求解最小 l_0 - 范数问题加以解决,即

$$\min \|\boldsymbol{s}\|_0 \quad \text{s.t.} \quad \boldsymbol{y} = \boldsymbol{\Theta s} \tag{3.43}$$

然而不幸的是,式(3.43)是一个组合最优化问题,其数值解不稳定,并且该问题是从一个冗余字典中寻找信号的稀疏扩展问题,属于 NP 难问题。在过去的几年里,广大学者提出了许多求解式(3.43)的算法,包括凸优化方法、贪婪算法(例如匹配跟踪、迭代阈值等)等。

3.5.1　凸优化算法

自从 20 世纪 40 年代以来,广大研究学者对优化理论进行了深入地研究,提出了多种优化问题及其求解方法。至今,凸优化问题受到广泛关注,已成为现阶段优化理论的典型代表。凸优化问题本质上是数学优化问题中的一类特殊问题,最小二乘、线性规划、二阶锥规划、半定规划等都属于其研究的范畴。随着人们的深入研究,凸优化理论已广泛应用于自动控制系统、信号检测与估计、统计数据分析、通信网络、电子电路设计等各研究领域。

一般而言,凸优化问题很难求解,求解过程不仅取决于目标函数和约束函数的具体形式,而且还与变量个数等多种因素有关。因此,凸优化问题的求解通常无法用数学解析式来明确表达,但可以通过循环迭代的数值算法得到稳定有效的最优解,内点法就是解决凸优化问题的有效工具。与此同时,为了方便凸优化算法在实际工程中的应用,研究者还开发了相应的计算求解工具软件,即 SEDUMI。

1. 凸优化问题

数学优化问题也可简称为优化问题,可表示为

$$\begin{cases} \min\limits_{x} f_0(\boldsymbol{x}) \\ \text{s.t.} f_i(\boldsymbol{x}) \leqslant b_i, \quad i = 1,2,\cdots,m \end{cases} \tag{3.44}$$

式中,$\boldsymbol{x} = (x_1, x_2, \cdots, x_n)$ 是最优化变量;$f_0: R^n \to R$ 为目标函数;$f_i: R^n \to R$ 为不等式约束函数;

常数 $b_1, b_2, \cdots, b_m$ 为约束界限。

我们通常考虑具有不同目标函数和约束函数形式的优化问题。

定义1:如果式(3.44)中目标函数和约束函数是线性的,即满足

$$f_i(\alpha \boldsymbol{x} + \beta \boldsymbol{y}) = \alpha f_i(\boldsymbol{x}) + \beta f_i(\boldsymbol{y}) \tag{3.45}$$

式中,$\boldsymbol{x}, \boldsymbol{y} \in \mathbf{R}^n$,$\alpha, \beta \in \mathbf{R}$,则称(3.44)式为线性优化问题。

定义2:设 S 为 n 维欧氏空间 $\mathbb{R}^n$ 中的一个集合。若对 S 中任意两点,联结它们的线段仍属于 S;换言之,对 S 中任意两点 $x^{(1)}, x^{(2)}$ 及每个实数 $\lambda \in [0,1]$,都有 $\lambda x^{(1)} + (1-\lambda) x^{(2)} \in S$,则称 S 为凸集。

定义3:设 S 为 $\mathbb{R}^n$ 中的非空凸集,f 是定义在 S 上的实函数。如果对任意的 $x^{(1)}, x^{(2)} \in S$ 及每个实数 $\lambda \in (0,1)$,均有

$$f(\lambda x^{(1)} + (1-\lambda) x^{(2)}) \leqslant \lambda f(x^{(1)}) + (1-\lambda) f(x^{(2)}) \tag{3.46}$$

则称 f 为 S 上的凸函数,如图3.4所示。

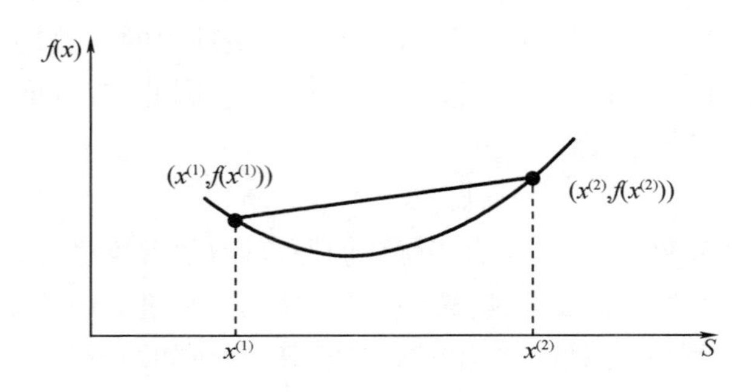

图3.4　凸函数示意图

根据上面描述的优化问题、凸集、凸函数的定义,我们可以给出凸优化问题的一般描述性定义。

定义4:如果式(3.44)中目标函数和约束函数是凸函数,即满足不等式

$$f_i(\alpha \boldsymbol{x} + \beta \boldsymbol{y}) \leqslant \alpha f_i(\boldsymbol{x}) + \beta f_i(\boldsymbol{y}) \tag{3.47}$$

式中,$\boldsymbol{x}, \boldsymbol{y} \in \mathbf{R}^n$,$\alpha, \beta \in \mathbf{R}$,并且 $\alpha + \beta = 1$,$\alpha \geqslant 0$,$\beta \geqslant 0$,则称式(3.44)为凸优化问题。

比较凸优化问题和线性优化问题中目标函数和约束函数所满足的条件式(3.45)和式(3.47)可以看出:凸优化问题比线性优化问题更具有一般性,是线性优化问题的拓展;从某种程度上来说,线性优化问题是一种特殊的凸优化问题。

考虑下面的问题,给出凸优化问题的数学定义:

$$\begin{cases} \min\limits_{\boldsymbol{x}} f_0(\boldsymbol{x}) \\ \text{s.t.}\ f_i(\boldsymbol{x}) \leqslant 0, \quad i = 1, 2, \cdots, m \\ \boldsymbol{a}_i^{\mathrm{T}} \boldsymbol{x} = \boldsymbol{b}_i, \quad i = 1, 2, \cdots, p \end{cases} \tag{3.48}$$

式中,$f_0, \cdots, f_m$ 为凸函数,问题的可行域为

$$S = \{\boldsymbol{x} | f_i(\boldsymbol{x}) \leqslant 0, \quad i = 1, 2, \cdots, m; \quad \boldsymbol{a}_i^{\mathrm{T}} \boldsymbol{x} = \boldsymbol{b}_i, \quad i = 1, 2, \cdots p\} \tag{3.49}$$

则上述问题称为凸优化问题。

从应用方式的角度来说，如果我们能够将一个实际问题表达或转化成凸优化问题，那么我们就可以对其进行建模并有效求解。但从判断优化问题类别的角度来说，我们能够较容易地判断一个问题是否为最小二乘及线性规划问题，却较难确定一个问题是否为凸优化问题，其主要原因在于凸优化问题的形式并不直观。

2. 二阶锥规划

定义5：给定一个集合 C 和任意一个常数 $\theta \geqslant 0$，若对于 C 中的每一个元素 $x \in C$，都有 $\theta x \in C$，则该集合 C 为锥。

定义6：一个集合 C 称为凸锥，需同时满足锥和凸集的定义，即对于任意的 $x_1, x_2 \in C$ 和 $\theta_1, \theta_2 \geqslant 0$，有 $\theta_1 x_1 + \theta_2 x_2 \in C$。

定义7：一个锥 $K \subseteq R^n$ 称为真锥(proper cone)，需要满足下面条件：

(1) K 为凸集；

(2) K 为闭合的；

(3) K 有非空内点；

(4) K 不包含直线。

定义8：二阶锥是在 Euclidean 范数条件下的范数锥(norm cone)，定义为

$$C = \{(x,t) \in \mathbf{R}^{n+1} \mid \|x\|_2 \leqslant t\} = \left\{ \begin{bmatrix} x \\ t \end{bmatrix} \middle| \begin{bmatrix} x \\ t \end{bmatrix}^{\mathrm{T}} \begin{bmatrix} I & 0 \\ 0 & -1 \end{bmatrix} \begin{bmatrix} x \\ t \end{bmatrix} \leqslant 0, t \geqslant 0 \right\} \tag{3.50}$$

如图3.5所示为 $\mathbf{R}^3$ 定义域中的二阶锥。

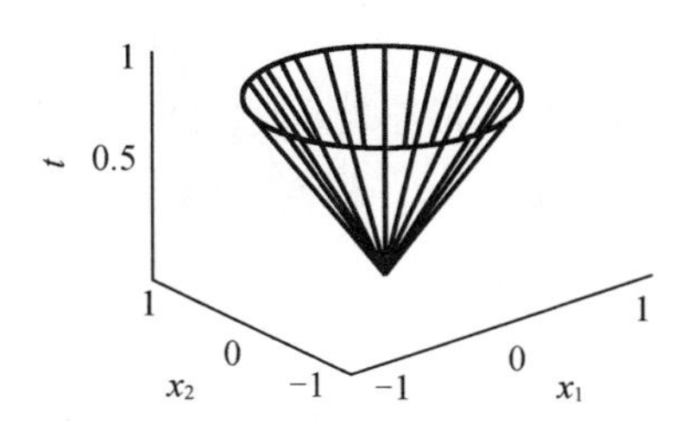

图3.5　二阶锥示意图

定义9：二阶锥规划(second - order cone program, SOCP)问题可表示为

$$\begin{cases} \min\limits_{x} f^{\mathrm{T}} x \\ \text{s.t.} \ |A_i x + b_i|_2 \leqslant c_i^{\mathrm{T}} x + d_i, \quad i = 1, 2, \cdots, m \\ Fx = g \end{cases} \tag{3.51}$$

式中，$x \in \mathbf{R}^n$ 为最优变量；$A_i \in \mathbf{R}^{n_i \times n}$；$F \in \mathbf{R}^{p \times n}$。约束形式 $\|Ax + b\|_2 \leqslant c^{\mathrm{T}} x + d$，$A \in \mathbf{R}^{k \times n}$ 称为二阶锥约束。

如前所述，内点法是求解凸优化问题的有效方法，该方法实质上是一种循环迭代算法，具有收敛速度快、计算精度高等优点，在实际工程中具有很强的应用性。我们虽然尚且不能说用内点法求解凸优化问题是一类成熟的技术，但对于凸优化问题中的特殊问题的求解，例如二阶锥规划问题(SOCP)，内点法已趋于成熟。

3. 矢量最优化问题及正则化方法

定义 10:矢量最优化问题定义为

$$
\begin{cases}
\min\limits_{x}(\text{with respect to } K) \quad f_0(x) \\
\text{s. t. } f_i(x) \leqslant 0, \quad i=1,2,\cdots,m \\
h_i(x)=0, \quad i=1,2,\cdots,p
\end{cases}
\tag{3.52}
$$

式中,$x \in \mathbf{R}^n$ 为最优变量;$K \subseteq \mathbf{R}^q$ 为真锥(proper cone);$f_0:\mathbf{R}^n \to \mathbf{R}^q$ 为目标函数;$f_i:\mathbf{R}^n \to \mathbf{R}$ 为不等式约束函数;$h_i:\mathbf{R}^n \to \mathbf{R}$ 为等式约束函数。

矢量最优化问题在 $\mathbf{R}^q$ 域内对目标函数进行取值,并通过真锥对目标函数值进行比较。从这种意义上来讲,标准的优化问题有时也称为标量最优化问题。

如果目标函数 f_0 是 K - 凸,不等式约束函数 $f_1,\cdots,f_m$ 是凸函数,不等式约束函数 $h_1,\cdots,h_p$ 是仿射函数(affine function),则称矢量最优化问题为凸矢量最优化问题。

双标准最优化问题(bi - criterion problem)是凸矢量最优化问题中的一种常见形式,该问题可以很自然地描述成具有两个目标函数$\|\boldsymbol{Ax}-\boldsymbol{b}\|$和$\|\boldsymbol{x}\|$的凸矢量最优化问题。

$$
\min(\text{w. r. t. } R_+^2) \quad (\|\boldsymbol{Ax}-\boldsymbol{b}\|,\|\boldsymbol{x}\|) \tag{3.53}
$$

该问题的目的是寻找一个矢量 $\boldsymbol{x}$,使其足够小,同时保证余数 $\boldsymbol{Ax}-\boldsymbol{b}$ 足够小。

正则化方法是解决双标准最优化问题的一种有效途径。通常,可以将式(3.53)转化成目标函数加权和的最小化问题,即

$$
\min\|\boldsymbol{Ax}-\boldsymbol{b}\|+\gamma\|\boldsymbol{x}\| \tag{3.54}
$$

式中,$\gamma>0$ 为约束参数。

或者转化成目标函数平方加权和的最小化问题,即

$$
\min\|\boldsymbol{Ax}-\boldsymbol{b}\|^2+\delta\|\boldsymbol{x}\|^2 \tag{3.55}
$$

式中,$\delta>0$ 为约束参数。

4. 稀疏信号优化恢复方法

研究表明,若信号相对感知矩阵 $\boldsymbol{\Theta}$ 足够稀疏,可以采用 l_1 范数代替 l_0 范数,则式(3.43)可以等价成最优化问题

$$
\min\|\boldsymbol{s}\|_1 \quad \text{s. t.} \quad \boldsymbol{y}=\boldsymbol{\Theta s} \tag{3.56}
$$

文献[60]证明了在满足一定条件时式(3.43)和式(3.56)的等价性。值得强调的是,式(3.56)本质上是一个凸优化问题,可转化成线性规划问题进行求解,该方法称为基追踪法(basis pursuit,BP),其计算复杂度为 $O(N^3)$。为了得到稀疏信号 $\boldsymbol{s}$,基追踪法在过完备字典中选择最优的 M 个原子来使信号 $\boldsymbol{s}$ 的 M 项非线性逼近达到最佳,因此需要构造一个最小化的目标函数或代价函数,利用寻优算法确定最佳的原子。而且,鉴于 l_1 范数具有凸性,可以方便求得其全局最优解。具体而言,问题(3.56)可以用内点法、梯度投影法及同伦算法求解。相比之下,内点法速度较慢但精度高,梯度投影法则具有很好的运算速度,而同伦算法对小尺度问题比较实用。接下来的讨论采用内点法求解最小范数优化问题来重构稀疏信号。

当考虑到测量值受噪声干扰时,可以将式(3.56)转化成一个更加通用的二阶锥规划问题以实现稀疏信号的重建,即

$$\min\|s\|_1 \quad \text{s.t.} \quad \|\Theta s - y\| \leqslant \sigma \tag{3.57}$$

式(3.57)的求解称为可抑制噪声的 l_1 范数最小化问题或二次约束基追踪问题。

综上所述,基于约束等距性质,l_1 范数最小化方法可以保证由观测数据有效重构恢复稀疏信号。具体而言,基追踪法采用变换系数的范数作为信号稀疏性的度量,通过最小化范数将稀疏信号恢复问题转化成约束极值问题,进而利用凸优化理论进行求解。然而,在实际工程应用中,当测量信号的维数较大时,稀疏信号重建的计算复杂度也会随之增大。为了解决优化算法的执行效率问题,贪婪算法受到广大专家学者的广泛青睐。

3.5.2　贪婪算法

贪婪算法是重建稀疏信号的另一类算法,该类算法利用迭代的方法,可以实现信号的快速恢复和重构,在每次迭代过程中根据局部最优解更新支撑集。尽管该类算法得到的最终结果不一定是全局最优解,但其具有较快的收敛速度和较好的实践性能,因此备受关注并得到广泛应用。

本质上讲,贪婪算法是通过稀疏逼近的方法来解决稀疏信号的重建问题,即利用测量数据重建出最具稀疏性的原始目标信号,换句话说,重建出非零个数最少的原始目标信号。概括而言,可以将贪婪算法概括为

$$\min\left\{|I|:y = \sum_{i\in I}\varphi_i s_i\right\} \tag{3.58}$$

式中,I 表示支撑集,φ_i 表示矩阵的第 i 列。由此可见,稀疏逼近的思想实际上是通过逐步地选择矩阵 Θ 的列来逐步逼近测量数据 y,进而逐步确定支撑集 I。

1. 匹配跟踪算法(matching pursuit algorithm)

在信号与信息处理领域,匹配跟踪算法最早由 Mallat 和 Zhang 提出,是一种典型的基于迭代思想的贪婪算法。该方法的核心思想是从冗余字典中逐一挑选原子向量,在迭代过程中逐步优化逼近原始信号,最终实现原始信号的稀疏恢复。这一思想最早可追溯到 20 世纪 80 年代,Hogbom 在解决射电天文图像的模糊问题时提出了 CLEAN 算法,该算法与匹配跟踪算法具有相似的思想。与此同时,匹配跟踪算法还与统计学中的前向选择法(forward selection)有密切的联系,其属于子集选择算法(subset selection)中重要的一种。

匹配跟踪算法通常将测量信号 y 视为由采样矩阵 Φ 中的列向量通过线性组合而构成。在给定测量信号 y 的条件下,算法围绕着原始测量信号与线性组合的残差展开,通过寻求这些列向量的稀疏线性组合来描述原始测量信号。接下来阐述匹配跟踪算法的基本原理。

设采样矩阵 Φ 中包含了 N 个线性无关的列向量,根据线性空间理论,这 N 个线性无关的列向量张成信号子空间 C^N,并且为该子空间 C^N 的一个基。匹配跟踪算法首先将测量信号 y 投影到采样矩阵 Φ 中的一个列向量 φ_{i_0} 上,表示为

$$y = \langle y,\varphi_{i_0}\rangle\varphi_{i_0} + R_y \tag{3.59}$$

式中,R_y 表示投影后信号的残差,残差主要描述测量值中未被表示的部分。

根据投影定理,列向量 φ_{i_0} 与残差 R_y 正交,故

$$\|y\|^2 = |\langle y,\varphi_i\rangle|^2 + \|R_y\|^2 \tag{3.60}$$

为了使残差 R_y 尽可能小,我们需要寻找使 $|\langle y,\varphi_{i_0}\rangle|$ 达到最大值时的 φ_i。匹配跟踪算

法通过对残差迭代分解完成寻优过程。初始化残差 $\boldsymbol{R}_y$ 为测量信号 $\boldsymbol{y}$,假设第 m 次迭代后的残差为 $\boldsymbol{R}_y^m$,我们需要从采样矩阵 $\boldsymbol{\Phi}$ 中选取与残差 $\boldsymbol{R}_y^m$ 相关性最大的列向量 $\boldsymbol{\varphi}_{i_m}$

$$i_m = \arg\max_i \left\{ \frac{\langle \boldsymbol{R}_y^{m-1}, \boldsymbol{\varphi}_i \rangle \boldsymbol{\varphi}_i}{\|\boldsymbol{\varphi}_i\|^2} \right\} \tag{3.61}$$

式中,i_m 为被选中的列标号。

将残差 $\boldsymbol{R}_y^m$ 投影到 $\boldsymbol{\varphi}_{i_m}$上为

$$\boldsymbol{R}_y^m = \langle \boldsymbol{R}_y^m, \boldsymbol{\varphi}_{i_m} \rangle \boldsymbol{\varphi}_{i_m} + \boldsymbol{R}_y^{m+1} \tag{3.62}$$

由残差 $\boldsymbol{R}_y^m$ 与列向量 $\boldsymbol{\varphi}_{i_m}$的正交性可得

$$\|\boldsymbol{R}_y^m\|^2 = |\langle \boldsymbol{R}_y^m, \boldsymbol{\varphi}_{i_m} \rangle|^2 + \|\boldsymbol{R}_y^{m+1}\|^2 \tag{3.63}$$

分别将式(3.62)和式(3.63)对 m 进行累计求和,可得

$$\boldsymbol{y} = \sum_{m=0}^{M-1} \langle \boldsymbol{R}_y^m, \boldsymbol{\varphi}_{i_m} \rangle \boldsymbol{\varphi}_{i_m} + \boldsymbol{R}_y^M \tag{3.64}$$

$$\|\boldsymbol{y}\|^2 = \sum_{m=0}^{M-1} |\langle \boldsymbol{R}_y^m, \boldsymbol{\varphi}_{i_m} \rangle|^2 + \|\boldsymbol{R}_y^M\|^2 \tag{3.65}$$

研究表明,当 M 趋于无穷大时,$\boldsymbol{R}_y^M$ 将以指数的速度收敛于零。从而可得

$$\boldsymbol{y} = \sum_{m=0}^{+\infty} \langle \boldsymbol{R}_y^m, \boldsymbol{\varphi}_{i_m} \rangle \boldsymbol{\varphi}_{i_m} \tag{3.66}$$

$$\|\boldsymbol{y}\|^2 = \sum_{m=0}^{+\infty} |\langle \boldsymbol{R}_y^m, \boldsymbol{\varphi}_{i_m} \rangle|^2 \tag{3.67}$$

通常情况下,在实际应用中,迭代速度较快,迭代次数往往远远小于 N 时即可得到充分精确的逼近。

根据以上匹配跟踪算法基本原理的阐述,将算法实现的迭代步骤整理如下。

输入:测量矩阵 $\boldsymbol{\Phi}$ 以及信号测量值 $\boldsymbol{y}$。

初始化:$\hat{\boldsymbol{s}} = 0, \boldsymbol{R}_y^0 = \boldsymbol{y}, m = 0$

当不满足结束条件时,循环执行以下步骤:

(1)标记循环迭代次数

$$m = m + 1 \tag{3.68}$$

(2)获取测量矩阵 $\boldsymbol{\Phi}$ 中最匹配的矢量的标号

$$i_m = \arg\max_i \left\{ \frac{\langle \boldsymbol{R}_y^{m-1}, \boldsymbol{\varphi}_i \rangle \boldsymbol{\varphi}_i}{\|\boldsymbol{\varphi}_i\|^2} \right\} \tag{3.69}$$

(3)更新需要重构恢复的稀疏信号

$$\hat{\boldsymbol{s}} = \hat{\boldsymbol{s}} + \frac{\langle \boldsymbol{R}_y^{m-1}, \boldsymbol{\varphi}_{i_m} \rangle \boldsymbol{\varphi}_{i_m}}{\|\boldsymbol{\varphi}_{i_m}\|^2} \tag{3.70}$$

(4)更新残差

$$\boldsymbol{R}_y^m = \boldsymbol{R}_y^{m-1} - \boldsymbol{\Phi}\hat{\boldsymbol{s}} \tag{3.71}$$

循环跳转到步骤(1),直到满足结束条件并返回$\hat{\boldsymbol{s}}$值。

研究表明,匹配跟踪算法求解步骤简便、易于实现,在不同的研究领域中均得到了广泛应用。然而,在实际工程应用中,该算法每次迭代时对支撑集的更新仅符合局部最优条件,

所得到的结果未必是全局最优解。也就是说,该算法无法保证重建误差足够小。另一方面,匹配跟踪算法通常需要大量的迭代次数才能逼近原始信号,若残差在测量矩阵列向量上进行非正交投影,则迭代结果是次最优的,同时收敛效率降低。

2. 正交匹配跟踪算法(orthogonal matching pursuit algorithm)

如前所述,从匹配跟踪算法的迭代过程中可知,该算法的计算量会随着迭代次数的增加而线性增加,这在一定程度上限制了其在实际工程中的应用。与此同时,该算法每次迭代后的残差 $\boldsymbol{R}_y^m$ 仅与当前索引在支撑集中的列向量 φ_{i_m} 正交,并非与测量矩阵 $\boldsymbol{\Phi}$ 索引在支撑集中的所有列向量正交,由此会产生过匹配问题,即导致迭代过程始终在相同的支撑集上反复循环,大大降低了算法的执行效率。

为了解决以上问题,在原始匹配跟踪算法的基础上,正交匹配跟踪算法应运而生。该算法与原算法具有相同的求解思想,都是在冗余的测量矩阵中寻找与待分解信号或残差最为匹配的列向量。所不同的是,传统匹配跟踪算法仅将残差减去与其最大相关的列矢量,而正交匹配跟踪算法需要先对所选的列向量进行正交化处理,然后将信号投影到这些列向量构成的空间上,得到信号在列向量空间中的分量和残差。由于残差总是与所选的列向量正交,所以正交匹配跟踪算法不会重复选择相同的列矢量,因而算法的迭代次数可以明显减少,收敛速度更快,这也是正交匹配跟踪算法名称由来的原因。

综合正交匹配跟踪算法基本原理,将该算法实现的迭代步骤整理如下。

输入:测量矩阵 $\boldsymbol{\Phi}$ 及信号测量值 $\boldsymbol{y}$。

初始化:$\hat{\boldsymbol{s}}=0,\boldsymbol{R}_y^0=\boldsymbol{y},m=0$,索引集合 Λ_0

当不满足结束条件时,循环执行以下步骤:

(1)标记循环迭代次数

$$m=m+1 \tag{3.72}$$

(2)获取测量矩阵 $\boldsymbol{\Phi}$ 中与残差最匹配的列矢量的标号

$$i_m=\arg\max_i\{|\langle\boldsymbol{R}_y^m,\boldsymbol{\varphi}_i\rangle|\} \tag{3.73}$$

(3)更新索引集合

$$\Lambda_m=\Lambda_{m-1}\cup\{i_m\} \tag{3.74}$$

(4)更新测量矩阵 $\boldsymbol{\Phi}$ 中的列矢量集合

$$\boldsymbol{\Phi}_k=[\boldsymbol{\Phi}_{k-1}\quad\boldsymbol{\varphi}_{i_m}] \tag{3.75}$$

(5)更新需要重构恢复的稀疏信号

$$\hat{\boldsymbol{s}}=\boldsymbol{\Phi}_k^{\dagger}y \tag{3.76}$$

式中,$\boldsymbol{\Phi}_k^{\dagger}$ 表示矩阵 $\boldsymbol{\Phi}_k$ 的伪逆。

(6)更新残差

$$\boldsymbol{R}_y^m=\boldsymbol{y}-\boldsymbol{\Phi}_k\hat{\boldsymbol{s}} \tag{3.77}$$

循环跳转到步骤(1),直到满足结束条件并返回 $\hat{\boldsymbol{s}}$ 值。

通过以上的分析可见,在精度相同的条件下,正交匹配跟踪算法通过正交化的方法保证了每次迭代的最优性,减少了迭代的次数,提高了算法的收敛速度。然而,该算法在每次迭代中仅选取一个列向量来更新已选的列向量集,迭代次数与原始信号稀疏度及测量向量维度均密切相关，随着稀疏度和向量维度的增加，其运算时间必然大幅度增加。因此，对于较大维度的信号而言，非正交类跟踪算法更为实用。

3.6 本章小结

本章主要介绍并讨论了压缩感知技术基本理论和稀疏信号恢复技术。首先，介绍了压缩感知的数学模型；其次，讨论了信号的稀疏表示问题和测量矩阵的设计方法；最后，探讨了信号重构算法和稀疏信号恢复技术，具体包括凸优化算法和贪婪算法等。本章的内容和概念将为本书后续章节的学习奠定基础。

第 4 章　基于空时频联合分析的水下目标方位估计方法

4.1　引　　言

随着方位估计技术的不断深入和研究领域的不断拓展，研究表明现有的方位估计方法仅利用阵列信号的空时统计信息，并没有充分利用源信号的时频信息。近年来，融合时频信息进而对空间目标方位进行准确估计的研究成果屡见不鲜，为方位估计领域的研究注入了新的活力。本章将介绍并讨论将时频分析理论引入阵列信号处理领域的基本思想和方法。同时，为了充分利用所有相关空时频分布点的有效信息，本章提出了空时频分布矩阵组联合对角化方法，以期获得较高的空间分辨能力。

4.2　阵列信号模型及方位估计方法

在本节中，我们首先回顾传统标量阵信号模型的基本概念和一些常规方位估计方法，随后介绍矢量阵信号模型，为后续的研究奠定基础。

4.2.1　传统标量阵信号模型及方位估计方法

为方便起见，我们首先描述均匀直线阵窄带远场信号模型，即传统标量阵信号模型。假设均匀直线阵由 N 个各向同性的标准水听器组成，阵元间距为等间距 d，设整个线阵位于水平轴，如图 4.1 所示。

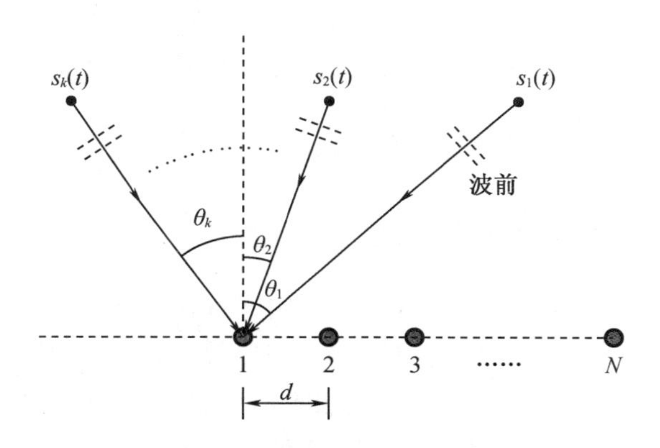

图 4.1　传统标量阵信号模型

考虑 K 个窄带远场信号 $s_k(t),k=1,2,\cdots,K$，分别以入射角 $\theta_k,k=1,2,\cdots,K$，入射至均匀线阵。根据空间几何结构和声传播理论，与第 k 个入射信号相对应的阵列导向矢量为 $\boldsymbol{a}(\theta_k)=[1,\mathrm{e}^{\mathrm{j}2\pi f_k\frac{d\sin\theta_k}{c}},\cdots,\mathrm{e}^{\mathrm{j}2\pi f_k\frac{(N-1)d\sin\theta_k}{c}}]^{\mathrm{T}},k=1,2,\cdots,K$。式中，$f_k$ 为第 k 个入射窄带信号的频率；c 为声信号的传播速度；$(\cdot)^{\mathrm{T}}$ 为矩阵转置运算。

假设阵列输出（测量）信号受到加性噪声的干扰，则阵列输出信号可表示为

$$\boldsymbol{X}(t)=\boldsymbol{A}(\theta)\boldsymbol{S}(t)+\boldsymbol{N}(t) \tag{4.1}$$

式中，$\boldsymbol{X}(t)=[x_1(t),x_2(t),\cdots,x_N(t)]^{\mathrm{T}}$表示阵列输出；$\boldsymbol{A}(\theta)=[\boldsymbol{a}(\theta_1),\boldsymbol{a}(\theta_2),\cdots,\boldsymbol{a}(\theta_K)]$称为阵列流型矩阵；$\boldsymbol{S}(t)=[s_1(t),s_2(t),\cdots,s_K(t)]^{\mathrm{T}}$表示源信号场；$\boldsymbol{N}(t)=[n_1(t),n_2(t),\cdots,n_N(t)]^{\mathrm{T}}$表示噪声场。则阵列数据协方差矩阵定义为

$$\boldsymbol{R}_{XX}=E[\boldsymbol{X}(t)\boldsymbol{X}^{\mathrm{H}}(t)] \tag{4.2}$$

式中，$E(\cdot)$表示数学统计期望；$(\cdot)^{\mathrm{H}}$表示矩阵复共轭转置。

进一步假设 $\boldsymbol{N}(t)$ 为零均值平稳白噪声，并且独立于信号源 $\boldsymbol{S}(t)$，则数据协方差矩阵 $\boldsymbol{R}_{XX}$可进一步表示为

$$\boldsymbol{R}_{XX}=\boldsymbol{A}(\theta)\boldsymbol{R}_{SS}\boldsymbol{A}^{\mathrm{H}}(\theta)+\sigma\boldsymbol{I} \tag{4.3}$$

式中，$\boldsymbol{R}_{\mathrm{SS}}=E[\boldsymbol{S}(t)\boldsymbol{S}^{\mathrm{H}}(t)]$为源信号协方差矩阵；$\sigma$ 为每个接收水听器噪声功率；$\boldsymbol{I}$ 表示单位矩阵。

在实际的阵列信号处理中，$\boldsymbol{R}_{XX}$为未知，因此需要从已知的采样数据（或称为采样快拍）$\boldsymbol{X}(l)(l=1,2,\cdots,L)$中估计而得

$$\hat{\boldsymbol{R}}_{XX}=\left(\frac{1}{L}\right)\sum\nolimits_{l=1}^{L}\boldsymbol{X}(l)\boldsymbol{X}^{\mathrm{H}}(l) \tag{4.4}$$

纵观现有文献，可以发现大多常规方位估计方法在求解目标方位时均需利用阵列数据协方差矩阵 $\boldsymbol{R}_{XX}$，例如常规波束形成技术（conventional beamforming，CBF）、多重信号子空间正交法（multiple signal classification，MUSIC）、最小方差无畸变响应法等。

常规波束形成技术本质上是经典的傅里叶分析技术在空域上的拓展，该算法最大化某一指定方向上的波束输出为

$$P_{\mathrm{BF}}(\theta)=\frac{\boldsymbol{a}^{\mathrm{H}}(\theta)\hat{\boldsymbol{R}}_{XX}\boldsymbol{a}(\theta)}{\boldsymbol{a}^{\mathrm{H}}(\theta)\boldsymbol{a}(\theta)} \tag{4.5}$$

最小方差无畸变响应法在来波方向 θ 上保持固定增益的同时，最小化其他方向干扰或噪声的影响。该算法实质上可视为空间带通滤波器，其相应的空间谱可表示为

$$P_{\mathrm{MVDR}}(\theta)=\frac{1}{\boldsymbol{a}^{\mathrm{H}}(\theta)\hat{\boldsymbol{R}}_{XX}^{-1}\boldsymbol{a}(\theta)} \tag{4.6}$$

4.2.2 矢量阵信号模型及方位估计方法

声矢量阵由声矢量水听器组成，在工程实际中得到广泛应用。一般情况下，单只声矢量水听器由三个相同的质点振速传感器和一个各向同性的声压水听器组成，质点振速传感器在空间中按照正交方向布放。与传统声压水听器相比较，声矢量水听器能够同时测量三维质点振速场和声压场，可同时获得更多的声场信息。矢量水听器对声信号的测量可由阵

列流型表征为

$$
\boldsymbol{a}=\begin{bmatrix} 1 \\ \sin\varphi\cos\theta \\ \sin\varphi\sin\theta \\ \cos\varphi \end{bmatrix} \tag{4.7}
$$

式中，φ 表示入射信号的俯仰角（与 z 轴正向的夹角），$0\leqslant\varphi\leqslant\pi$；$\theta$ 表示入射信号的水平角（与 x 轴正向的夹角），$0\leqslant\theta\leqslant 2\pi$，如图 4.2 所示。具体而言，式（4.7）中的元素分别对应于声压、x 轴振速、y 轴振速及 z 轴振速。

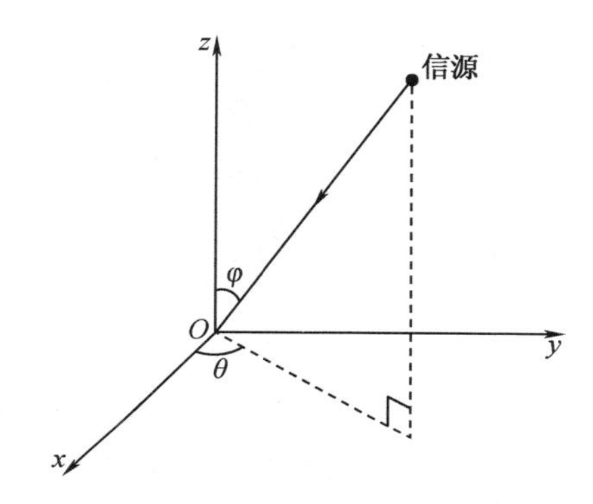

图 4.2　信源入射矢量水听器空间示意图

假设声源辐射声信号在静态、均匀且各向同性的流体中传播，则声质点振速矢量场 $\boldsymbol{v}(\boldsymbol{r},t)$ 与声压场 $p(\boldsymbol{r},t)$ 的关系可由尤拉公式表示为

$$
-\nabla p(\boldsymbol{r},t)=\rho_0\frac{\partial\boldsymbol{v}(\boldsymbol{r},t)}{\partial t} \tag{4.8}
$$

式中，ρ_0 为传播介质的密度；∇ 表示梯度运算；$\boldsymbol{r}$ 和 t 分别表示空间位置及时间。

在远场条件下，声质点振速矢量场 $\boldsymbol{v}(\boldsymbol{r},t)$ 可由声压场 $p(\boldsymbol{r},t)$ 进一步表示为

$$
\boldsymbol{v}(\boldsymbol{r},t)=-\frac{p(\boldsymbol{r},t)}{\rho_0 c}\cdot\begin{bmatrix} \sin\varphi\cos\theta \\ \sin\varphi\sin\theta \\ \cos\varphi \end{bmatrix} \tag{4.9}
$$

式中，c 为介质中声传播的速度。

根据声传播理论，在远场条件下，声压和质点振速将不依赖于位置 $\boldsymbol{r}$，故在后续的讨论中，将位置 $\boldsymbol{r}$ 忽略。此外，值得指出的是，本章主要讨论方位估计问题，即入射信号的水平角 θ，所以在后续的讨论中，将俯仰角 φ 忽略。

进一步假设矢量水听器的输出受加性噪声的干扰，则其输出 $\boldsymbol{y}(t)$ 可表示为

$$
\boldsymbol{y}(t)=\begin{bmatrix} y_p(t) \\ \boldsymbol{y}_v(t) \end{bmatrix}=\begin{bmatrix} 1 \\ \cos\theta \\ \sin\theta \end{bmatrix}\cdot p(t)+\begin{bmatrix} n_p(t) \\ \boldsymbol{n}_v(t) \end{bmatrix} \tag{4.10}
$$

式中，$y_p(t)$ 和 $\boldsymbol{y}_v(t)$ 分别表示矢量水听器输出的声压部分和质点振速部分；$n_p(t)$ 和 $\boldsymbol{n}_v(t)$ 分别对应声压部分噪声和质点振速部分噪声；$p(t)$ 表示 t 时刻声压场。

为简便起见,我们讨论均匀矢量线阵远场窄带信号模型。假设均匀直线阵由 N 个各向同性的矢量水听器组成,阵元间距为等间距 d,设整个线阵位于水平轴,其空间布放示意图如图 4.1 所示。考虑 K 个窄带远场信号 $s_k(t), k=1,\cdots,K$,分别以入射角 $\theta_k, k=1,\cdots,K$,入射至均匀矢量线阵。则式(4.10)所描述的单矢量水听器的输出可拓展推广至多信源多矢量水听器情况,即

$$\boldsymbol{y}_{pv}(t) = \sum_{k=1}^{K}\begin{bmatrix} \mathrm{e}^{-\mathrm{j}2\pi f_k\tau_{k1}} \\ \mathrm{e}^{-\mathrm{j}2\pi f_k\tau_{k2}} \\ \vdots \\ \mathrm{e}^{-\mathrm{j}2\pi f_k\tau_{kN}} \end{bmatrix} \otimes \begin{bmatrix} 1 \\ \cos\theta_k \\ \sin\theta_k \end{bmatrix} s_k(t) + \boldsymbol{n}_{pv}(t) \tag{4.11}$$

式中,f_k 代表第 k 个入射窄带信号的频率;$\otimes$ 为 Kronecker 乘积;$\tau_{kN} = \dfrac{(n-1)d\cos\theta_k}{c}$ 代表第 k 个信源到第 n 个水听器的时间延迟;c 为声信号的传播速度。$\boldsymbol{y}_{pv}(t) = [y_p^1(t), (\boldsymbol{y}_v^1(t))^{\mathrm{T}}, \cdots, y_p^N(t), (\boldsymbol{y}_v^N(t))^{\mathrm{T}}]^{\mathrm{T}}$ 表示 $3N\times 1$ 维矢量水听器输出信号,$\boldsymbol{n}_{pv}(t) = [n_p^1(t), (\boldsymbol{n}_v^1(t))^{\mathrm{T}}, \cdots, n_p^N(t), (\boldsymbol{n}_v^N(t))^{\mathrm{T}}]^{\mathrm{T}}$ 表示噪声场。

进一步令 $\boldsymbol{a}(\theta_k) = \begin{bmatrix} \mathrm{e}^{-\mathrm{j}2\pi f_k\tau_{k1}} \\ \mathrm{e}^{-\mathrm{j}2\pi f_k\tau_{k2}} \\ \vdots \\ \mathrm{e}^{-\mathrm{j}2\pi f_k\tau_{kN}} \end{bmatrix} \otimes \begin{bmatrix} 1 \\ \cos\theta_k \\ \sin\theta_k \end{bmatrix}$ 表示第 k 个信源相对应的阵列导向矢量,则式(4.11)可表示为紧凑的矩阵形式

$$\boldsymbol{y}_{pv}(t) = \sum_{k=1}^{K}\boldsymbol{a}(\theta_k)s_k(t) + \boldsymbol{n}_{pv}(t) \tag{4.12}$$

或者

$$\boldsymbol{y}_{pv}(t) = \boldsymbol{X}(t) + \boldsymbol{n}_{pv}(t) = \boldsymbol{A}(\boldsymbol{\theta})\boldsymbol{S}(t) + \boldsymbol{n}_{pv}(t) \tag{4.13}$$

式中,$\boldsymbol{A}(\boldsymbol{\theta}) = [\boldsymbol{a}(\theta_1), \boldsymbol{a}(\theta_2), \cdots, \boldsymbol{a}(\theta_K)]$ 称为阵列流型矩阵;$\boldsymbol{S}(t) = [s_1(t), s_2(t), \cdots, s_K(t)]^{\mathrm{T}}$ 代表源信号;$\boldsymbol{X}(t) = \boldsymbol{A}(\boldsymbol{\theta})\boldsymbol{S}(t)$ 表示信号场。

至此,建立了矢量阵信号模型。比较矢量阵信号模型表达式(4.13)与标量阵信号模型表达式(4.1)可以看出,矢量阵与标量阵具有相似的信号表达形式,故在后续的算法讨论中,仅以标量阵为例进行讨论,相同的结果或结论可推广至矢量阵。

4.3 时频分析及其性质

长期以来,在传统的信息与信号处理方面,特别是频谱分析与估计中,人们最常用也是最直接的方法就是傅里叶变换。对于统计量不随时间变化的确定性信号或平稳信号而言,傅里叶变换及其反变换建立起了信号时域与频域之间的转换桥梁。经过广大学者的不断努力,傅里叶变换理论的研究已取得丰硕的成果,至今已成为信号时域与频域分析的基础,然而,傅里叶变换只能在信号的时域或频域上进行分析,其仅能反映信号的整体信息。随

着信号处理和分析理论研究的不断深入，人们发现传统的傅里叶变换理论对统计量随时间变化的时变信号、非平稳信号无能为力。对于非平稳信号而言，由于信号频率随时间变化，仅分析单一的时域或频域信息已不能有效刻画信号的特征，必须了解信号频率随时间变换的规律，掌握信号能量在时间－频率二维平面上的分布特征。

在工程实践中，实际信号往往是非平稳信号，揭示蕴藏在其中的频率随时间的变化规律具有重要意义。多年来，时频分析已成为处理非平稳信号的有效方法，受到广大专家学者的广泛重视。总体而言，时频分析是通过构造或设计时间与频率的联合函数（亦简称为时频分布），刻画非平稳信号在不同时间和频率的能量密度或强度，进而分析信号频率随时间的变化规律。换言之，时频分析的最终目的是建立一种分布，以便在时间和频率上同时表示信号的能量或强度，对信号进行分析处理，提取信号中包含的特征信息。

总体而言，按照是否满足叠加原理或线性原理，非平稳信号的时频分析可以分为线性变换和非线性变换两大类。常见的线性时频表示主要有短时傅里叶变换、Gabor 变换及小波变换等。信号的二次型变换 Cohen 类时频分布属于非线性变换，其中最著名的就维格纳－威尔分布（Wigner－Ville distribution，WVD），其他的时频分布可以看作是维格纳分布的变形。

接下来，我们将介绍时频分析的基本概念，并重点讨论线性变换和非线性变换的两类典型代表：短时傅里叶变换和维格纳分布。

4.3.1　非平稳信号定义

根据信号在任意时刻取值的确定性，可以将信号分为确定性信号和随机信号。将随机信号划分为平稳随机信号和非平稳随机信号具有重要的实际意义，若随机过程为平稳的，可在很大程度上简化分析问题的复杂性。

定义 1：平稳随机信号

假设存在随机信号 $X(t)$，若其 n 维概率密度函数 $f_X(x_1, x_2, \cdots, x_n; t_1, t_2, \cdots, t_n)$ 不随时间起始点的选择而改变，换言之，随机信号 $X(t)$ 对于任何的 n 和 τ，其 n 维概率密度函数均满足

$$f_X(x_1, x_2, \cdots, x_n; t_1, t_2, \cdots, t_n) = f_X(x_1, x_2, \cdots, x_n; t_1 + \tau, t_2 + \tau, \cdots, t_n + \tau) \tag{4.14}$$

则称 $X(t)$ 为严格平稳随机信号或狭义平稳随机信号。

从定义可知，严格平稳随机信号的统计特性不随时间起点的选择而变化，也就是说，严格平稳随机信号的统计特性对于时间的推移具有不变性。

通常而言，在实际工程应用中，用定义 1 来判断随机信号的平稳性很难，故一般仅在随机信号的一、二阶矩理论范围内考虑平稳随机信号问题。也就是说，主要研究随机信号的数学期望、相关函数和功率谱密度等统计量。下面给出仅在随机信号的一、二阶矩理论范围内定义的平稳随机信号。

定义 2：广义平稳随机信号

如果随机信号 $X(t)$ 的数学期望为常数，其相关函数仅与时间间隔 $\tau = t_2 - t_1$ 有关，并且其均方值有限，即

$$E[X(t)] = m_X \tag{4.15}$$

$$R_X[t_1, t_2] = E[X(t_1)X(t_2)] = R_X(\tau) \tag{4.16}$$

$$E[X^2(t)] < \infty \tag{4.17}$$

则称随机信号 $X(t)$ 为广义平稳随机信号或宽平稳随机信号。

通常而言,若一个严格平稳随机信号的均方值有界,则其必为广义平稳的。反之,若一个随机信号为广义平稳的,则其未必为严格平稳随机信号。

定义 3:非平稳随机信号

对于随机信号而言,若某阶统计量随时间而改变,则称为非平稳随机信号。此外,对于确定性信号而言,若其能量谱随时间变化而变化,则称为非平稳信号。综上所述,非平稳信号泛指具有时变能量谱的确定性信号和具有时变功率谱的随机信号。

4.3.2 时频分布的基本概念和性质

时频分析是研究非平稳信号的基本方法,其目的是建立时间和频率的二维联合分布函数 $P(t,\omega)$(简称"时频分布"),借以讨论研究非平稳信号的时变特性,例如瞬时频率、群延迟等概念。

1. 时间真边缘与频率真边缘

在理想情况下,通常期望时频分布函数 $P(t,\omega)$ 可以满足条件

$$\frac{1}{2\pi}\int_{-\infty}^{\infty} P(t,\omega)\mathrm{d}\omega = |s(t)|^2 \tag{4.18}$$

$$\int_{-\infty}^{\infty} P(t,\omega)\mathrm{d}t = |S(\omega)|^2 \tag{4.19}$$

式中,$S(\omega)$ 为 $s(t)$ 的傅里叶变换,式(4.18)与式(4.19)为信号 $s(t)$ 的时间真边缘与频率真边缘。时间真边缘表明对于固定时刻的所有频率能量之和等于信号在该时刻的能量密度或瞬时功率。频率真边缘表明对于固定频率的所有时间能量之和等于信号在该频率的能量谱密度。信号 $s(t)$ 的总能量可表示为

$$E = \int_{-\infty}^{\infty}\int_{-\infty}^{\infty} P(t,\omega)\mathrm{d}\omega\mathrm{d}t = \frac{1}{2\pi}\int_{-\infty}^{\infty} |S(\omega)|^2\mathrm{d}\omega = \int_{-\infty}^{\infty} |s(t)|^2\mathrm{d}t \tag{4.20}$$

2. 瞬时频率

非平稳信号的频率是随时间变化的,因此人们引进瞬时频率的概念。利用分布函数 $P(t,\omega)$ 可以估计信号的瞬时频率,即估计特定时刻的平均频率

$$\langle\omega\rangle_t = \frac{\int_{-\infty}^{\infty} \omega P(t,\omega)\mathrm{d}\omega}{\int_{-\infty}^{\infty} P(t,\omega)\mathrm{d}\omega} \tag{4.21}$$

3. 群延迟

如果信号具有线性相位,并且初始相位为零,则信号做不失真的延迟,其延迟时间为该线性相位特性的负斜率。尽管信号通常不具有线性相位的特性,但在某一频率附近很窄的频带范围内的相位特性仍然可近似为线性的,因此以相位特性的负斜率作为群延迟是合理的。利用分布函数 $P(t,\omega)$ 可以估计信号的群延迟,即估计特定频率的平均时间为

$$\langle t \rangle_\omega = \frac{\int_{-\infty}^{\infty} tP(t,\omega)\,\mathrm{d}t}{\int_{-\infty}^{\infty} P(t,\omega)\,\mathrm{d}t} \tag{4.22}$$

4. 时移不变性

假设信号 $s(t)$ 对应的时频分布为 $P(t,\omega)$，若信号 $s(t-t_0)$ 所对应的时频分布为 $P(t-t_0,\omega)$，则称信号 $s(t)$ 对应的时频分布 $P(t,\omega)$ 具有时移不变性。换言之，信号经过时移后，时频分布本身不变而仅产生相应时移。

若 $s(t)\to P(t,\omega)$，则

$$s(t-t_0)\to P(t-t_0,\omega) \tag{4.23}$$

5. 频移不变性

假设信号 $s(t)$ 对应的时频分布为 $P(t,\omega)$，若信号 $\mathrm{e}^{\mathrm{j}\omega_0 t}s(t)$ 所对应的时频分布为 $P(t,\omega-\omega_0)$，则称信号 $s(t)$ 对应的时频分布 $P(t,\omega)$ 具有频移不变性。

若 $s(t)\to P(t,\omega)$，则

$$\mathrm{e}^{\mathrm{j}\omega_0 t}s(t)\to P(t,\omega-\omega_0) \tag{4.24}$$

6. 信号的不相容原理

不相容原理也称为测不准原理（uncertainty principle）或海森堡不等式（heisenberg inequality），是非平稳信号时频分析中的重要定理。该定理揭示了时间分辨率和频率分辨率之间的重要关系，强调时间分辨率和频率分辨率是一对矛盾的量，不可能同时得到任意高的时间分辨率和频率分辨率。也就是说，信号的时间宽度和频带宽度不可能同时任意窄。

定理：不相容原理

对于有限能量的任意信号 $s(t)$，其时间宽度和频带宽度的乘积总是满足不等式

$$T_s B_s \geqslant \frac{1}{2} \tag{4.25}$$

式中，T_s 和 B_s 分别称为该信号的时间宽度和频带宽度（简称“时宽”和“带宽”），定义为

$$T_s^2 = \frac{\int_{-\infty}^{\infty} t^2 |s(t)|^2 \mathrm{d}t}{\int_{-\infty}^{\infty} |s(t)|^2 \mathrm{d}t} \tag{4.26}$$

$$B_s^2 = \frac{\int_{-\infty}^{\infty} \omega^2 |S(\omega)|^2 \mathrm{d}\omega}{\int_{-\infty}^{\infty} |S(\omega)|^2 \mathrm{d}\omega} \tag{4.27}$$

4.3.3 短时傅里叶变换

在传统的傅里叶分析理论中，傅里叶变换只能判断信号中是否存在某些频率成分，而无法给定这些频率出现的具体时间信息。为了克服这一不足，一种简单而直观的方法是引入“局域频谱”的思想，对信号进行分段处理，利用分段信号的傅里叶变换实现信号的局域性频谱分析。换言之，可使用一个较窄的时间窗函数截取出一段信号，对该段信号进行傅

里叶变换。由于该窗函数摒弃了时间窗以外的信号信息，仅分析时间窗这一窄区域内的频谱，故称其为信号的局域频谱是恰当的。这种使用窄窗函数对信号进行分段傅里叶变换的方法称为短时傅里叶变换。其是加窗傅里叶变换的一种形式，最早由 Gabor 于 1946 年提出，至今已成为时频分析理论中使用最早、应用最广泛的方法之一。

1. 短时傅里叶变换的定义

令 $s(t)$ 为一非平稳随机信号，$h(t)$ 为一个时间宽度较短的窗函数，则信号 $s(t)$ 的短时傅里叶变换定义为

$$\mathrm{STFT}_s(t,f) = \int_{-\infty}^{\infty} s(\tau)h(\tau - t)\mathrm{e}^{-\mathrm{j}2\pi f\tau}\mathrm{d}\tau \tag{4.28}$$

从定义式(4.28)可以看出，短时傅里叶变换的基本思想是利用窗函数 $h(t)$ 沿时间轴的滑动，进而对信号 $s(t)$ 进行分段处理，获得原信号在 t 时刻附近 τ 时段的信号，最后对该段信号进行傅里叶变换。显而易见的是，若窗函数 $h(t)$ 为一常数(即对于任意的时间 t，有 $h(t)=1$)，则短时傅里叶变换退化成为传统的傅里叶变换。此外，由于信号 $s(\tau)$ 乘以一个较短的窗函数 $h(\tau-t)$ 等价于获取信号在分析时刻 t 附近的一段信号，所以短时傅里叶变换可以理解为“局域频谱”。

研究表明，在窗函数能量归一化(即 $\int_{-\infty}^{\infty}|h(t)|^2\mathrm{d}t = 1$)的条件下，短时傅里叶变换式(4.28)是可逆的，其逆变换表示为

$$s(t) = \frac{1}{2\pi}\int_{-\infty}^{\infty}\int_{-\infty}^{\infty}\mathrm{STFT}_s(\tau,f)h(t-\tau)\mathrm{e}^{\mathrm{j}2\pi ft}\mathrm{d}f\mathrm{d}\tau \tag{4.29}$$

式(4.29)即为短时傅里叶逆变换，也称为短时傅里叶变换重构公式。$\int_{-\infty}^{\infty}|h(t)|^2\mathrm{d}t = 1$ 则称为短时傅里叶变换完全重构条件。对比式(4.28)与式(4.29)可以看出，短时傅里叶变换为一维变换，而短时傅里叶逆变换则为二维变换。

此外，值得注意的是，信号 $s(t)$ 的重构和恢复可以采用不同的窗函数来实现。也就是说，若信号 $s(t)$ 关于窗函数 $h(t)$ 的短时傅里叶变换为 $\mathrm{STFT}_s^h(t,f)$，则信号 $s(t)$ 的重构和恢复可以由另一个窗函数 $g(t)$ 来实现，只要两个窗函数满足条件

$$\left|\int_{-\infty}^{\infty} h(t)g(t)\mathrm{d}t\right| < +\infty \tag{4.30}$$

此时，窗函数 $h(t)$ 称为分析窗函数，窗函数 $g(t)$ 称为重构窗函数。

2. 短时傅里叶变换的性质

短时傅里叶变换具有以下基本性质。

性质 1：短时傅里叶变换是一种线性变换

若 $s_1(t)\to\mathrm{STFT}_{s_1}(t,f)$，$s_2(t)\to\mathrm{STFT}_{s_2}(t,f)$，则

$$a_1s_1(t) + a_2s_2(t)\to a_1\mathrm{STFT}_{s_1}(t,f) + a_2\mathrm{STFT}_{s_2}(t,f) \tag{4.31}$$

证明：令 $s(t) = a_1s_1(t) + a_2s_2(t)$，则信号 $s(t)$ 的短时傅里叶变换可表示为

$$\begin{aligned}\mathrm{STFT}_s(t,f) &= \int_{-\infty}^{\infty} s(t)h(\tau - t)\mathrm{e}^{-\mathrm{j}2\pi f\tau}\mathrm{d}\tau \\ &= \int_{-\infty}^{\infty}[a_1s_1(t) + a_2s_2(t)]h(\tau - t)\mathrm{e}^{-\mathrm{j}2\pi f\tau}\mathrm{d}\tau\end{aligned}$$

$$= \int_{-\infty}^{\infty} a_1 s_1(t) h(\tau - t) \mathrm{e}^{-\mathrm{j}2\pi f\tau} \mathrm{d}\tau + \int_{-\infty}^{\infty} a_2 s_2(t) h(\tau - t) \mathrm{e}^{-\mathrm{j}2\pi f\tau} \mathrm{d}\tau$$

$$= a_1 \int_{-\infty}^{\infty} s_1(t) h(\tau - t) \mathrm{e}^{-\mathrm{j}2\pi f\tau} \mathrm{d}\tau + a_2 \int_{-\infty}^{\infty} s_2(t) h(\tau - t) \mathrm{e}^{-\mathrm{j}2\pi f\tau} \mathrm{d}\tau$$

$$= a_1 \mathrm{STFT}_{s_1}(t,f) + a_2 \mathrm{STFT}_{s_2}(t,f) \tag{4.32}$$

由此可见,短时傅里叶变换满足线性叠加原理,故其是一种线性时频表示。

性质2:短时傅里叶变换具有频移不变性

若 $s(t) \to \mathrm{STFT}_s(t,f)$,则

$$s(t)\mathrm{e}^{\mathrm{j}2\pi f_0 t} \to \mathrm{STFT}_s(t,f-f_0) \tag{4.33}$$

证明:令 $x(t) = s(t)\mathrm{e}^{\mathrm{j}2\pi f_0 t}$,则 $x(t)$ 的短时傅里叶变换可表示为

$$\begin{aligned} \mathrm{STFT}_x(t,f) &= \int_{-\infty}^{\infty} s(t)\mathrm{e}^{\mathrm{j}2\pi f_0 t} h(\tau - t) e^{-\mathrm{j}2\pi f\tau} \mathrm{d}\tau \\ &= \int_{-\infty}^{\infty} s(t) h(\tau - t) \mathrm{e}^{-\mathrm{j}2\pi (f-f_0)\tau} \mathrm{d}\tau \\ &= \mathrm{STFT}_s(t,f-f_0) \end{aligned} \tag{4.34}$$

但值得注意的是,短时傅里叶变换不具有时移不变性。

4.3.4 维格纳-威尔分布

上小节介绍了非平稳信号的线性类分析方法(短时傅里叶变换),本小节将继续介绍非平稳信号的非线性类分析方法。非线性类分析方法也称为能量分布法,其核心思想是使用时间和频率的联合函数来描述非平稳信号的能量密度随时间的变化情况。与短时傅里叶变换相比,时频能量密度函数具有更好的时频分辨能力。非线性类分析方法的典型代表是维格纳-威尔分布(WVD),该分布最早由著名学者维格纳(Wigner)于1932年在量子力学领域提出,随后又由威尔(Ville)于1948年引入信号处理与分析领域。

1. 维格纳-威尔分布的定义

令 $s(t)$ 为一非平稳随机信号,其瞬时相关函数表示为

$$R_s(t,\tau) = s\left(t + \frac{\tau}{2}\right) s^*\left(t - \frac{\tau}{2}\right) \tag{4.35}$$

式中,t 代表时刻,τ 代表延迟时段。

对信号 $s(t)$ 的瞬时相关函数 $R_s(t,\tau)$ 关于 τ 进行傅里叶变换,可得

$$\mathrm{WVD}_s(t,f) = \int_{-\infty}^{\infty} R_s(t,\tau) \mathrm{e}^{-\mathrm{j}2\pi f\tau} \mathrm{d}\tau = \int_{-\infty}^{\infty} s\left(t + \frac{\tau}{2}\right) s^*\left(t - \frac{\tau}{2}\right) \mathrm{e}^{-\mathrm{j}2\pi f\tau} \mathrm{d}\tau \tag{4.36}$$

则式(4.36)称为信号 $s(t)$ 的维格纳-威尔分布。

同理,两个非平稳信号 $s(t)$ 与 $x(t)$ 的互维格纳-威尔分布可定义为

$$\mathrm{WVD}_{s,x}(t,f) = \int_{-\infty}^{\infty} s\left(t + \frac{\tau}{2}\right) x^*\left(t - \frac{\tau}{2}\right) \mathrm{e}^{-\mathrm{j}2\pi f\tau} \mathrm{d}\tau \tag{4.37}$$

对比短时傅里叶变换和维格纳-威尔分布的定义可以看出,在短时傅里叶变换的计算中,信号在被积函数中仅出现一次,因此短时傅里叶变换是信号的线性表示。而在维格纳-威尔分布的计算中,信号在被积函数中以相乘的形式出现了两次,因此维格纳-威尔分布为信号的能量表示。

2. 维格纳－威尔分布的基本性质

接下来，我们进一步讨论维格纳－威尔分布的基本性质。

性质1：维格纳－威尔分布具有实值性

对于所有的 t 和 f 而言，信号 $s(t)$ 的维格纳－威尔分布 $\mathrm{WVD}_s(t,f)$ 均取值为实数，即

$$\mathrm{WVD}_s(t,f)=\mathrm{WVD}_s^*(t,f) \tag{4.38}$$

证明：由维格纳－威尔分布的定义式(4.36)可得

$$\begin{aligned}\mathrm{WVD}_s^*(t,f)&=\left[\int_{-\infty}^{\infty}s\left(t+\frac{\tau}{2}\right)s^*\left(t-\frac{\tau}{2}\right)\mathrm{e}^{-\mathrm{j}2\pi f\tau}\mathrm{d}\tau\right]^*\\&=\int_{-\infty}^{\infty}s^*\left(t+\frac{\tau}{2}\right)s\left(t-\frac{\tau}{2}\right)\mathrm{e}^{\mathrm{j}2\pi f\tau}\mathrm{d}\tau\end{aligned} \tag{4.39}$$

进一步变量代换，令 $\tau=-\tau'$，代入上式可得

$$\mathrm{WVD}_s^*(t,f)=\int_{-\infty}^{\infty}s^*\left(t-\frac{\tau'}{2}\right)s\left(t+\frac{\tau'}{2}\right)\mathrm{e}^{-\mathrm{j}2\pi f\tau'}\mathrm{d}\tau' \tag{4.40}$$

与维格纳－威尔分布定义式(4.36)相比较，可以发现

$$\mathrm{WVD}_s^*(t,f)=\mathrm{WVD}_s(t,f) \tag{4.41}$$

因此，信号 $s(t)$ 的维格纳－威尔分布 $\mathrm{WVD}_s(t,f)$ 必为实数。

同理可以证明，两个非平稳信号 $s(t)$ 与 $x(t)$ 的互维格纳－威尔分布 $\mathrm{WVD}_{s,x}(t,f)$ 同样为实数，即

$$\mathrm{WVD}_{s,x}^*(t,f)=\mathrm{WVD}_{s,x}(t,f) \tag{4.42}$$

性质2：维格纳－威尔分布的对称性

根据维格纳－威尔分布的实值性，可进一步推得，若信号 $s(t)$ 为实信号，即 $s(t)=s^*(t)$，则实信号 $s(t)$ 的维格纳－威尔分布 $\mathrm{WVD}_s(t,f)$ 是频率分量 f 的偶函数，即

$$\mathrm{WVD}_s(t,f)=\mathrm{WVD}_s(t,-f) \tag{4.43}$$

同理，若信号的频谱是实数，即满足 $\hat{s}(f)=\hat{s}^*(f)$，则该信号的维格纳－威尔分布是时间分量的偶函数，即

$$\mathrm{WVD}_s(t,f)=\mathrm{WVD}_s(-t,f) \tag{4.44}$$

性质3：维格纳－威尔分布具有时移不变性

若 $\tilde{s}(t)=s(t-t_0)$，则

$$\mathrm{WVD}_{\tilde{s}}(t,f)=\mathrm{WVD}_s(t-t_0,f) \tag{4.45}$$

证明：由维格纳－威尔分布的定义可得

$$\begin{aligned}\mathrm{WVD}_{\tilde{s}}(t,f)&=\int_{-\infty}^{\infty}\tilde{s}\left(t+\frac{\tau}{2}\right)\tilde{s}^*\left(t-\frac{\tau}{2}\right)\mathrm{e}^{-\mathrm{j}2\pi f\tau}\mathrm{d}\tau\\&=\int_{-\infty}^{\infty}s\left(t-t_0+\frac{\tau}{2}\right)s^*\left(t-t_0-\frac{\tau}{2}\right)\mathrm{e}^{-\mathrm{j}2\pi f\tau}\mathrm{d}\tau\\&=\mathrm{WVD}_s(t-t_0,f)\end{aligned} \tag{4.46}$$

由此可见，维格纳－威尔分布具有时移不变性。

性质4：维格纳－威尔分布具有频移不变性

若 $\tilde{s}(t)=s(t)\mathrm{e}^{\mathrm{j}2\pi f_0t}$，则

$$\mathrm{WVD}_{\tilde{s}}(t,f)=\mathrm{WVD}_s(t,f-f_0) \tag{4.47}$$

证明:由维格纳-威尔分布的定义可得

$$\begin{aligned}\mathrm{WVD}_{\tilde{s}}(t,f) &= \int_{-\infty}^{\infty} \tilde{s}(t+\frac{\tau}{2})\,\tilde{s}^*(t-\frac{\tau}{2})\,\mathrm{e}^{-\mathrm{j}2\pi f\tau}\mathrm{d}\tau \\ &= \int_{-\infty}^{\infty} s(t+\frac{\tau}{2})\,\mathrm{e}^{\mathrm{j}2\pi f_0(t+\frac{\tau}{2})}\,s^*(t-\frac{\tau}{2})\,\mathrm{e}^{-\mathrm{j}2\pi f_0(t-\frac{\tau}{2})}\,\mathrm{e}^{-\mathrm{j}2\pi f\tau}\mathrm{d}\tau \\ &= \int_{-\infty}^{\infty} s(t+\frac{\tau}{2})s^*(t-\frac{\tau}{2})\,\mathrm{e}^{\mathrm{j}2\pi f_0\tau}\,\mathrm{e}^{-\mathrm{j}2\pi f\tau}\mathrm{d}\tau \\ &= \int_{-\infty}^{\infty} s(t+\frac{\tau}{2})s^*(t-\frac{\tau}{2})\,\mathrm{e}^{-\mathrm{j}2\pi(f-f_0)\tau}\mathrm{d}\tau \\ &= \mathrm{WVD}_s(t,f-f_0)\end{aligned} \tag{4.48}$$

由此可见,维格纳-威尔分布具有频移不变性。

性质5:维格纳-威尔分布满足时间边缘特性,即

$$\int_{-\infty}^{\infty} \mathrm{WVD}_s(t,f)\,\mathrm{d}f = |s(t)|^2 \tag{4.49}$$

证明:根据前述时间真边缘性的定义,可得

$$\int_{-\infty}^{\infty} \mathrm{WVD}_s(t,f)\,\mathrm{d}f = \int_{-\infty}^{\infty}\int_{-\infty}^{\infty} s(t+\frac{\tau}{2})s^*(t-\frac{\tau}{2})\,\mathrm{e}^{-\mathrm{j}2\pi f\tau}\mathrm{d}\tau\mathrm{d}f \tag{4.50}$$

进一步交换积分顺序,简化上式为

$$\begin{aligned}\int_{-\infty}^{\infty} \mathrm{WVD}_s(t,f)\,\mathrm{d}f &= \int_{-\infty}^{\infty} s(t+\frac{\tau}{2})s^*(t-\frac{\tau}{2})\left(\int_{-\infty}^{\infty}\mathrm{e}^{-\mathrm{j}2\pi f\tau}\mathrm{d}f\right)\mathrm{d}\tau \\ &= \int_{-\infty}^{\infty} s(t+\frac{\tau}{2})s^*(t-\frac{\tau}{2})\delta(\tau)\,\mathrm{d}\tau \\ &= s(t)s^*(t) = |s(t)|^2\end{aligned} \tag{4.51}$$

由此可见,维格纳-威尔分布具有时间真边缘性。

性质6:维格纳-威尔分布满足频率边缘特性,即

$$\int_{-\infty}^{\infty} \mathrm{WVD}_s(t,f)\,\mathrm{d}t = \frac{1}{2\pi}|\hat{s}(\omega)|^2 \tag{4.52}$$

式中,$\omega=2\pi f$,$\hat{s}(\omega)$为$s(t)$的频谱。

证明:根据频率真边缘性的定义,可得

$$\int_{-\infty}^{\infty} \mathrm{WVD}_s(t,f)\,\mathrm{d}t = \int_{-\infty}^{\infty}\int_{-\infty}^{\infty} s(t+\frac{\tau}{2})s^*(t-\frac{\tau}{2})\,\mathrm{e}^{-\mathrm{j}2\pi f\tau}\mathrm{d}\tau\mathrm{d}t \tag{4.53}$$

进一步交换积分顺序,简化上式为

$$\begin{aligned}\int_{-\infty}^{\infty} \mathrm{WVD}_s(t,f)\,\mathrm{d}t &= \int_{-\infty}^{\infty} \mathrm{e}^{-\mathrm{j}2\pi f\tau}\left(\int_{-\infty}^{\infty} s(t+\frac{\tau}{2})s^*(t-\frac{\tau}{2})\,\mathrm{d}t\right)\mathrm{d}\tau \\ &= \int_{-\infty}^{\infty} R(\tau)\,\mathrm{e}^{-\mathrm{j}2\pi f\tau}\mathrm{d}\tau \\ &= \frac{1}{2\pi}|\hat{s}(\omega)|^2\end{aligned} \tag{4.54}$$

由此可见,维格纳-威尔分布具有频率真边缘性。

研究表明,维格纳-威尔分布还具有以下重要性质:

(1)能量关系

$$\int_{-\infty}^{\infty}\int_{-\infty}^{\infty}\mathrm{WVD}_s(t,f)\,\mathrm{d}t\mathrm{d}f = E \tag{4.55}$$

也就是说,维格纳-威尔分布满足信号总能量要求,因此维格纳-威尔分布也称为信号的时频能量密度。

(2)瞬时频率

信号 $s(t)$ 的瞬时频率 $f_i(t)$ 可以通过维格纳-威尔分布精确估计

$$f_i(t) = \frac{\int_{-\infty}^{\infty} f\cdot \mathrm{WVD}_s(t,f)\,\mathrm{d}t}{\int_{-\infty}^{\infty}\mathrm{WVD}_s(t,f)\,\mathrm{d}t} \tag{4.56}$$

(3)群延迟

信号 $s(t)$ 的群延迟 $\tau_{\mathrm{g}}(\omega)$ 可以通过维格纳-威尔分布精确估计

$$\tau_{\mathrm{g}}(\omega) = \frac{\int_{-\infty}^{\infty} t\cdot \mathrm{WVD}_s(t,f)\,\mathrm{d}t}{\int_{-\infty}^{\infty}\mathrm{WVD}_s(t,f)\,\mathrm{d}t} \tag{4.57}$$

(4)乘积性

假设两个信号 $s(t)$ 和 $x(t)$,维格纳-威尔分布分别为 $\mathrm{WVD}_s(t,f)$ 和 $\mathrm{WVD}_x(t,f)$,则两信号时域乘积的维格纳-威尔分布等于各信号维格纳-威尔分布对频率分量的卷积,表示为

$$\mathrm{WVD}_{s\cdot x}(t,f) = \int_{-\infty}^{\infty}\mathrm{WVD}_s(t,f_0)\mathrm{WVD}_x(t,f-f_0)\,\mathrm{d}f_0 \tag{4.58}$$

(5)卷积性

假设两个信号 $s(t)$ 和 $x(t)$,维格纳-威尔分布分别为 $\mathrm{WVD}_s(t,f)$ 和 $\mathrm{WVD}_x(t,f)$,则两信号时域卷积的维格纳-威尔分布等于各信号维格纳-威尔分布对时间分量的卷积,表示为

$$\mathrm{WVD}_{s\cdot x}(t,f) = \int_{-\infty}^{\infty}\mathrm{WVD}_s(\tau,f)\mathrm{WVD}_x(t-\tau,f)\,\mathrm{d}\tau \tag{4.59}$$

(6)二次特性

若信号 $s(t)=s_1(t)+s_2(t)$,则

$$W_s(t,f) = W_{s_1s_1}(t,f) + W_{s_2s_2}(t,f) + 2\mathrm{Re}\{W_{s_1s_2}(t,f)\} \tag{4.60}$$

式中,$W_{s_1s_1}(t,f)$ 和 $W_{s_2s_2}(t,f)$ 分别为信号 $s_1(t)$ 和 $s_2(t)$ 的维格纳-威尔分布;$W_{s_1s_2}(t,f)$ 为两信号的互维格纳-威尔分布。

维格纳-威尔分布具有很多优越的性质,尤其是具有良好的时频聚集性,其时频分辨率高于短时傅里叶变换的分辨能力。然而,由二次特性可知,对于多分量信号其维格纳-威尔分布会出现交叉项产生“虚假信号”,这成为维格纳-威尔分布应用中存在的主要缺陷。交叉项是二次型时频分布的固有结果,由于多分量信号中不同信号分量之间的交叉作用而产生。交叉项通常是振荡的,而且其幅度可以达到自主项的两倍,造成信号的时频特征模糊不清。如何有效抑制交叉项对时频分析非常重要,国内外学者研究了多种可以抑制

或削弱交叉项的方法，主要有预滤波法、多分量分离法及辅助函数法等，并且都采用解析信号以消除由负频率成分产生的交叉干扰项。

4.4 空时频分布结构及方位估计方法

在本节中，我们将对阵列接收信号的空－时－频分布概念及结构进行详细阐述。时频分析是处理非平稳信号的有效手段，它将一维时间信号变换到二维时频域，揭示了信号中每一频率分量随时间的变化趋势。20 世纪 90 年代末，时频分析在阵列信号处理中的应用开始起步。Amin 等在这方面进行了一些开创性的研究，提出了空间时频分布（STFD）的概念，在盲信号分离和波达方向估计中获得了优于传统方法的性能。

根据文献[75]，信号 $x(t)$ 的 Cohen 类时频分布离散时间形式可以表达为

$$D_{xx}(t,f) = \sum_{l=-\infty}^{\infty}\sum_{m=-\infty}^{\infty}\varphi(m,l)x(t+m+l)x^*(t+m-l)\mathrm{e}^{-\mathrm{j}4\pi fl} \tag{4.61}$$

式中，$(\cdot)^*$ 表示复共轭运算；t 和 f 分别表示时间和频率；$\varphi(m,l)$ 是时间变量和延迟变量的函数，为时频分布的核函数，表征了该分布的特征。

与上面定义相类似，两个不同信号 $x_1(t)$ 和 $x_2(t)$ 的互时频分布可表示为

$$D_{x_1x_2}(t,f) = \sum_{l=-\infty}^{\infty}\sum_{m=-\infty}^{\infty}\varphi(m,l)x_1(t+m+l)x_2^*(t+m-l)\mathrm{e}^{-\mathrm{j}4\pi fl} \tag{4.62}$$

根据传统阵列信号模型的定义，将阵列接收信号 $\boldsymbol{X}(t)$ 代入式(4.62)，则可得空时频分布矩阵，定义为

$$\boldsymbol{D}_{XX}(t,f) = \sum_{l=-\infty}^{\infty}\sum_{m=-\infty}^{\infty}\varphi(m,l)\boldsymbol{X}(t+m+l)\boldsymbol{X}^*(t+m-l)\mathrm{e}^{-\mathrm{j}4\pi fl} \tag{4.63}$$

值得注意的是，当核函数 $\varphi(m,l)=\delta(m-l)$，其时频分布最为常用，时频聚集性也最好，此时

$$[\boldsymbol{D}_{XX}(t,f)]_{ij} = \boldsymbol{D}_{x_ix_j}(t,f) \tag{4.64}$$

式中，$x_i(t)$ 与 $x_j(t)$ 分别为第 i 个阵元与第 j 个阵元接收的信号。

为简便起见，忽略噪声的影响，将阵列输出信号表达式(4.1)代入式(4.63)，通过化简可得

$$\boldsymbol{D}_{XX}(t,f) = \boldsymbol{A}(\theta)\boldsymbol{D}_{SS}(t,f)\boldsymbol{A}^{\mathrm{H}}(\theta) \tag{4.65}$$

式中，$\boldsymbol{D}_{SS}(t,f)$ 为源信号的空时频分布矩阵，其元素为各个信号源的自空间时频分布及互空间时频分布，即

$$\boldsymbol{D}_{SS}(t,f) = \begin{bmatrix} D_{s_1s_1}(t,f) & D_{s_1s_2}(t,f) & \cdots & D_{s_1s_K}(t,f) \\ D_{s_2s_1}(t,f) & D_{s_2s_2}(t,f) & \cdots & D_{s_2s_K}(t,f) \\ \vdots & \vdots & & \vdots \\ D_{s_Ks_1}(t,f) & D_{s_Ks_2}(t,f) & \cdots & D_{s_Ks_K}(t,f) \end{bmatrix} \tag{4.66}$$

假设 $s_k(t)$ 为一期望待估计信号，从信号 $s_k(t)$ 的时频分布曲线上选择合适的时频点 (t_k,f_k)。在该时频点处，其他信号的时频分布能量相对很小，可以忽略不计。则 $\boldsymbol{D}_{SS}(t_k,f_k)$

的主对角线上的元素为各个输入信号在时频点(t_k,f_k)上的功率谱密度，其他元素为各个信号源之间的交叉项。由于信号和噪声互不相关，对于选定的时频点，这些交叉项为零。因此，在理想无噪声条件下，$\boldsymbol{D}_{XX}(t,f)$对角线元素中仅有一个非零元素，阵列空时频分布矩阵$\boldsymbol{D}_{XX}(t,f)$即可代替传统的数据协方差矩阵$\boldsymbol{R}_{XX}$，进而对空间目标进行方位估计。以上定义了空时频分布矩阵的基本概念并分析了其基本含义，为后续算法的讨论奠定了基础。

通过以上对空时频分布矩阵概念及结构的讨论，我们可以直接引入常规波束形成处理器和最小方差无畸变处理器。

则基于空时频分布矩阵的波束形成处理器$P_{\mathrm{BF}}^{\mathrm{TF}}(\theta)$和最小方差无畸变处理器$P_{\mathrm{MVDR}}^{\mathrm{TF}}(\theta)$可分别表示为

$$P_{\mathrm{BF}}^{\mathrm{TF}}(\theta)=\frac{\boldsymbol{a}^{\mathrm{H}}(\theta)\boldsymbol{D}_{XX}(t,f)\boldsymbol{a}(\theta)}{\boldsymbol{a}^{\mathrm{H}}(\theta)\boldsymbol{a}(\theta)} \tag{4.67}$$

$$P_{\mathrm{MVDR}}^{\mathrm{TF}}(\theta)=\frac{1}{\boldsymbol{a}^{\mathrm{H}}(\theta)\boldsymbol{D}_{XX}^{-1}(t,f)\boldsymbol{a}(\theta)} \tag{4.68}$$

4.5 雅可比旋转联合对角化方位估计方法

值得注意的是，上一节讨论的方位估计方法仅采用了单个时频点(t,f)进行数据处理，而没有利用全部的时频点信息$(t_k,f_k)(k=1,2,\cdots,K)$。为了充分融合全部的时频点信息$(t_k,f_k)$，提高算法方位估计性能，下面采用联合对角化方法进一步处理。

4.5.1 联合对角化

如前所述，本节介绍联合对角化的基本概念。联合对角化最早是为了解决盲信号分离问题而提出的。这一新的数学工具已经广泛应用于频率估计、时延估计、近场源参数估计、盲波束形成、谐波恢复、多输入多输出(MIMO)盲均衡及盲MIMO系统辨识中。

根据前述讨论的阵列信号模型，由于源信号$s_k(t)(k=1,2,\cdots,K)$均值为0，且互不相关，则对于某些时延τ值，有$E\{s_k(t)s_k^*(t-\tau)\}=\rho_k(\tau)\neq0$，即

$$\boldsymbol{R}_s(\tau)=E\{\boldsymbol{s}(t)\boldsymbol{s}^{\mathrm{H}}(t-\tau)\}=\mathrm{diag}[\rho_1(\tau),\rho_2(\tau),\cdots,\rho_K(\tau)]=\boldsymbol{D}_\tau \tag{4.69}$$

对于高斯分布的白噪声矢量$\boldsymbol{N}(t)$，有$\boldsymbol{R}_N(\tau)=E\{\boldsymbol{N}(t)\boldsymbol{N}^{\mathrm{T}}(t-\tau)\}=\sigma^2\delta(\tau)\boldsymbol{I}$，则阵列接收信号的自相关矩阵和空时相关矩阵分别为

$$\boldsymbol{R}_x(0)=E\{\boldsymbol{x}(t)\boldsymbol{x}^{\mathrm{H}}(t)\}=\boldsymbol{A}\boldsymbol{D}_0\boldsymbol{A}^{\mathrm{H}}+\sigma^2\boldsymbol{I} \tag{4.70}$$

$$\boldsymbol{R}_x(\tau_p)=E\{\boldsymbol{x}(t)\boldsymbol{x}^{\mathrm{H}}(t-\tau_p)\}=\boldsymbol{A}\boldsymbol{D}_{\tau_p}\boldsymbol{A}^{\mathrm{H}}\quad \tau_p\neq0 \tag{4.71}$$

由式(4.70)及式(4.71)可以看出，空时相关矩阵在声源互不相关的条件下具有联合对角化结构，并能抑制噪声的影响。如果合理选择一组空时相关矩阵$\boldsymbol{R}_x(\tau_p)$进行处理，可以获得比仅利用自相关矩阵$\boldsymbol{R}_x(0)$更好的方位估计性能。

从数学的角度看，以上问题又可表述为给定多个矩阵$\boldsymbol{R}_x(\tau_p),p=1,2,\cdots,P$，求矩阵$\boldsymbol{A}$和$\boldsymbol{D}_{\tau_p},p=1,2,\cdots,P$，使得下式成立：

$$\boldsymbol{R}_x(\tau_p)=E\{\boldsymbol{x}(t)\boldsymbol{x}^{\mathrm{H}}(t-\tau_p)\}=\boldsymbol{A}\boldsymbol{D}_{\tau_p}\boldsymbol{A}^{\mathrm{H}} \tag{4.72}$$

这就是多个矩阵的联合对角化(joint diagonalization),也称为同时对角化(simultaneous diagonalization)。值得注意的是,由于实际中所获得的阵列协方差矩阵存在估计误差,所以矩阵的联合对角化只能近似实现。

另一方面,剥离信号处理问题的不同物理含义,可将若干个矩阵的近似联合对角化变成一个带有共性的数学问题:

考虑 K 个 $N\times N$ 复矩阵 $\boldsymbol{\Phi}=\{\boldsymbol{\Phi}_1,\boldsymbol{\Phi}_2,\cdots,\boldsymbol{\Phi}_K\}$ $(\boldsymbol{\Phi}_i\in\boldsymbol{C}^{N\times N},i=1,2,\cdots K)$,现希望找到一个酉矩阵 $\boldsymbol{U}\in\boldsymbol{C}^{N\times N}$ 和 K 个相对应的对角矩阵 $\boldsymbol{\Lambda}=\{\boldsymbol{\Lambda}_1,\boldsymbol{\Lambda}_2,\cdots,\boldsymbol{\Lambda}_K\}$,使得以下目标函数最小

$$J(\boldsymbol{U},\boldsymbol{\Lambda}_1,\boldsymbol{\Lambda}_2,\cdots,\boldsymbol{\Lambda}_K)=\sum_{k=1}^{K}\|\boldsymbol{\Phi}_k-\boldsymbol{U}\boldsymbol{\Lambda}_k\boldsymbol{U}^{\mathrm{H}}\|_F^2 \tag{4.73}$$

式中,$\boldsymbol{U}$ 称为联合对角化器。这一优化问题称为近似联合对角化。

4.5.2 雅可比旋转算法

如前所述,近似联合对角化就是根据给定的 K 个矩阵 $\boldsymbol{\Phi}_1,\boldsymbol{\Phi}_2,\cdots,\boldsymbol{\Phi}_K$,求使得式(4.73)最小化的联合对角化器 $\boldsymbol{U}$,以及相对应的对角矩阵 $\boldsymbol{\Lambda}_1,\boldsymbol{\Lambda}_2,\cdots,\boldsymbol{\Lambda}_K$。然而,在实际工程应用中,只使用联合对角化器 $\boldsymbol{U}$,不需要对角矩阵 $\boldsymbol{\Lambda}_1,\boldsymbol{\Lambda}_2,\cdots,\boldsymbol{\Lambda}_K$。因此,如何将近似联合对角化问题简化,转换成只包含联合对角化 $\boldsymbol{U}$ 的最优化问题,具有重要的实际意义。从这一目标出发,Cardoso 等提出了一类重要的雅可比旋转(Jacobi)联合对角化算法。

在数值分析中,一个正方矩阵 $\boldsymbol{M}=[M_{ij}]$ 所有非主对角线元素的绝对值的平方和定义为该矩阵的 off 函数,即

$$\mathrm{off}(\boldsymbol{M})=\sum_{i=1,i\neq j}^{n}\sum_{j=1}^{n}|\boldsymbol{M}_{ij}|^2 \tag{4.74}$$

利用 off 函数,可以化简联合对角化的目标函数。容易推知,联合对角化的目标函数可等价为

$$J(\boldsymbol{U},\boldsymbol{\Lambda}_1,\boldsymbol{\Lambda}_2,\cdots,\boldsymbol{\Lambda}_K)=\sum_{k=1}^{K}\|\boldsymbol{\Lambda}_k-\boldsymbol{U}^{\mathrm{H}}\boldsymbol{\Phi}_k\boldsymbol{U}\|_F^2 \tag{4.75}$$

或者

$$J(\boldsymbol{U})=\sum_{k=1}^{K}\mathrm{off}(\boldsymbol{U}^{\mathrm{H}}\boldsymbol{\Phi}_k\boldsymbol{U}) \tag{4.76}$$

雅可比旋转联合对角化算法是单个 Hermitian 矩阵的 Jacobi 算法的推广,其基本思想是使用一连串 Givens 旋转,使目标函数式(4.76)最小化。具体做法是,对 K 个 2×2 子矩阵

$$\boldsymbol{C}_k^{(p)}=\begin{bmatrix}a_k & b_k\\ c_k & d_k\end{bmatrix},k=1,2,\cdots K \tag{4.77}$$

求解相同的问题:寻找一个 2×2 酉矩阵 $\boldsymbol{G}$,使得

$$\boldsymbol{C}_k'=\boldsymbol{G}^{\mathrm{H}}\boldsymbol{C}_k\boldsymbol{G},k=1,2,\cdots K \tag{4.78}$$

能够最小化式(4.76)定义的目标函数 $J(\boldsymbol{U})$,式中

$$\boldsymbol{G}=\begin{bmatrix}\cos\theta & \mathrm{e}^{\mathrm{j}\varphi}\sin\theta\\ -\mathrm{e}^{\mathrm{j}\varphi}\sin\theta & \cos\theta\end{bmatrix} \tag{4.79}$$

令矩阵 $\boldsymbol{C}'_k$ 的元素为 a'_k,b'_k,c'_k,d'_k，则最优化式(4.76)即为求 θ 和 φ，使得 $\sum_{k=1}^{K}(|a'_k|^2+|d'_k|^2)$ 最大化。根据酉不变性，以上问题可进一步转化为求 $Q=\sum_{k=1}^{K}(|a'_k-d'_k|^2)$ 最大化。

容易验证，对矩阵 $\boldsymbol{\Phi}_1,\boldsymbol{\Phi}_2,\cdots,\boldsymbol{\Phi}_K$ 的非对角元素实施一系列的 Givens 旋转，即可实现这些矩阵的联合对角化，所有 Givens 旋转矩阵的乘积就是联合对角化器 $\boldsymbol{U}$，以上即为雅可比旋转联合对角化算法。

4.5.3 空时频分布矩阵组联合对角化方位估计方法

与式(2-21)相对应，进一步考虑多个时频点构成的空时频分布矩阵组

$$\boldsymbol{D}_{XX}(t_k,f_k)=\boldsymbol{A}(\theta)\boldsymbol{D}_{SS}(t_k,f_k)\boldsymbol{A}^{\mathrm{H}}(\theta),(k=1,2,3,\cdots,K) \tag{4.80}$$

根据前述联合对角化的定义，表达式(4.80)本质上是在不同的空时频分布矩阵组条件下，求解阵列流型 $\boldsymbol{A}(\theta)$。该问题可以归结为最小化以下目标函数的最优化问题

$$J(\boldsymbol{A}(\theta),\{\boldsymbol{D}_{SS}(t_k,f_k)|k=1,2,3,\cdots,K\})=\sum_{k=1}^{K}\|\boldsymbol{D}_{SS}(t_k,f_k)-\boldsymbol{A}^{\mathrm{H}}(\theta)\boldsymbol{D}_{XX}(t_k,f_k)\boldsymbol{A}(\theta)\|_F^2 \tag{4.81}$$

此外，为下面讨论方便起见，令 $\boldsymbol{D}_{XX}(t_k,f_k)$ 中的元素记为 a，$\boldsymbol{D}_{SS}(t_k,f_k)$ 中的元素记为 b。利用 off 函数的定义，式(4.81)可等效表示为

$$J(\boldsymbol{A}(\theta))=\sum_{k=1}^{K}\mathrm{off}(\boldsymbol{A}^{\mathrm{H}}(\theta)\boldsymbol{D}_{XX}(t_k,f_k)\boldsymbol{A}(\theta)) \tag{4.82}$$

因此，联合对角化问题可进一步表示为最优化问题

$$\begin{cases}\min & \sum_{k=1}^{K}\mathrm{off}(\boldsymbol{A}^{\mathrm{H}}(\theta)\boldsymbol{D}_{XX}(t_k,f_k)\boldsymbol{A}(\theta))\\ \text{s.t.} & \boldsymbol{A}^{\mathrm{H}}(\theta)\boldsymbol{A}(\theta)=\boldsymbol{A}(\theta)\boldsymbol{A}^{\mathrm{H}}(\theta)=\boldsymbol{I}\end{cases} \tag{4.83}$$

雅可比旋转方法的思想是对称式逐步降低 off 函数，采用旋转形式

$$\boldsymbol{g}(i,j,\theta,\varphi)=\begin{bmatrix}1 & \cdots & 0 & \cdots & 0 & \cdots & 0\\ \vdots & \vdots & \ddots & \vdots & \vdots & \ddots & \vdots\\ 0 & \cdots & \cos\theta & \cdots & \mathrm{e}^{\mathrm{j}\varphi}\sin\theta & \cdots & 0\\ \vdots & \vdots & \ddots & \vdots & \vdots & \ddots & \vdots\\ 0 & \cdots & -\mathrm{e}^{\mathrm{j}\varphi}\sin\theta & \cdots & \cos\theta & \cdots & 0\\ \vdots & \vdots & \ddots & \vdots & \vdots & \ddots & \vdots\\ 0 & \cdots & 0 & \cdots & 0 & \cdots & 1\end{bmatrix}\begin{matrix}\\ \\ i\\ \\ j\\ \\ \\ \end{matrix} \tag{4.84}$$

$$\qquad\qquad\qquad i \qquad\qquad j$$

式(4.84)称为雅可比旋转算子，该算子最初用于单个 Hermitian 矩阵的对角化，这里推广到多个矩阵的联合对角化。至此，式(4.83)的求解最终转换成一系列雅可比旋转运算，并且 $\boldsymbol{A}(\theta)$ 可表示成为这一系列雅可比旋转的乘积。

综合以往研究，雅可比旋转技术包括三个基本步骤：

(1)选择一对坐标索引标号(i,j),且满足$1\leqslant i\leqslant j\leqslant n$;

(2)构造一个余弦－正弦矩阵$\boldsymbol{g}=\begin{bmatrix}\cos\theta & \mathrm{e}^{\mathrm{j}\varphi}\sin\theta\\ -\mathrm{e}^{\mathrm{j}\varphi}\sin\theta & \cos\theta\end{bmatrix}$,使下式为对角矩阵

$$\begin{bmatrix}b_{ii} & b_{ij}\\ b_{ji} & b_{jj}\end{bmatrix}=\begin{bmatrix}\cos\theta & \mathrm{e}^{\mathrm{j}\varphi}\sin\theta\\ -\mathrm{e}^{\mathrm{j}\varphi}\sin\theta & \cos\theta\end{bmatrix}^{\mathrm{T}}\begin{bmatrix}a_{ii} & a_{ij}\\ a_{ji} & a_{jj}\end{bmatrix}\begin{bmatrix}\cos\theta & \mathrm{e}^{\mathrm{j}\varphi}\sin\theta\\ -\mathrm{e}^{\mathrm{j}\varphi}\sin\theta & \cos\theta\end{bmatrix}$$

(3)计算矩阵$\boldsymbol{B}=\boldsymbol{g}^{\mathrm{T}}\boldsymbol{A}\boldsymbol{g}$,并用其代替原矩阵$\boldsymbol{A}$。此时,矩阵$\boldsymbol{B}$与矩阵$\boldsymbol{A}$除了第$i,j$行和列完全相同。

具体而言,从矩阵$\boldsymbol{D}_{\boldsymbol{XX}}(t_k,f_k)$和$\boldsymbol{D}_{\boldsymbol{SS}}(t_k,f_k)$中抽取对应于坐标索引标号$(i,j)$的元素,并构造新矩阵$\boldsymbol{D}_{\boldsymbol{XX}}(t_k,f_k)^{(i,j)}$和$\boldsymbol{D}_{\boldsymbol{SS}}(t_k,f_k)^{(i,j)}$

$$\boldsymbol{D}_{\boldsymbol{XX}}(t_k,f_k)^{(i,j)}=\begin{bmatrix}0 & \cdots & 0 & \cdots & 0 & \cdots & 0\\ \vdots & \vdots & \ddots & \vdots & \vdots & \ddots & \vdots\\ 0 & \cdots & a_k^{(ii)} & \cdots & a_k^{(ij)} & \cdots & 0\\ \vdots & \vdots & \ddots & \vdots & \vdots & \ddots & \vdots\\ 0 & \cdots & a_k^{(ji)} & \cdots & a_k^{(jj)} & \cdots & 0\\ \vdots & \vdots & \ddots & \vdots & \vdots & \ddots & \vdots\\ 0 & \cdots & 0 & \cdots & 0 & \cdots & 0\end{bmatrix}\begin{matrix}\\ \\ i\\ \\ j\\ \\ \\ \end{matrix}\tag{4.85}$$

$$\qquad\qquad\qquad\qquad i \qquad\qquad j$$

$$\boldsymbol{D}_{\boldsymbol{SS}}(t_k,f_k)^{(i,j)}=\begin{bmatrix}0 & \cdots & 0 & \cdots & 0 & \cdots & 0\\ \vdots & \vdots & \ddots & \vdots & \vdots & \ddots & \vdots\\ 0 & \cdots & b_k^{(ii)} & \cdots & b_k^{(ij)} & \cdots & 0\\ \vdots & \vdots & \ddots & \vdots & \vdots & \ddots & \vdots\\ 0 & \cdots & b_k^{(ji)} & \cdots & b_k^{(jj)} & \cdots & 0\\ \vdots & \vdots & \ddots & \vdots & \vdots & \ddots & \vdots\\ 0 & \cdots & 0 & \cdots & 0 & \cdots & 0\end{bmatrix}\begin{matrix}\\ \\ i\\ \\ j\\ \\ \\ \end{matrix}\tag{4.86}$$

$$\qquad\qquad\qquad\qquad i \qquad\qquad j$$

式中,$a_k^{(ij)}$代表矩阵$\boldsymbol{D}_{\boldsymbol{XX}}(t_k,f_k)^{(i,j)}$的第$(i,j)$个元素;$b_k^{(ij)}$代表矩阵$\boldsymbol{D}_{\boldsymbol{SS}}(t_k,f_k)^{(i,j)}$的第$(i,j)$个元素。

因此,式(4.83)的最优化问题等价于寻找旋转角度θ和φ,并使下式最大。

$$\max\sum_{k=1}^{K}\left((b_k^{(ii)})^2+(b_k^{(jj)})^2\right)\tag{4.87}$$

由于$2(|b_k^{(ii)}|^2+|b_k^{(jj)}|^2)=|b_k^{(ii)}-b_k^{(jj)}|^2+|b_k^{(ii)}+b_k^{(jj)}|^2$,并且迹$b_k^{(ii)}+b_k^{(jj)}$在酉变换中保持不变,因此,式(4.87)可以转化成

$$\max\left(Q=\sum_{k=1}^{K}|b_k^{(ii)}-b_k^{(jj)}|^2\right)\tag{4.88}$$

令

$$\boldsymbol{u}=[b_1^{(ii)}-b_1^{(jj)},\cdots,b_k^{(ii)}-b_k^{(jj)},\cdots,b_K^{(ii)}-b_K^{(jj)}]^{\mathrm{T}}\tag{4.89}$$

$$\boldsymbol{v}=[\cos 2\theta,-\sin 2\theta\cos\varphi,-\sin 2\theta\sin\varphi]\tag{4.90}$$

$$\boldsymbol{g}_k=[a_k^{(ii)}-a_k^{(jj)},a_k^{(ij)}+a_k^{(ji)},j(a_k^{(ji)}-a_k^{(ij)})]^{\mathrm{T}} \tag{4.91}$$

则 $\boldsymbol{u}_k=\boldsymbol{v}\cdot\boldsymbol{g}_k$，进而

$$b_k^{(ii)}-b_k^{(jj)}=(a_k^{(ii)}-a_k^{(jj)})\cos 2\theta-(a_k^{(ij)}+a_k^{(ji)})\sin 2\theta\cos\varphi-j(a_k^{(ji)}-a_k^{(ij)})\sin 2\theta\sin\varphi \tag{4.92}$$

因此，式(4.88)中的目标函数可以进一步表示为

$$Q=\sum_{k=1}^{K}|b_k^{(ii)}-b_k^{(jj)}|^2=\sum_{k=1}^{K}\boldsymbol{v}^{\mathrm{T}}\boldsymbol{g}_k\boldsymbol{g}_k^{\mathrm{H}}\boldsymbol{v}=\boldsymbol{v}^{\mathrm{T}}\boldsymbol{G}\boldsymbol{G}^{\mathrm{H}}\boldsymbol{v} \tag{4.93}$$

式中，$\boldsymbol{G}=[\boldsymbol{g}_1,\cdots,\boldsymbol{g}_k,\cdots\boldsymbol{g}_K]$为 $3\times K$ 维矩阵，并且 $\boldsymbol{v}^{\mathrm{T}}\boldsymbol{v}=1$，因此

$$Q=\frac{\boldsymbol{v}^{\mathrm{T}}\mathrm{Re}(\boldsymbol{G}\boldsymbol{G}^{\mathrm{H}})\boldsymbol{v}}{\boldsymbol{v}^{\mathrm{T}}\boldsymbol{v}} \tag{4.94}$$

当 $\boldsymbol{v}$ 为矩阵 $\mathrm{Re}(\boldsymbol{G}\boldsymbol{G}^{\mathrm{H}})$的最大特征值所对应的特征矢量时，$Q$ 达到最大值。因此，可以用特征矢量 $\boldsymbol{v}$ 来获得每一次迭代计算中的雅可比旋转角度 θ、φ 和雅可比旋转算子 $\boldsymbol{g}(i,j,\theta,\varphi)$。

最终，通过一系列的雅可比旋转，可实现矩阵组$\{\boldsymbol{D}_{\boldsymbol{XX}}(t_k,f_k)|k=1,2,\cdots,K\}$的联合对角化，并且$\boldsymbol{A}(\theta)$为所有旋转矩阵的乘积。当迭代收敛实现时，最后一次迭代所得到的$\boldsymbol{D}_{\boldsymbol{SS}}(t_k,f_k)$恰恰为最优对角化矩阵。因为$\boldsymbol{A}(\theta)$包含了信号子空间和噪声子空间的所有信息，最终可以用$\boldsymbol{A}(\theta)$和$\boldsymbol{D}_{\boldsymbol{SS}}(t_k,f_k)$来实现目标方位估计。

联合特征值即为

$$\boldsymbol{\lambda}_l=\frac{\sum_{k=1}^{K}|\boldsymbol{D}_{\boldsymbol{SS}}(t_k,f_k)^{(l,l)}|}{K},l=1,2,\cdots,N \tag{4.95}$$

因此，基于最小方差无畸变处理器的雅可比旋转联合对角化空时频矩阵组空间谱估计方法可以表示为

$$P_{\mathrm{MVDR}}^{\mathrm{TF-JD}}(\theta)=\frac{1}{\boldsymbol{a}^{\mathrm{H}}(\theta)\sum_{l=1}^{N}\left(\frac{1}{\boldsymbol{\lambda}_l}\boldsymbol{A}_l(\theta)\boldsymbol{A}_l^{\mathrm{H}}(\theta)\right)\boldsymbol{a}(\theta)} \tag{4.96}$$

式中，$\boldsymbol{A}_l(\theta)$是$\boldsymbol{A}(\theta)$的第 l 列，与第 l 个特征值 $\boldsymbol{\lambda}_l$ 相对应。

概括而言，实现基于雅可比旋转联合对角化的空时频方位估计方法基本步骤如下：

(1)利用接收得到的阵列数据 $\boldsymbol{X}(t)$构造空时频分布矩阵 $\boldsymbol{D}_{\boldsymbol{XX}}(t,f)$；

(2)选择一系列时频点(t_k,f_k)，$k=1,2,\cdots,K$，形成 K 个空时频矩阵 $\boldsymbol{D}_{\boldsymbol{XX}}(t_k,f_k)$，$k=1,2,\cdots,K$；

(3)根据雅可比旋转方法，获得矩阵组$\{\boldsymbol{D}_{\boldsymbol{XX}}(t_k,f_k)|k=1,2,\cdots,K\}$的联合对角器，即为阵列流型矩阵 $\boldsymbol{A}(\theta)$；此外，当算法达到迭代收敛时，即可在最后一次收敛过程中获得最优化对角矩阵 $\boldsymbol{D}_{\boldsymbol{SS}}(t_k,f_k)$；

(4)进一步，可通过式(4.95)获得联合特征值

$$\boldsymbol{\lambda}_l=\frac{\sum_{k=1}^{K}|\boldsymbol{D}_{\boldsymbol{SS}}(t_k,f_k)^{(l,l)}|}{K}$$

(5)最后，根据式(4.96)可获得基于最小方差无畸变处理器的雅可比旋转联合对角化空时频矩阵组空间谱估计器

$$P_{\mathrm{MVDR}}^{\mathrm{TF-JD}}(\theta)=\frac{1}{\boldsymbol{a}^{\mathrm{H}}(\theta)\sum_{l=1}^{N}\left(\frac{1}{\boldsymbol{\lambda}_l}\boldsymbol{A}_l(\theta)\boldsymbol{A}_l^{\mathrm{H}}(\theta)\right)\boldsymbol{a}(\theta)}$$

4.6　数值仿真分析

本节对前述算法进行仿真分析，首先对单目标、多相干声源进行方位估计，随后分析不同信噪比条件下各算法的空间谱结构，最后对各算法的统计性能进行讨论。在接下来的讨论中，阵列信噪比定义为

$$\mathrm{SNR}=20\log_{10}\left(\frac{\|\boldsymbol{A}(\theta)\boldsymbol{S}(t)\|_2}{\|\boldsymbol{N}(t)\|_2}\right)\tag{4.97}$$

式中，$\|\boldsymbol{N}(t)\|_2$ 表示噪声的 l_2 范数，$\|\boldsymbol{A}(\theta)\boldsymbol{S}(t)\|_2$ 表示接收信号的 l_2 范数。此外，为方便起见，我们称基于空时频分布矩阵的算法为“STFD－算法”，例如，基于空时频分布矩阵的常规波束形成称为“STFD－CBF”。同理，我们称基于雅可比旋转联合对角化的空时频分布矩阵组方位估计算法为“STFD－JD－算法”，例如，采用最小方差无畸变处理器的基于雅可比旋转联合对角化的空时频分布矩阵组方位估计算法称为“STFD－JD－MVDR”。另外，为了进一步区分传统声压水听器阵和矢量水听器阵，我们将基于传统声压水听器阵的算法称为“算法 by PSA”，将基于矢量水听器阵的算法称为“算法 by VSA”。

4.6.1　单目标声源空间谱估计

1. 传统声压水听器阵算法

考虑由各向同性声压水听器组成的一均匀线列阵，阵元个数为 8 个，阵元间距为半波长。一窄带信源位于均匀线列阵的远场，入射角度为 10°，信源频率为 20 Hz。阵列接收信号的采样快拍数为 1 024 个，信噪比为 5 dB。在此条件下，算法空间谱仿真结果如图 4.3 所示。

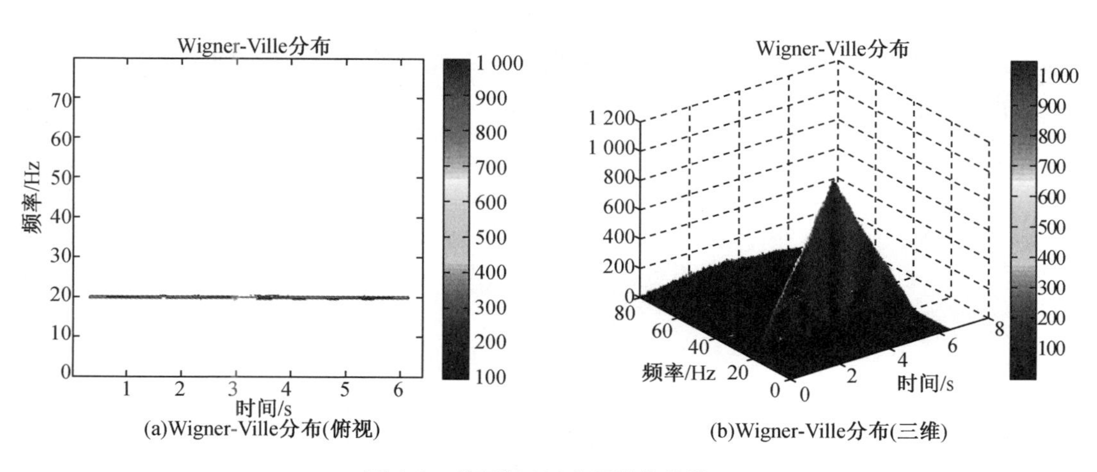

图 4.3　单目标 10°空间谱估计结果

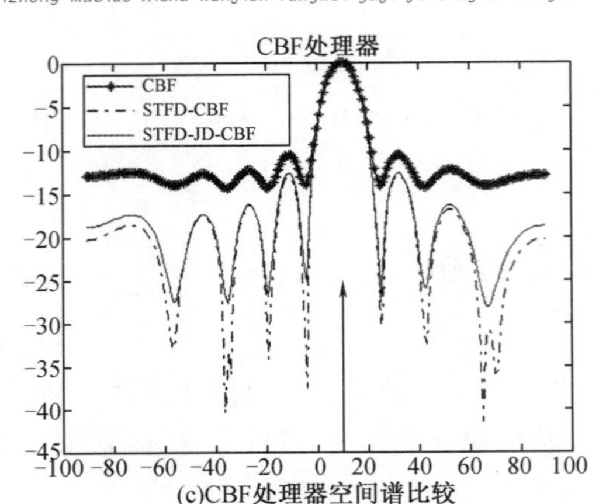

(c)CBF处理器空间谱比较

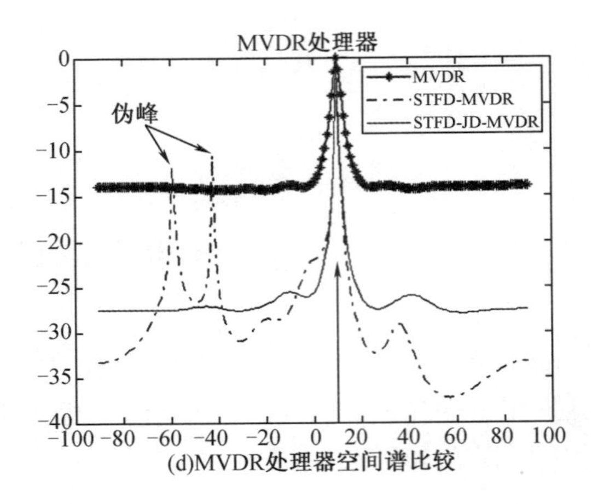

(d)MVDR处理器空间谱比较

图 4.3(续)

图 4.3(a)和图 4.3(b)是信源的 Wigner – Ville 分布结构,反映了信源的时频特性。其中,图 4.3(a)为信源 Wigner – Ville 分布的俯视图,图 4.3(b)为信源 Wigner – Ville 分布的三维图。以图 4.3(a)为例,图中的窄条带清晰的表明源信号仅有一个窄带频率,为 20 Hz。图 4.3(c)比较了 CBF、STFD – CBF 和 STFD – JD – CBF 三种算法的空间谱估计结果。可以明显看出,基于空时频分布矩阵的算法 STFD – CBF 和 STFD – JD – CBF 较常规 CBF 算法具有更低的旁瓣。图 4.3(d)比较了 MVDR、STFD – MVDR 和 STFD – JD – MVDR 三种算法的空间谱估计结果。显而易见,STFD – MVDR 和 STFD – JD – MVDR 均具有较窄的谱峰,能够清晰地指示出信源的真实位置。然而,值得注意的是,STFD – MVDR 算法却呈现出了明显的伪峰(如图中箭头所示)。以上仿真结果和分析表明,本文所提出的基于雅可比旋转联合对角化的空时频矩阵组算法能有效估计出信源的方位信息,较其他算法具有更尖锐的谱峰和更低的旁瓣。

2. 矢量水听器阵算法

以上讨论了基于传统声压水听器阵的算法,现在将该算法推广至矢量水听器阵。

考虑一个均匀矢量线阵,该矢量阵由 5 个矢量水听器组成,各水听器之间的距离为半波长。一窄带信源位于均匀线列阵的远场,以 –20°方位角入射,信源频率为 20 Hz。阵列接收信号的采样快拍数为 1 024 个,信噪比为 5 dB。在此条件下,算法空间谱仿真结果如图 4.4 所示。

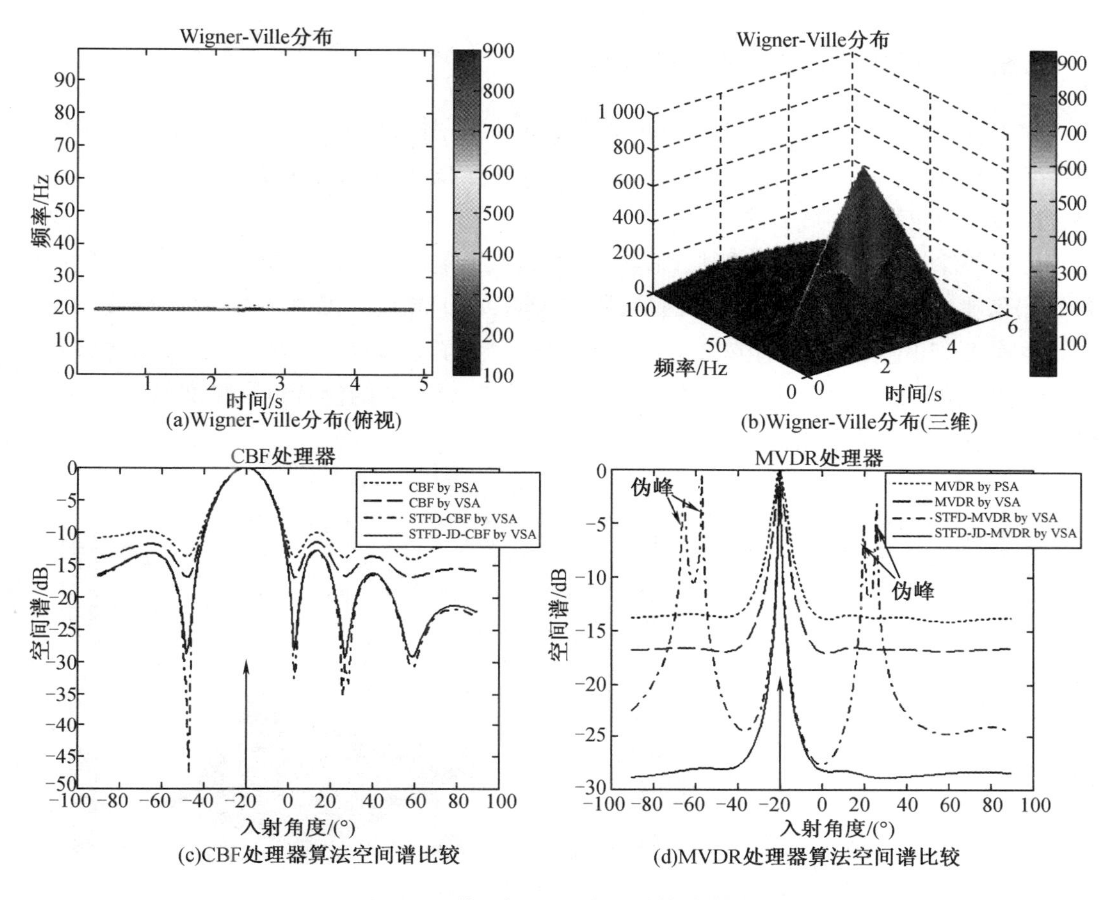

图4.4　单目标－20°空间谱估计结果

如同图4.3(a)和图4.3(b),图4.4(a)和图4.3(b)呈现了源信号的Wigner－Ville分布结构,图4.4(a)中的窄条带清晰地反映了源信号仅有一个窄带频率20 Hz,与我们的预设条件相符。图4.4(c)为基于CBF处理器的各算法空间谱图。比较CBF by VSA和CBF by PSA两种算法,显而易见,在相同条件下,矢量阵较声压阵具有更低的旁瓣。也就是说,通过利用质点振速信息,声矢量阵较声压阵能够获得更优异的性能,比如说,更低的旁瓣和更高的阵增益。与此同时,值得注意的是,STFD－CBF by VSA和STFD－JD－CBF by VSA算法进一步压低了旁瓣,使算法性能进一步提高。究其原因,主要是由于基于空时频分布矩阵的算法能充分利用阵列接收信号的空时频三维信息,较传统算法可获得更多一维的频域信息,所以具有更好的性能。图4.4(d)为基于MVDR处理器的各算法空间谱图。可以明显地看出,STFD－JD－MVDR by VSA算法具有最低的旁瓣(大约－30 dB)和最窄的谱峰,能够清晰指示出声源的入射方位角度。此外,值得注意的是,STFD－MVDR by VSA算法空间谱图呈现出了明显的伪峰(如图中箭头所示),几乎淹没了真实目标的谱峰,极大地干扰了对目标方位的判读。究其原因,本文所提出的算法不仅利用了矢量阵和空时频分布信息,而且利用雅可比旋转联合对角化方法将所有相关的空时频分布点信息结合起来,实现了算法更优异的性能。

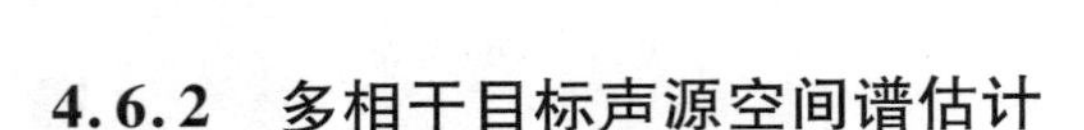

4.6.2 多相干目标声源空间谱估计

为了进一步验证本文方位估计算法的有效性和实用性,我们保持上节中的仿真条件基本不变,分别讨论基于声压水听器阵和矢量水听器阵的多相干目标声源方位估计结果。

1. 传统声压水听器阵算法

仿真条件与上节条件基本相似,假设入射目标为两个相干信源,其入射角度分别为3°和10°,信噪比为10 dB。值得注意的是,研究表明,相干源具有很强的相关性,导致阵列协方差矩阵 $\boldsymbol{R}_{XX}$ 和空时频分布矩阵 $\boldsymbol{D}_{XX}(t,f)$ 秩亏缺。为了克服这一问题,本文采用前后向空间平滑技术进行解相干处理,具体方法这里暂不赘述,感兴趣的读者可参见文献[1]。以上仿真条件下的仿真结果如图4.5所示。

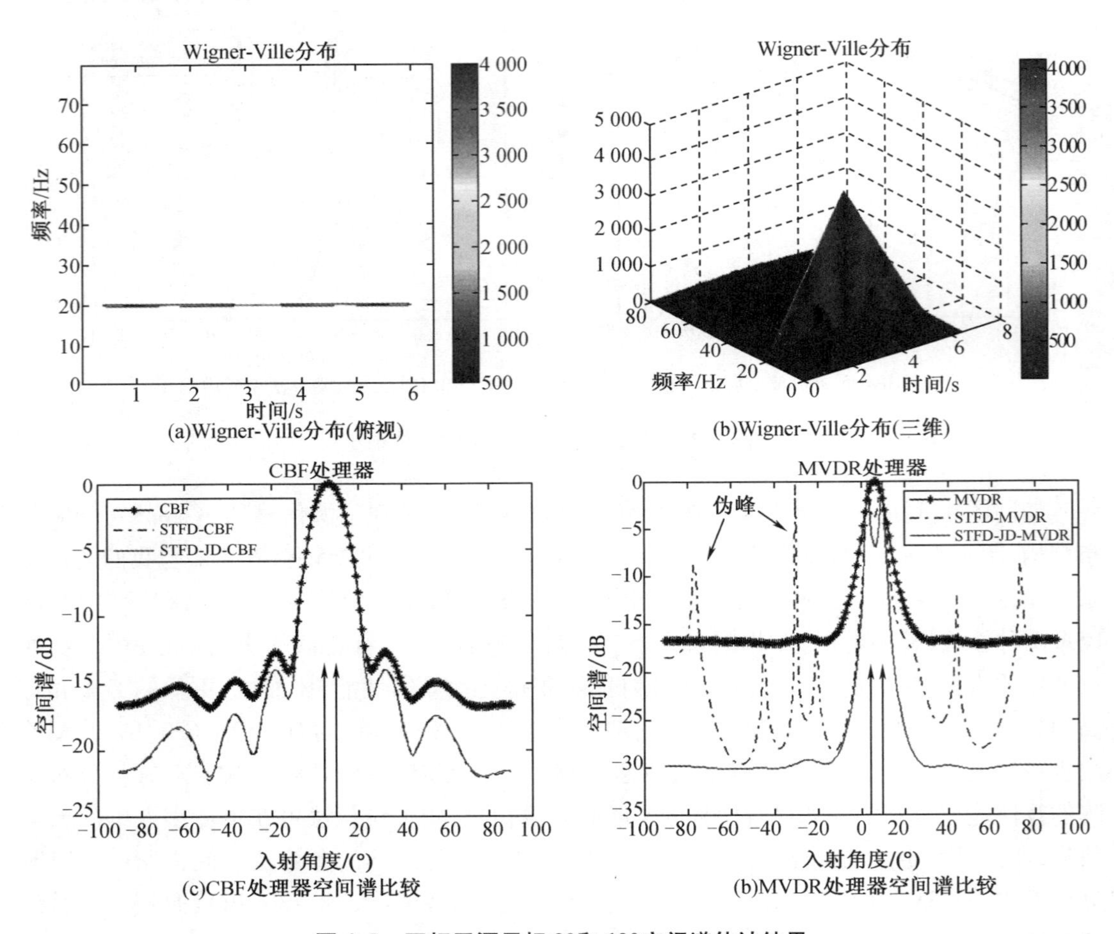

图4.5 双相干源目标3°和10°空间谱估计结果

与前述类似,图4.5(a)和图4.5(b)是信号的Wigner - Ville分布,揭示了信号的时频结构。正如所料,由于信号是相干的,在时频面上我们根本无法准确有效地区分开两个目标。另一方面,在图4.5(c)中,由于CBF处理器固有分辨力受阵列孔径瑞利限限制,CBF,STFD - CBF和STFD - JD - CBF三种算法的空间谱图均只有一个很宽的谱峰,三种算法均无法有效分辨出两个相干信号。图4.5(d)比较了MVDR,STFD－MVDR和STFD－JD－MVDR三种算法的空间谱图。通过观察可得,常规MVDR仅有一个谱峰,无法有效分辨出两个相干信号,但STFD－MVDR和STFD－JD－MVDR均具有两个谱峰,能够分辨出空间距离较近的两个相干目标。然而,STFD－MVDR算法空间谱图中存在明显的伪峰(由箭头指示),这些伪峰淹没了真正信号的谱峰,给真实目标的判断带来了很强的干扰。通过本仿真结果分析可见,在空间距离较近的相干源条件下,STFD－JD－MVDR算法较MVDR和STFD－MVDR算法具有更高的分辨能力和更低的旁瓣。

2. 矢量水听器阵算法

仿真条件与上节条件基本相似,假设矢量水听器阵由8个阵元组成,入射目标为三个相干信源,其入射角度分别为－60°、0°和20°,信噪比为20 dB。同样采用前述空间平滑技术进行解相干处理。以上仿真条件下的仿真结果如图4.6所示。

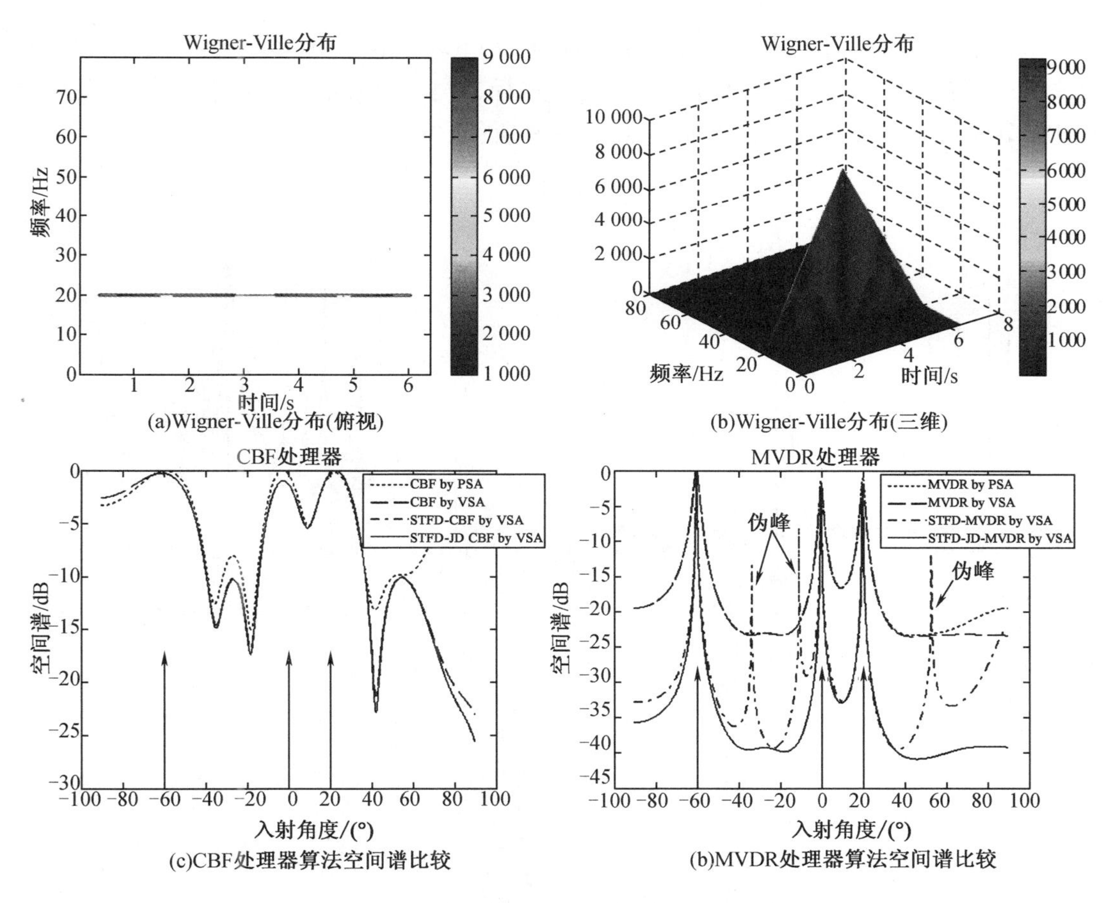

图4.6 三相干源目标－60°、0°和20°空间谱估计结果

与以往分析相类似,图4.6(a)和图4.6(b)揭示了信号Wigner－Ville分布结构,但无法在时频面上区分开相干目标。由于受阵列孔径瑞利限限制,图4.6(c)中的CBF处理器分辨力有限,出现了多个较宽的主瓣,且其主瓣最高处所指示的方位与真实目标方位出现了较大的偏差,已无法准确估计三个相干目标的入射方位角度。与此同时,图4.6(d)对基于

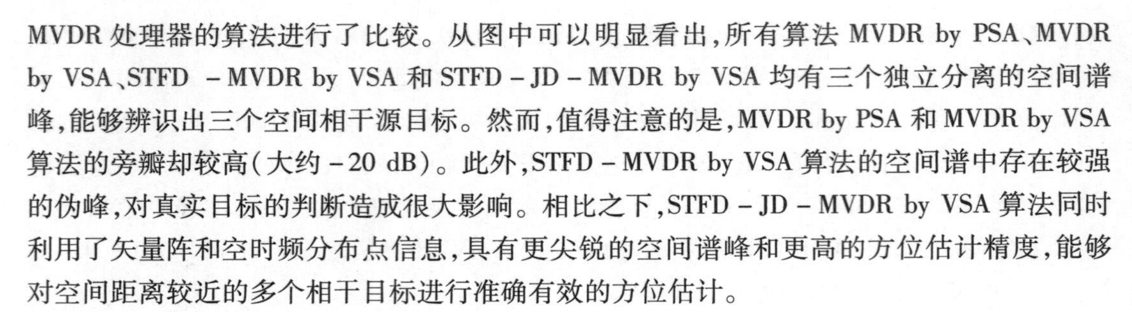

MVDR 处理器的算法进行了比较。从图中可以明显看出，所有算法 MVDR by PSA、MVDR by VSA、STFD －MVDR by VSA 和 STFD－JD－MVDR by VSA 均有三个独立分离的空间谱峰，能够辨识出三个空间相干源目标。然而，值得注意的是，MVDR by PSA 和 MVDR by VSA 算法的旁瓣却较高（大约 －20 dB）。此外，STFD－MVDR by VSA 算法的空间谱中存在较强的伪峰，对真实目标的判断造成很大影响。相比之下，STFD－JD－MVDR by VSA 算法同时利用了矢量阵和空时频分布点信息，具有更尖锐的空间谱峰和更高的方位估计精度，能够对空间距离较近的多个相干目标进行准确有效的方位估计。

4.6.3 不同信噪比条件下的空间谱

在上述仿真讨论中，信噪比固定且仅绘制一次各算法的空间谱曲线。接下来，本小节在相同信噪比条件下绘制多次空间谱曲线，同时考察不同信噪比条件下的算法性能。

1. 传统声压水听器阵算法

仿真条件与前述相似，但信噪比分别设置为 20 dB、15 dB 和 10 dB。在此条件下，基于 CBF 处理器的算法均无法辨识出空间双相干目标，故将不呈现其结果，我们仅呈现基于 MVDR 处理器的算法空间谱结果，如图 4.7～4.9 所示。

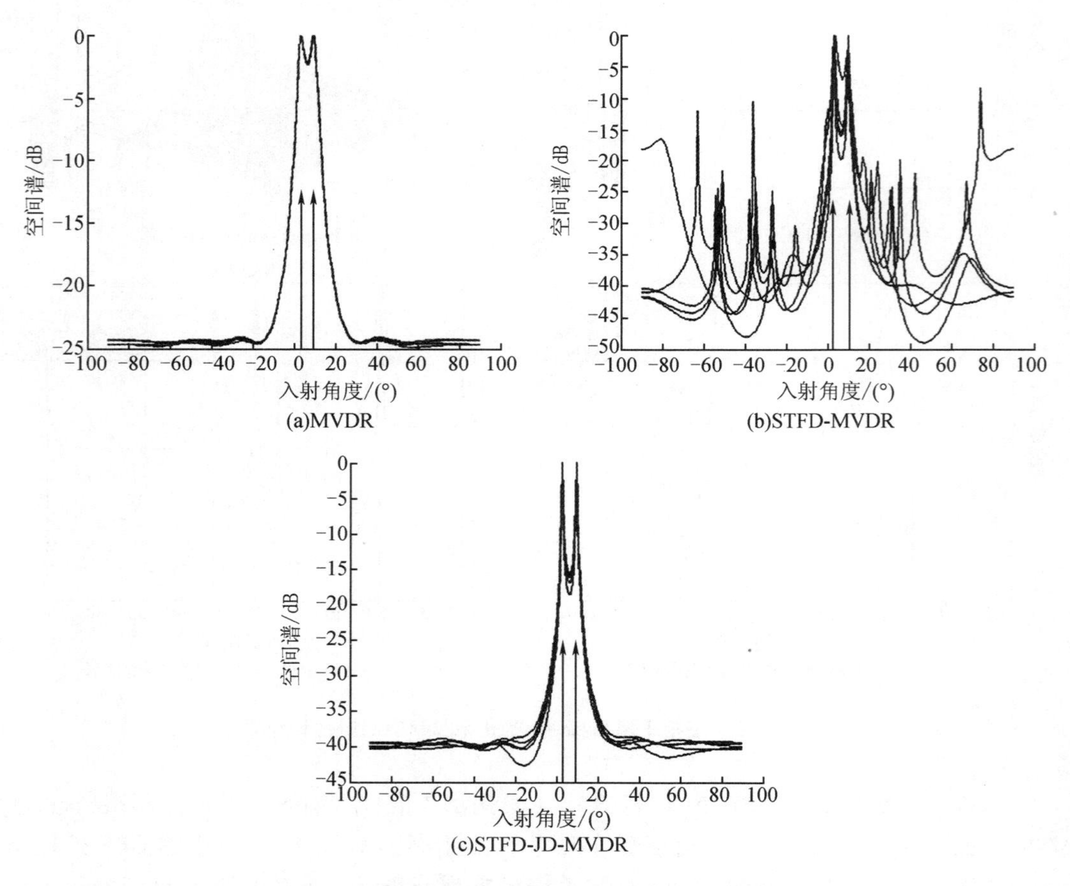

图 4.7 相干源 3°和 10°空间谱图（SNR＝20 dB）

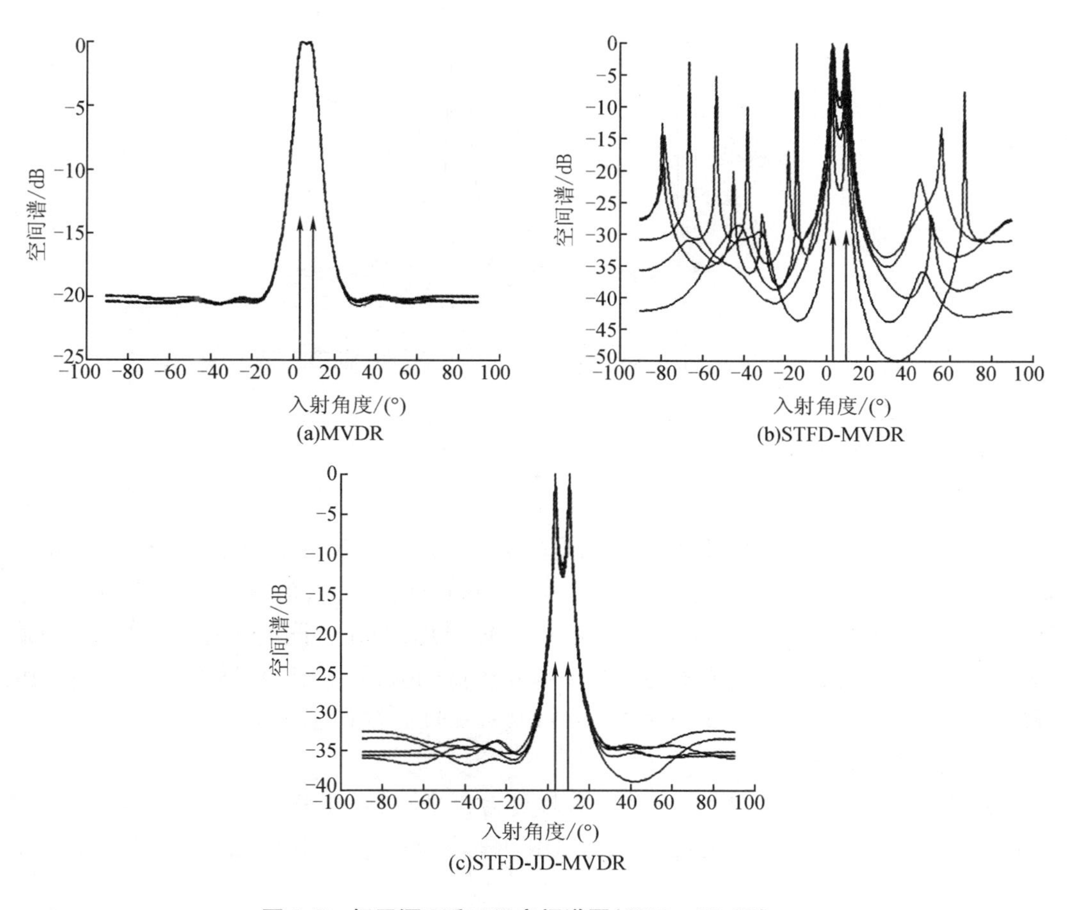

图 4.8　相干源 3°和 10°空间谱图(SNR = 15 dB)

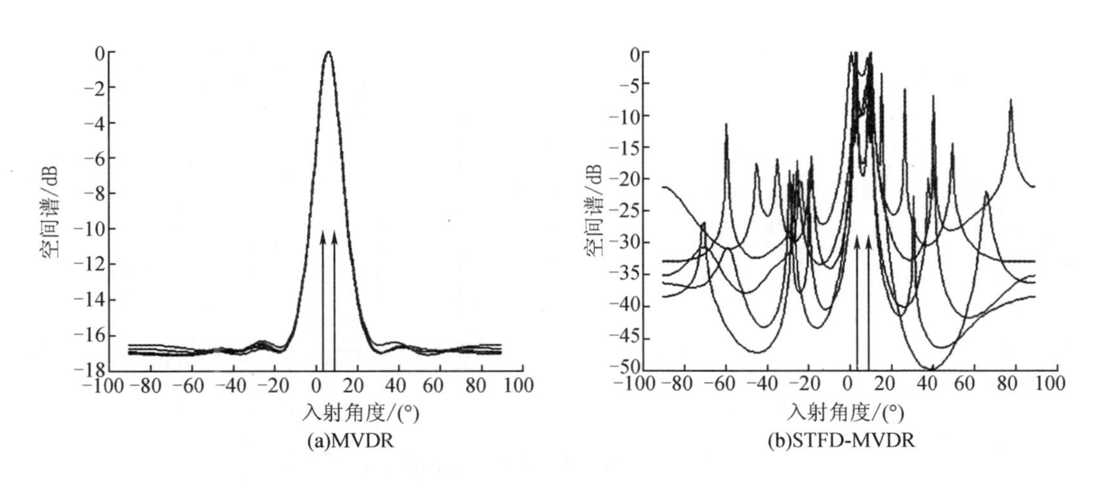

图 4.9　相干源 3°和 10°空间谱图(SNR = 10 dB)

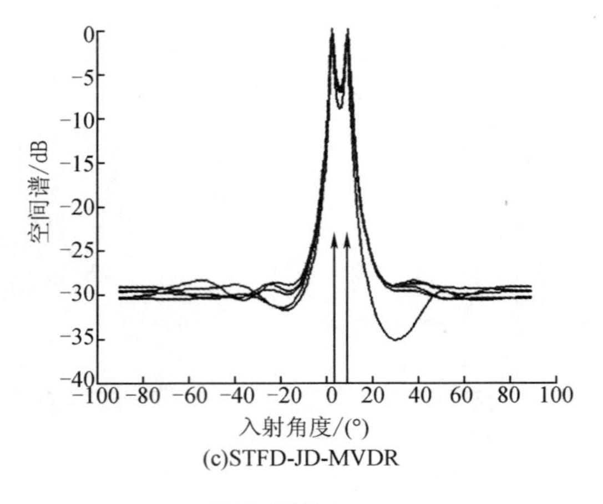

(c)STFD-JD-MVDR

图 4.9(续)

可以明显看出,随着信噪比的减小,所有算法的性能均出现下降。例如,当信噪比从 20 dB 降低为 10 dB 时,MVDR 已无法区分开空间中的两目标。然而,值得注意的是,虽然在低信噪比条件下 STFD - JD - MVDR 算法性能也出现退化,但在相同的信噪比条件下,STFD - JD - MVDR 算法较其他算法具有更高的谱峰和更低的旁瓣。此仿真结果表明,在不同的信噪比条件下,本文所提出的 STFD - JD - MVDR 算法性能较其他算法更优。

2. 矢量水听器阵算法

仿真条件与前述相似,但矢量水听器数量为 5 个,信噪比分别设置为 30 dB、20 dB 和 15 dB。与前述相同,我们仅呈现基于 MVDR 处理器的算法空间谱结果,如图 4.10 ~ 4.12 所示。

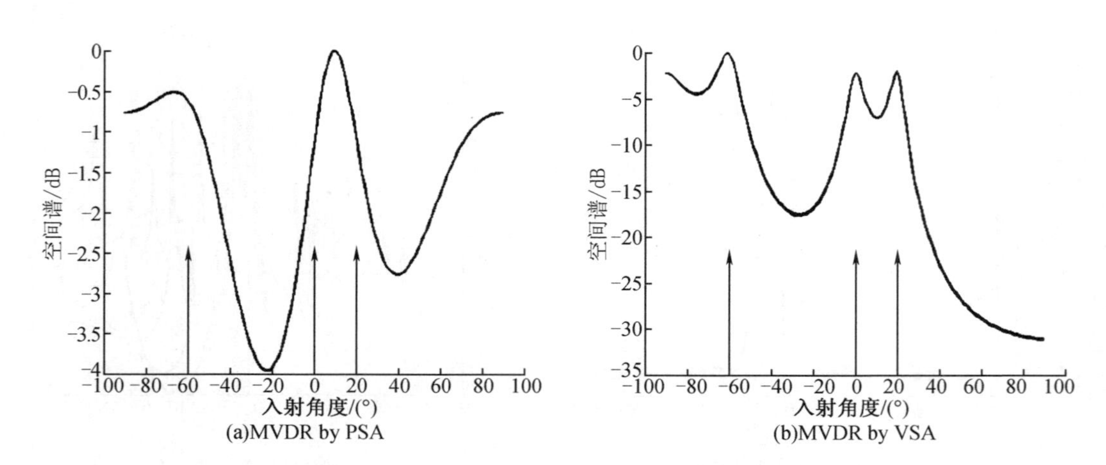

图 4.10　SNR = 30 dB 条件下空间谱估计结果

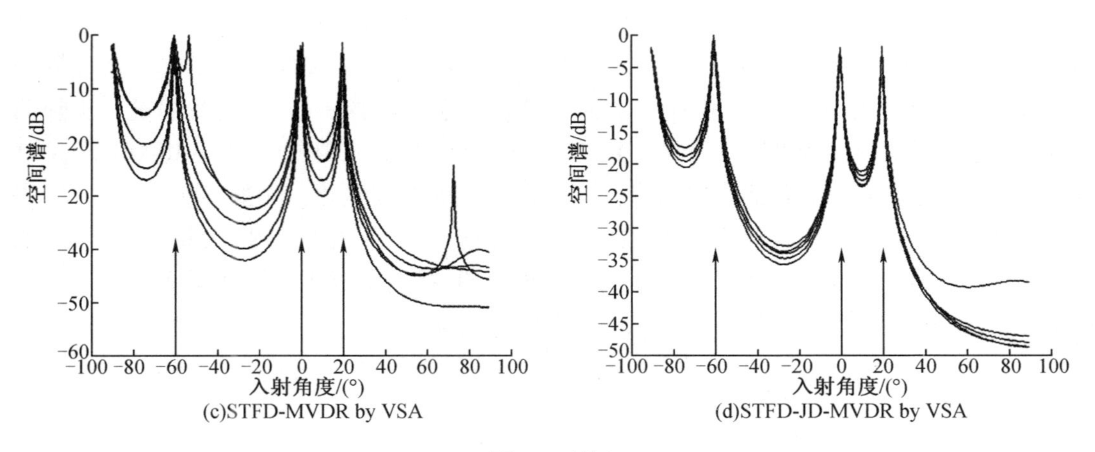

图 4.10（续）

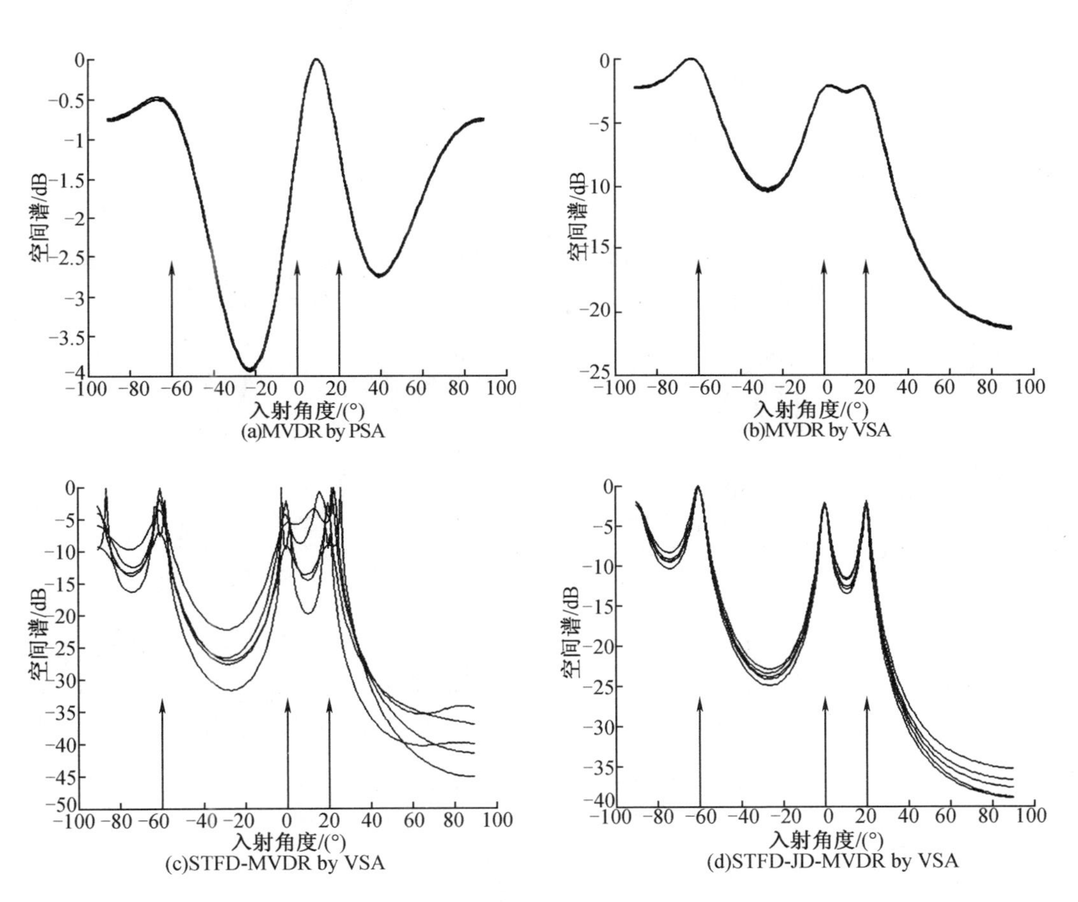

图 4.11　SNR = 20 dB 条件下空间谱估计结果

图 4.10 为信噪比为 30 dB 条件下空间谱估计结果。从图 4.10(a)明显看出，基于声压阵的 MVDR 算法根本无法分辨出 0°和 20°的两个信源目标。相比之下，如图 4.10(b)所示，MVDR by VSA 利用矢量阵获得的质点振速信息，能够区分开这两个目标。此外，图 4.10(c)表明 STFD – MVDR by VSA 算法进一步利用空时频分布信息，能够改善方位估计的分辨能

力。在此基础之上,本章所提出的 STFD - JD - MVDR by VSA 算法利用雅可比旋转联合对角化技术,将所有相关的空时频分布矩阵信息结合起来,更进一步地提高了方位估计算法的性能,如更尖锐的谱峰和更低的旁瓣。为了综合考察以上算法的性能,我们进一步降低 SNR 并分析仿真结果。从图 4.11 和图 4.12 中可以看出,除了 STFD - JD - MVDR by VSA 算法以外,其他算法均随着信噪比的降低而出现明显的性能退化。例如,在 SNR 为 15 dB 时,STFD - JD - MVDR by VSA 算法仍然可以清晰分辨出三个相干信号,而相比之下,其他算法则无法估计出波信号的方位。以上仿真结果表明,我们所提出的算法对噪声具有一定的稳健性,尤其在低信噪比条件下,较其他算法性能更优。

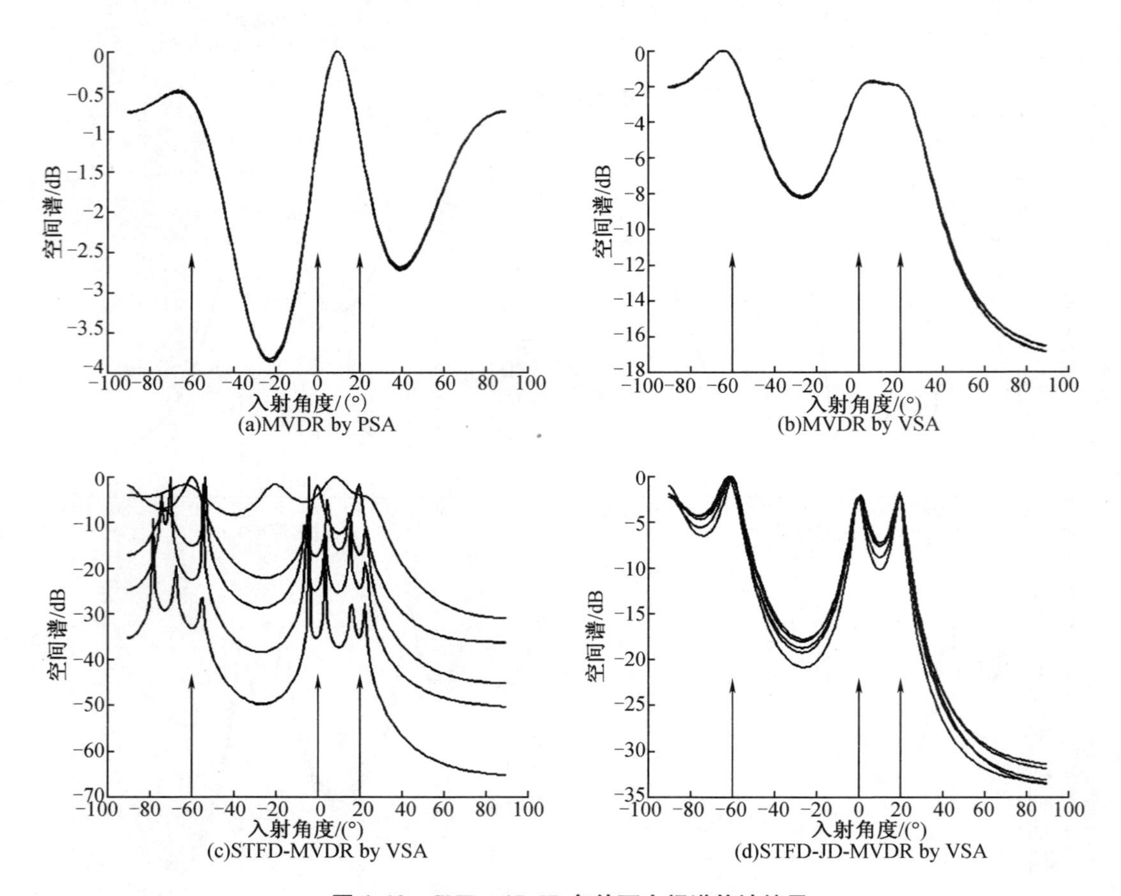

图 4.12　SNR = 15 dB 条件下空间谱估计结果

4.6.4　统计性能分析

目前为止,我们已经讨论并分析了单源目标及多相干源目标空间谱估计结果,接下来将分析算法在不同信噪比、快拍数或阵元数条件下的统计性能。

1. 传统声压水听器阵算法

对于传统声压水听器阵算法,我们分析算法性能随信噪比的变化关系。方位估计算法性能由方位估计偏差(DOA estimation bias, DEB)和主旁瓣比(peak - to - sidelobe ratio, PSR)

两个指标来衡量，其中，方位估计偏差 DEB 定义为欧几里得距离，即

$$\mathrm{DEB}=\sqrt{(\hat{\theta}-\theta_0)^2} \tag{4.98}$$

式中，$\hat{\theta}$ 和 θ_0 分别代表算法估计所得的方位角和真实的方位角。

主旁瓣比 PSR 定义为

$$\mathrm{PSR}=10\log_{10}\left(\frac{P_{\mathrm{peak}}}{P_{\mathrm{max-sidelobe}}}\right) \tag{4.99}$$

式中，P_{peak} 和 $P_{\mathrm{max-sidelobe}}$ 分别代表空间谱曲线中最高谱峰的功率和最大旁瓣的功率。

仿真条件与 4.6.1 小节相似，SNR 变化在 10～20 dB，蒙特卡罗统计试验次数为 50 次。基于 CBF 处理器的仿真结果如图 4.13 所示，基于 MVDR 处理器的仿真结果如图 4.14 所示。

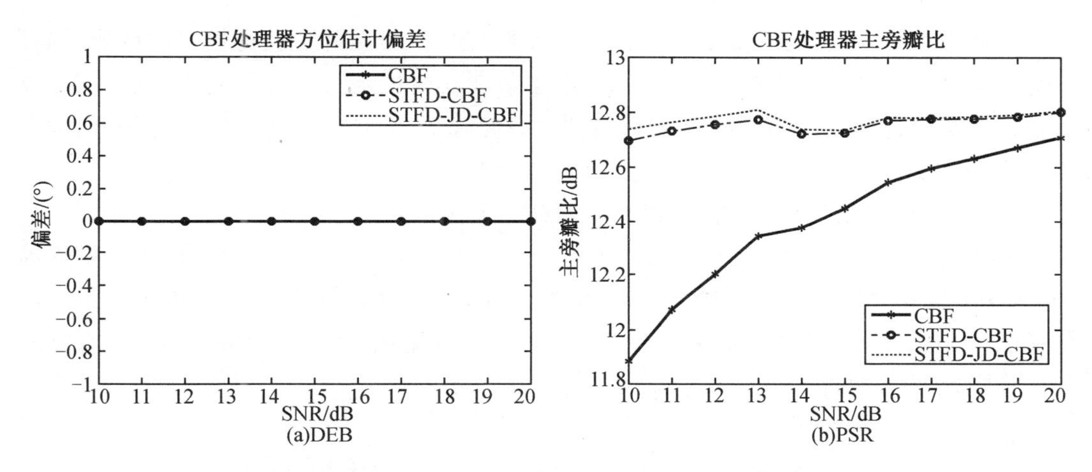

图 4.13　基于 CBF 处理器的仿真结果

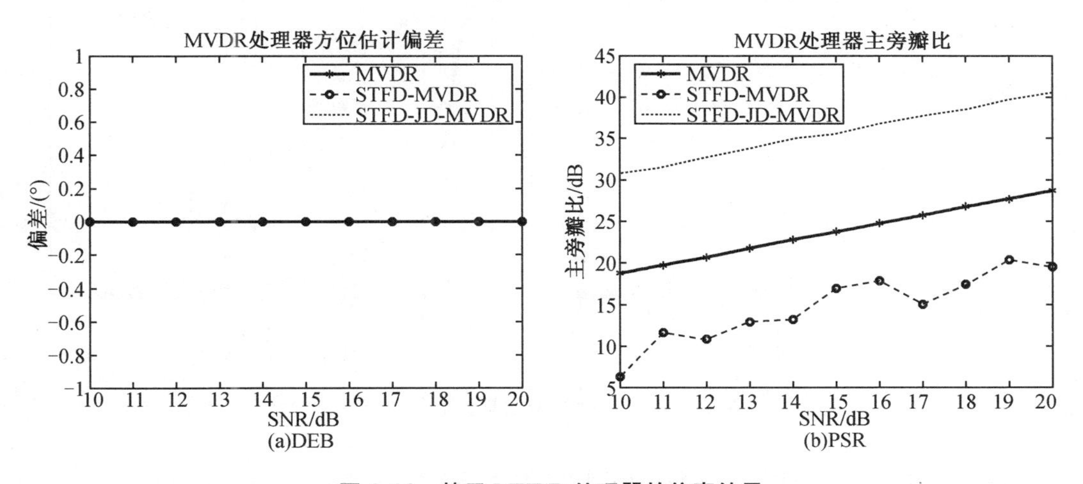

图 4.14　基于 MVDR 处理器的仿真结果

从图 4.13(a) 和图 4.14(a) 中可以看出，所有算法的方位估计偏差 DEB 均接近 0°，各种算法的单目标方位估计精度具有可比性。图 4.13(b) 及图 4.14(b) 比较了各算法在不同

信噪比条件下的主旁瓣比 PSR。显而易见,所有算法的主旁瓣比均随着信噪比的增加而增加。然而,值得注意的是,STFD - JD - MVDR 算法始终具有最高的主旁瓣比,尤其是在低信噪比情况下,其性能优势更明显。以上仿真结果充分显示了我们所提出的 STFD - JD - MVDR 算法的优异性能。

2. 矢量水听器阵算法

对于矢量水听器阵算法,我们分析算法均方根误差(root of mean square error,RMSE)随信噪比、快拍数及阵元数的变化关系。其中,均方根误差 RMSE 定义为

$$\mathrm{RMSE} = \sqrt{\frac{1}{S}\sum_{s=1}^{S}(\hat{\theta}^{(s)} - \theta_0)^2} \tag{4.100}$$

式中,S 为蒙特卡罗统计试验次数,$\hat{\theta}^{(s)}$ 为第 s 次蒙特卡罗统计试验所估计的方位角度,θ_0 为目标真实的方位角度。

以往研究表明,通过利用质点振速信息,矢量阵较传统声压阵可获得更好的性能,如更高的方位估计精度和空间增益。另一方面,本小节旨在讨论基于矢量阵的各算法性能,故在下面的仿真中,我们只讨论分析矢量阵算法。方便起见,忽略“by VSA”这一记号,但读者始终要牢记以下算法均是基于矢量阵而得来的。

(1)不同信噪比条件下的均方根误差(RMSE v. s. SNR)

在本仿真分析中,假设均匀矢量线阵由 5 个矢量水听器组成。信源目标位于矢量阵远场,且为两个等功率窄带相干信号,中心频率为 20 Hz,入射角度分别为 -8°和 8°。接收信号快拍数为 512,蒙特卡罗统计试验次数为 50 次,信噪比变化在 0~30 dB。图 4.15 为算法性能随信噪比变化关系。

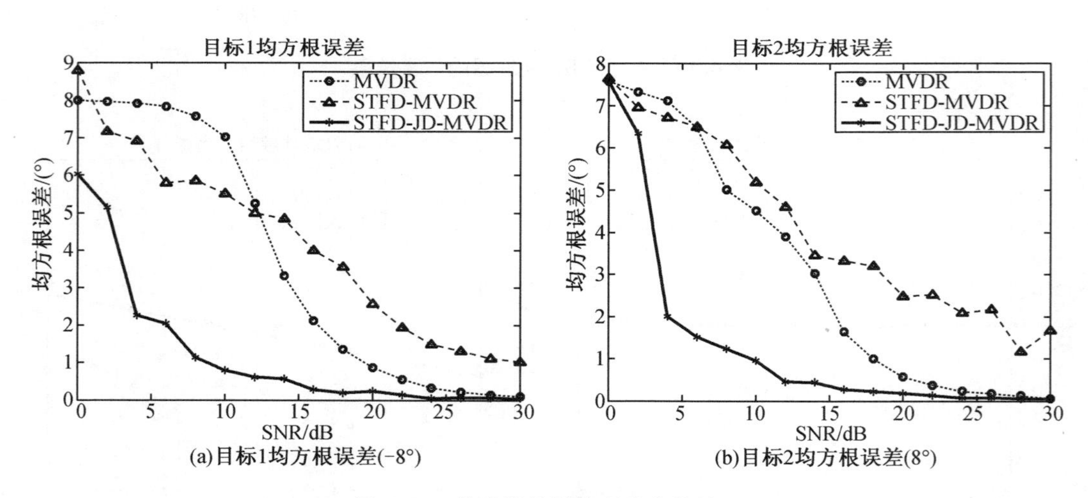

(a)目标1均方根误差(-8°)　　(b)目标2均方根误差(8°)

图 4.15　算法性能随信噪比变化关系

从图 4.15 中可以明显看出,所有算法均方根误差均随着信噪比的增加而降低。这一现象与事实相符,方位估计算法的性能随着信噪比的增加而改善,随着信噪比的降低而退化。然而,值得注意的是,STFD - JD - MVDR 算法始终具有最低的均方根误差,尤其在低信噪比情况下,这种优势更加明显。例如,在图 4.15(a)中,当 SNR 为 5 dB 时,STFD - JD - MVDR

算法的均方根误差仅为2°,而MVDR算法和STFD－MVDR算法的均方根误差却分别为8°和7°。究其原因,可能有两方面的因素:(1)当利用空时频分布进行目标方位估计时,噪声功率被分布在整个时频面上,其影响相对变小,反之增加了有效信噪比,进而提高了算法对噪声的稳健性;(2)利用雅可比旋转联合对角化技术充分融合了多个空时频分布矩阵信息,进而改善了方位估计的性能,尤其在低信噪比条件下,效果更加明显。综上所述,本仿真分析结果充分表明了本书所提出的算法对噪声的稳健性。

(2)不同快拍数条件下的均方根误差(RMSE v. s. snapshots)

在本例仿真中,我们考察不同快拍数条件下各个算法的性能。仿真条件与上小节相似,信噪比为5 dB,快拍数变化在32～928,变化步长为128。图4.16描述了在5 dB信噪比条件,算法性能随快拍数变化的关系曲线。

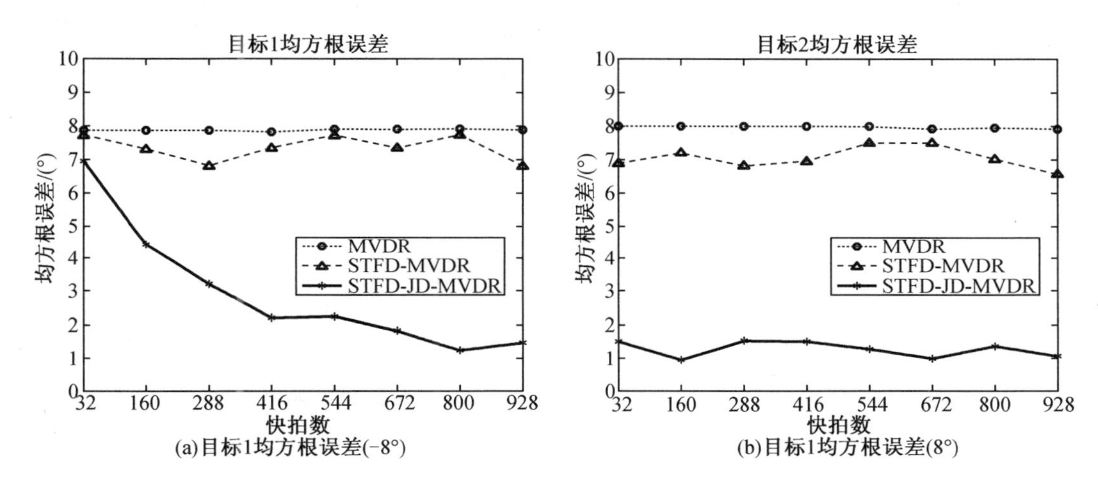

图4.16 算法性能随快拍数变化关系

如前所述,STFD－MVDR算法本质上是MVDR算法的一种演变结果,其仅利用了单个时频点信息。受信息量的限制,STFD－MVDR算法的性能不一定总能优于MVDR算法。从图4.16中可以明显看出,STFD－MVDR算法曲线和MVDR算法曲线没有明显区别。然而,由于联合利用了多个空时频矩阵信息,本文所提出的STFD－JD－MVDR算法却对小快拍数具有更强的稳健性。具体而言,STFD－JD－MVDR算法始终具有最低的均方根误差。此外,值得注意的是,对于－8°目标而言,STFD－JD－MVDR算法的均方根误差曲线随着快拍数的增加而逐渐降低;对于8°目标而言,STFD－JD－MVDR算法的均方根误差曲线基本保持不变,呈现平稳状态。本仿真结果表明,本书所提出的STFD－JD－MVDR算法,尤其在低噪声及相干环境下,对快拍数具有较强的稳健性。

(3)不同阵元数条件下的均方根误差(RMSE v. s. num. of sensors)

在最后这例仿真中,我们考察不同阵元数条件下各个算法的性能。仿真条件与上小节相似,信噪比为5 dB,阵元数变化范围3～8个,其他参数不变。图4.17描述了算法性能随阵元数变化的关系曲线。

从图4.17中可以看出,随着阵元数的增加,所有算法的均方根误差均明显下降。这与实际情况相符，阵元孔径在某种程度上决定了算法的性能。一般而言，大孔径阵列将会获得更高的方位估计精度和分辨力。除此之外，通过观察可知，在阵元数小于 6 个时，STFD－MVDR 算法的均方根误差曲线几乎与 MVDR 算法曲线相重合。也就是说，在一定条件下，STFD－MVDR 算法与 MVDR 算法性能相近。换而言之，STFD－MVDR 算法性能不一定总优于 MVDR 算法性能。然而，值得注意的是，无论阵元数如何变化，STFD－JD－MVDR 算法曲线总是低于其他算法曲线，这无疑表明 STFD－JD－MVDR 算法优于其他算法。其主要原因是本书所提出的算法不仅利用了空时频三维信息，同时将空时频矩阵组信息进行了有效融合，故可在小阵元数条件下获得优异的性能。本仿真结果表明，本文所提出的 STFD－JD－MVDR 算法，尤其在低噪声及相干环境下，对阵元数具有较强的稳健性。

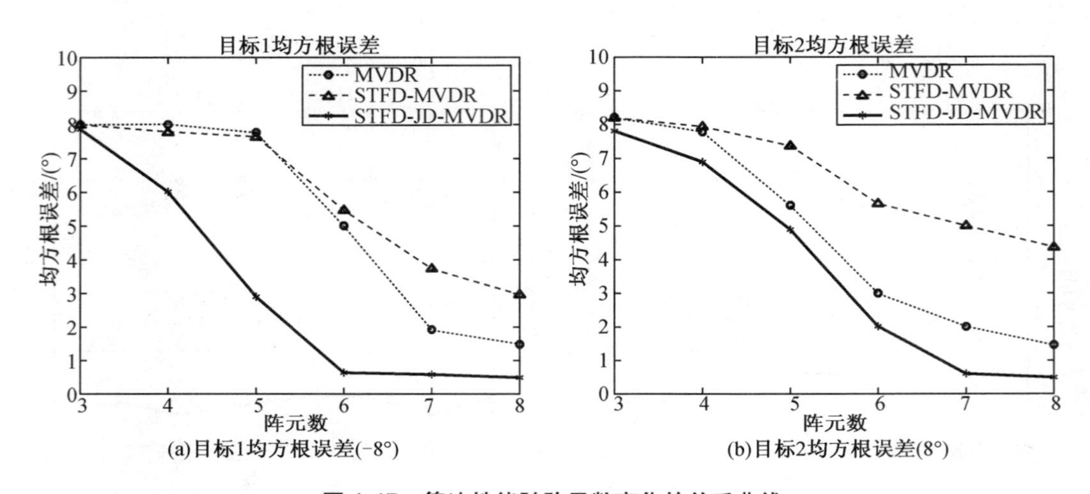

(a)目标1均方根误差(−8°)　　(b)目标2均方根误差(8°)

图 4.17　算法性能随阵元数变化的关系曲线

4.7　本章小结

本章论述了将时频分析理论应用于目标方位估计领域的基本思想和方法。在此基础上，针对现有方法仅利用单个空时频分布点这一不足，结合雅可比旋转联合对角化技术，提出了基于空时频分布矩阵组联合对角化的方位估计方法。同时，该方法采用最小方差无畸变处理器，克服了传统多重信号分类处理器需要估计信号子空间和噪声子空间的不足，提高了算法估计精度的同时，降低了算法的复杂度。数值仿真结果验证了本章所提算法的有效性和正确性，尤其在低信噪比及相干源条件下，该方法能够分辨空间方位较近的目标，较传统方法具有更高的空间分辨能力和更好的方位估计性能。

第5章 圆阵模态域压缩波束形成方位估计方法

5.1 引　　言

圆阵能够提供全方位360°的方位角度覆盖，并且其波束形状在各空间方向上均保持不变，这些固有特征促进了其在方位估计领域的迅猛发展。然而，大多数基于圆阵的方位估计方法仅利用了阵列接收信号的空时特征，并未充分利用源信号在空间上的稀疏性。本章将讨论圆阵模态域压缩波束形成技术，通过将压缩感知技术应用于圆阵模态域阵列信号处理领域，最终提高方位估计方法的精度和性能。

5.2 声散射基本理论

声波在介质中传播时经常会遇到各种各样的障碍物，如水中悬浮的气泡、空气中悬浮的灰尘等，这些障碍物在声波的激励下会产生次级声波，这些次级声波与原来入射声波的形式和传播方向相比较均发生变化，我们将其统称为散射波。从本质上讲，散射波是由于声波在介质中传播时，碰到物体表面或介质的声学特性不连续而产生的一种物理现象。一般而言，声波入射到物体表面会激发二次辐射，通常称近场为衍射场，远场为散射场。从波动理论角度来讲，两者没有本质上的区别。

5.2.1 声波动方程

众所周知，声音是由声源的机械振动产生的，声源的振动状态通过周围介质向四周传播进而形成声波。换言之，声波是弹性介质中的机械波，通过介质来传播声源的机械振动状态。为了研究声波的性质，通常采用介质中的声压、质点速度及介质密度变化这些物理量来表征声场特征。声场中的这些物理量是随空间位置和时间而变化的。以声压为例，在同一时刻，声场中不同位置的质点声压具有不同的值；在同一位置，质点声压又随时间而变化。声波动方程恰恰描述了声场中的声压、质点速度及介质密度变化这些物理量随空间位置和时间而变化的物理规律。

声场作为一个宏观的物理场，必然满足物理学中的三个基本定律，即质量守恒定律、能量守恒定律及动量守恒定律。根据以上三个基本定律又可推导出小振幅波基本声学量在均匀、静止理想流体中的三个基本方程，即运动方程、连续性方程和状态方程。

$$\rho_0 \frac{\partial v}{\partial t} = -\nabla p \tag{5.1}$$

$$-\rho_0 \nabla \cdot v = \frac{\partial \rho'}{\partial t} \tag{5.2}$$

$$p = c_0^2 \rho' \tag{5.3}$$

对以上三个方程通过消元法进行化简，即可得均匀理想流体介质中小振幅声波所满足的波动方程

$$\frac{1}{c^2} \cdot \frac{\partial^2 p}{\partial t^2} - \nabla^2 p = 0 \tag{5.4}$$

式中，c 表示声速；∇^2 为拉普拉斯算子，该算子在不同的坐标系中具有不同的表现形式，而坐标的选择将根据具体的实际问题而定。同时需要指出，式(5.4)在推导过程中忽略了二阶以上的高阶小量，故称为线性波动方程。

具体而言，在直角坐标系中，拉普拉斯算子∇^2可表示为

$$\nabla^2 = \frac{\partial^2}{\partial x^2} + \frac{\partial^2}{\partial y^2} + \frac{\partial^2}{\partial z^2} \tag{5.5}$$

在球坐标系中，拉普拉斯算子∇^2可写成

$$\nabla^2 = \frac{1}{r^2} \frac{\partial}{\partial r}\left(r^2 \frac{\partial}{\partial r}\right) + \frac{1}{r^2 \sin\theta} \frac{\partial}{\partial \theta}\left(\sin\theta \frac{\partial}{\partial \theta}\right) + \frac{1}{r^2 \sin^2\theta} \frac{\partial^2}{\partial \varphi^2} \tag{5.6}$$

式中，r 表示球半径；φ 表示方向角；θ 表示极角。

在柱坐标系中，拉普拉斯算子∇^2又可写成

$$\nabla^2 = \frac{1}{r} \frac{\partial}{\partial r}\left(r \frac{\partial}{\partial r}\right) + \frac{1}{r^2} \frac{\partial^2}{\partial \varphi^2} + \frac{\partial^2}{\partial z^2} \tag{5.7}$$

式中，r 表示圆柱半径；z 表示轴向坐标；φ 表示方向角。

从式(5.4)中可以看出，波动方程本质上是一类特殊的偏微分方程，反映了声压 $p(\vec{r},t)$ 随空间位置 $\vec{r}$ 及时间 t 的变化关系，即波动性。但仅从波动方程并不能得到一个实际声场声压的空间和时间变化函数，需要初始条件和边界条件构成定解问题才能解出具体问题。

如果声场中的声压随时间以简谐函数（正弦或余弦函数）的形式变化，则称该声场为简谐声场或稳态声场。简谐声场是一种最简单的声场形式，也是研究一般振动形式声场的基础。

考虑简谐声场，空间中任意质点的声压可表示为

$$p(\boldsymbol{r},t) = p(\boldsymbol{r}) \mathrm{e}^{\mathrm{j}\omega t} \tag{5.8}$$

将式(5.8)代入波动方程式(5.4)，可得

$$\nabla^2 p(\boldsymbol{r}) + k^2 p(\boldsymbol{r}) = 0 \tag{5.9}$$

式中，$k = \frac{\omega}{c} = \frac{2\pi}{\lambda}$为波数；$\omega$ 表示角频率；λ 表示波长。式(5.9)称为亥姆霍兹(helmholtz)方程，该方程表征了稳态波场的空间分布特征。

接下来介绍几种常见的简单声波形式。

1. 平面波

平面波是指波阵面为平面的波，是一种理想的波场，可以想象成一无限大平面，在均匀

介质中沿平面法线方向振动,由此所产生的声场即为平面波场。

对于平面波而言,直角坐标系是求解声场的最佳选择。为简便起见,假设声波沿 x 轴方向传播,则声场中的声压函数仅是空间坐标 x 和时间变量 t 的函数。由此,波动方程转化为

$$\frac{1}{c^2}\cdot\frac{\partial^2 p}{\partial t^2}-\frac{\partial^2 p}{\partial x^2}=0 \tag{5.10}$$

式(5.10)称为达朗贝尔方程,其通解可以表示为

$$p(x,t)=f_1(x-ct)+f_2(x+ct) \tag{5.11}$$

研究表明,$f_1(x-ct)$表示沿 x 轴正向传播的平面行波,$f_2(x+ct)$表示沿 x 轴负向传播的平面行波。其中,c 表示声波的传播速度。

另一方面,在平面波场中,亥姆霍兹方程简化为

$$\frac{\mathrm{d}^2 p(x)}{\mathrm{d}x^2}+k^2 p(x)=0 \tag{5.12}$$

参照微分方程的求解过程和方法,式(5.12)的通解可表示为

$$p(x)=p_-\mathrm{e}^{-\mathrm{j}kx}+p_+\mathrm{e}^{+\mathrm{j}kx} \tag{5.13}$$

式中,p_-与 p_+由边界条件确定。进一步考虑时间因子 $\mathrm{e}^{\mathrm{j}\omega t}$,可得简谐平面波的表达形式为

$$p(x,t)=p_-\mathrm{e}^{\mathrm{j}(\omega t-kx)}+p_+\mathrm{e}^{\mathrm{j}(\omega t+kx)} \tag{5.14}$$

2. 球面波

球面波是指波阵面为一系列同心球面的波。在无限大均匀介质中,当球形发射器表面沿径向做等幅、同相振动时,则产生球面波。

分析球面波规律和性质时,采用球坐标系更加方便。根据波动方程表达式(5.4)及拉普拉斯算子∇^2在球坐标系中的表达式(5.6),可进一步将球面波波动方程表示为

$$\frac{1}{r^2}\frac{\partial}{\partial r}\left(r^2\frac{\partial p(r,\theta,\varphi,t)}{\partial r}\right)+\frac{1}{r^2\sin\theta}\frac{\partial}{\partial\theta}\left(\sin\theta\frac{\partial p(r,\theta,\varphi,t)}{\partial\theta}\right)+$$
$$\frac{1}{r^2\sin^2\theta}\frac{\partial^2 p(r,\theta,\varphi,t)}{\partial\varphi^2}-\frac{1}{c^2}\frac{\partial^2 p(r,\theta,\varphi,t)}{\partial t^2}=0 \tag{5.15}$$

考虑到球体对球心的几何对称性,为进一步简化表达,使坐标原点与球面波球心重合,则球面波声压与坐标变量方向角 φ 和极角 θ 无关。此时,球面波波动方程简化为

$$\frac{1}{r^2}\frac{\partial}{\partial r}\left(r^2\frac{\partial p(r,t)}{\partial r}\right)-\frac{1}{c^2}\frac{\partial^2 p(r,t)}{\partial t^2}=0 \tag{5.16}$$

进一步可化简为

$$\frac{\partial^2}{\partial r^2}(rp(r,t))-\frac{1}{c^2}\frac{\partial^2(rp(r,t))}{\partial t^2}=0 \tag{5.17}$$

对比式(5.10)可知,式(5.17)是关于函数 $rp(r,t)$的达朗贝尔方程,其解可表示为

$$p(r,t)=\frac{1}{r}f_1(r-ct)+\frac{1}{r}f_2(r+ct) \tag{5.18}$$

从式(5.18)可以看出,c 为球面波传播的速度,$\frac{1}{r}f_1(r-ct)$代表从声源向外扩张的波,$\frac{1}{r}f_2(r+ct)$代表从外向声源收敛的波。声波的振幅与传播距离 r 成反比,即声波振幅随声

源距离的增加而衰减。

接下来考虑简谐球面波的情况，令 $p(r,t)=p(r)\mathrm{e}^{\mathrm{j}\omega t}$，代入式(5.17)可得

$$\frac{\mathrm{d}^2}{\mathrm{d}r^2}(rp(r))+k^2rp(r)=0 \tag{5.19}$$

式中，$k=\frac{\omega}{c}=\frac{2\pi}{\lambda}$。

式(5.19)的解为

$$rp(r)=A\mathrm{e}^{-\mathrm{j}kr}+Be^{+jkr} \tag{5.20}$$

故简谐球面波声压函数可表示为

$$p(r,t)=\frac{A}{r}\mathrm{e}^{\mathrm{j}(\omega t-kr)}+\frac{B}{r}\mathrm{e}^{\mathrm{j}(\omega t+kr)} \tag{5.21}$$

式中，常数 A 和 B 由声源和边界条件决定。

3. 柱面波

柱面波的波阵面为一系列同轴圆柱面。在无限大均匀介质中，无限大圆柱的表面沿半径方向做相同振动，则产生柱面波声场。

分析柱面波规律和性质时，采用柱坐标系更加方便简洁。根据波动方程表达式式(5.4)及拉普拉斯算子∇^2在柱坐标系中的表达式(5.7)，可进一步将柱面波波动方程表示为

$$\frac{1}{r}\frac{\partial}{\partial r}\left(r\frac{\partial p(r,\varphi,z,t)}{\partial r}\right)+\frac{1}{r^2}\frac{\partial^2 p(r,\varphi,z,t)}{\partial\varphi^2}+\frac{\partial^2 p(r,\varphi,z,t)}{\partial z^2}-\frac{1}{c^2}\frac{\partial^2 p(r,\varphi,z,t)}{\partial t^2}=0 \tag{5.22}$$

考虑到圆柱体对圆柱轴线的几何对称性，为进一步简化表达，使坐标原点与柱面波轴线重合，则柱面波声压与坐标变量轴向坐标 z 和方向角 φ 无关。此时，柱面波波动方程可简化为

$$\frac{1}{r}\frac{\partial}{\partial r}\left(r\frac{\partial p(r,t)}{\partial r}\right)-\frac{1}{c^2}\frac{\partial^2 p(r,t)}{\partial t^2}=0 \tag{5.23}$$

接下来考虑简谐柱面波的情况，令 $p(r,t)=p(r)\mathrm{e}^{\mathrm{j}\omega t}$，代入式(5.21)可得

$$\frac{\mathrm{d}^2}{\mathrm{d}r^2}(rp(r))+k^2rp(r)=0 \tag{5.24}$$

式中，$k=\frac{\omega}{c}=\frac{2\pi}{\lambda}$。进一步化整理简式(5.24)，可得

$$\frac{\mathrm{d}^2p(r)}{\mathrm{d}r^2}+\frac{1}{r}\frac{\mathrm{d}p(r)}{\mathrm{d}r}+k^2p(r)=0 \tag{5.25}$$

式(5.25)称为零阶贝塞尔方程，该方程的解称为零阶柱函数

$$p(r)=A'J_0(kr)+B'N_0(kr) \tag{5.26}$$

式中，$J_0(kr)$ 为零阶贝塞尔函数；$N_0(kr)$ 为零阶纽曼函数。研究表明，零阶贝塞尔函数 $J_0(kr)$ 和零阶纽曼函数 $N_0(kr)$ 是零阶贝塞尔方程的两个线性无关的实函数解。

进一步利用零阶贝塞尔函数 $J_0(kr)$ 和零阶纽曼函数 $N_0(kr)$ 可以构造出零阶第一类汉克尔函数和零阶第二类汉克尔函数

$$H_0^{(1)}(kr)=J_0(kr)+\mathrm{j}N_0(kr) \tag{5.27}$$

$$H_0^{(2)}(kr) = J_0(kr) - \mathrm{j}N_0(kr) \tag{5.28}$$

研究表明，当 $kr\to\infty$ 时，则零阶第一类汉克尔函数和零阶第二类汉克尔函数可分别近似表示为

$$H_0^{(1)}(kr) \approx \sqrt{\frac{2}{\pi}}\frac{\mathrm{e}^{+\mathrm{j}(kr-\frac{\pi}{4})}}{\sqrt{kr}} \tag{5.29}$$

$$H_0^{(2)}(kr) \approx \sqrt{\frac{2}{\pi}}\frac{\mathrm{e}^{-\mathrm{j}(kr-\frac{\pi}{4})}}{\sqrt{kr}} \tag{5.30}$$

进一步考虑时间因子，将式(5.29)和式(5.30)分别乘以 $\mathrm{e}^{\mathrm{j}\omega t}$，可得

$$H_0^{(1)}(kr)\mathrm{e}^{\mathrm{j}\omega t} \approx \sqrt{\frac{2}{\pi}}\frac{\mathrm{e}^{\mathrm{j}(\omega t+kr-\frac{\pi}{4})}}{\sqrt{kr}} \tag{5.31}$$

$$H_0^{(2)}(kr)\mathrm{e}^{\mathrm{j}\omega t} \approx \sqrt{\frac{2}{\pi}}\frac{\mathrm{e}^{\mathrm{j}(\omega t-kr+\frac{\pi}{4})}}{\sqrt{kr}} \tag{5.32}$$

式中，$H_0^{(1)}(kr)\mathrm{e}^{\mathrm{j}\omega t}$表示向柱轴聚敛的柱面波，幅值随距离的平方根$\sqrt{r}$成反比衰减；$H_0^{(2)}(kr)\mathrm{e}^{\mathrm{j}\omega t}$表示沿 r 的正方向扩散的柱面波，幅值也随距离的平方根$\sqrt{r}$成反比衰减。

综上所述，均匀柱面行波场声压的形式解可以表示为

$$p(r,t) = [A''H_0^{(2)}(kr) + B''H_0^{(1)}(kr)]\mathrm{e}^{\mathrm{j}\omega t} \tag{5.33}$$

假设无限长线源在均匀介质中辐射，则形成的声场是以柱形声源为轴的向外扩散的柱面波，没有聚敛波。因此，式(5.33)中的 B''为零，由此可得柱面波声场为

$$p(r,t) = A''H_0^{(2)}(kr)\mathrm{e}^{\mathrm{j}\omega t} \tag{5.34}$$

从式(5.34)可以看出，在同一柱面上，柱面波声压振幅是均匀的。随着距离的增加，振幅随距离的平方根$\sqrt{r}$成反比衰减。

5.2.2　声波的散射

如前所述，声场中存在障碍物时，会在物体表面激发次级声波，其与入射声波的形式和传播方向均不同，我们统称为散射波。

1. 球坐标系下的圆球声散射理论

本小节讨论刚硬不动小球的散射问题，刚体的散射是最简单的例子，其物体表面法向振动速度为零。通过该问题的分析，可以说明散射现象的一些特点。

为简化问题又不失一般性，采用球坐标系讨论圆球声散射问题。令刚硬球的球心与球坐标系原点重合，并令入射平面波的传播方向与 x 轴相一致，如图 5.1 所示。

则沿 x 轴方向传播的平面波(入射波)$p_{\mathrm{i}}(x,t)$可表示为

$$p_{\mathrm{i}}(x,t) = p_0\mathrm{e}^{\mathrm{j}(\omega t-kx)} = p_0\mathrm{e}^{\mathrm{j}(\omega t-kr\cos\theta)} \tag{5.35}$$

式中，下标 i 表示入射 incidence。根据几何关系可知，$x = r\cos\theta$。

另一方面，由于入射声场关于 x 轴对称，则散射声场也具有对于 x 轴的对称性，故散射声压只包含球带函数的各阶解

$$p_{\mathrm{s}}(r,\theta,t) = \sum_{m=0}^{+\infty} a_m P_m(\cos\theta)h_m^{(2)}(kr)\mathrm{e}^{\mathrm{j}\omega t} \tag{5.36}$$

式中，$P_m(\cos\theta)$表示球带函数；$h_m^{(2)}(kr)$表示球汉克尔函数；a_m为由边界条件确定的常数。

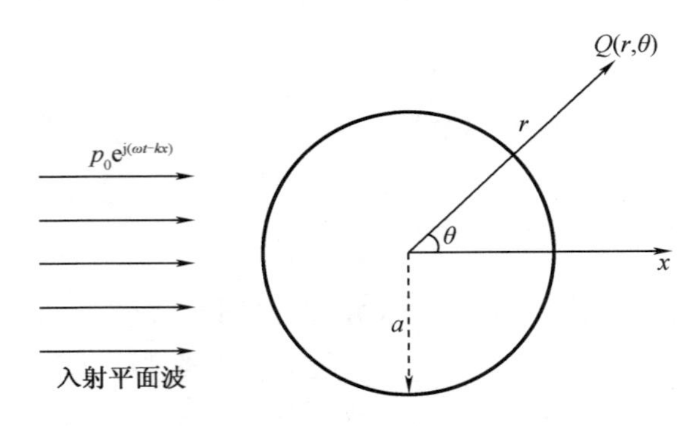

图 5.1　平面波在球面上的散射

为了确定常数a_m，将入射平面波分解成球面波形式，即将入射平面波表示成球面波和的形式

$$p_i(r,\theta,t)=p_0e^{j\omega t}\sum_{m=0}^{+\infty}(-j)^m(2m+1)P_m(\cos\theta)j_m(kr) \tag{5.37}$$

式中，$j_m(kr)$为球贝塞尔函数。由此可见，平面波分解即将空间无限平面上等幅的单频声波转化成无穷多个不同振幅的各阶同频率球面波声波分量的叠加。

进一步将式(5.36)和式(5.37)代入边界条件$\left.\frac{\partial p_s(r,\theta)}{\partial r}\right|_{r=a}=\left.\frac{\partial p_i(r,\theta)}{\partial r}\right|_{r=a}$，可得系数$a_m$

$$a_m=[-(-j)^m(2m+1)]\frac{\frac{d}{d(ka)}[j_m(ka)]}{\frac{d}{d(ka)}[h_m^{(2)}(ka)]}p_0 \tag{5.38}$$

至此，将式(5.38)代入式(5.36)可得刚硬不动小球的散射声场声压表达式为

$$p_s(r,\theta,t)=p_0e^{j\omega t}\sum_{m=0}^{+\infty}\left\{[-(-j)^m(2m+1)]\frac{\frac{d}{d(ka)}[j_m(ka)]}{\frac{d}{d(ka)}[h_m^{(2)}(ka)]}\right\}P_m(\cos\theta)h_m^{(2)}(kr) \tag{5.39}$$

由式(5.39)可以看出，刚硬球体散射波为各阶轴对称球面波的叠加，因此具有轴对称的方向性。散射波的声压幅值与入射波声压幅值成正比。

2. 柱坐标系下的圆柱薄壳声散射理论

弹性力学中的薄壳理论在实际工程中应用广泛，目前已推导出多种形式的圆柱薄壳振动方程，常见的包括 Donnell 方程、Kennard 方程、Flugge 方程及 Sander - Koiter 方程等。随着数值计算能力的不断提高，振动方程的形式越来越复杂，求解精度也越来越高。本小节以 Donnell 方程为例，描述圆柱薄壳的振动形式。

如图 5.2 所示，令圆柱壳体中心和柱坐标系的原点重合，轴线方向和z轴重合。圆柱壳体半径为a，长度为$2l$，内部流体密度为ρ_0，声速为c_0，外部流体密度为ρ，声速为c，壳体材

料密度为ρ_s，杨氏模量为E，泊松比为σ，壳体厚度为h，远场平面波入射方向为(φ_0,θ_0)。

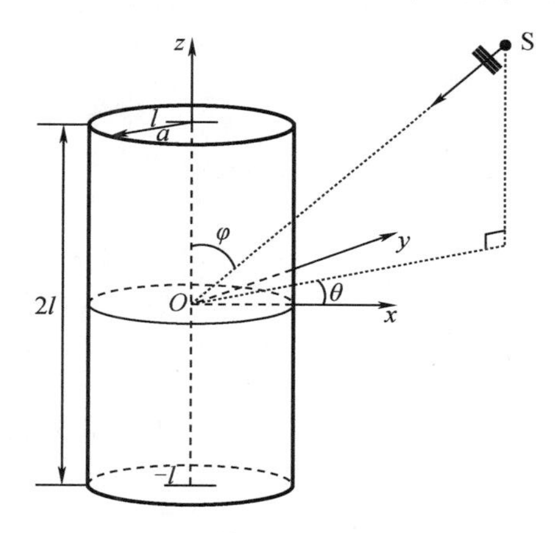

图5.2　圆柱薄壳结构示意图

为简化讨论，假设以下五方面条件：

(1)壳体运动满足 Donnell 薄壳理论；

(2)圆柱壳体为细长结构，满足$\dfrac{a}{l}\leqslant 1$；

(3)有限长圆柱壳体的两端满足简支边界条件；

(4)忽略圆柱壳体端面散射的影响；

(5)为了方便，省略时间因子$\mathrm{e}^{-\mathrm{j}\omega t}$。

此时，壳体运动 Donnell 方程为

$$\begin{cases}\dfrac{\partial^2 u}{\partial z^2}+\dfrac{1-\sigma}{2a^2}\dfrac{\partial^2 u}{\partial\theta^2}+\dfrac{1+\sigma}{2a}\dfrac{\partial^2 v}{\partial\theta\partial z}+\dfrac{\sigma}{a}\dfrac{\partial w}{\partial z}+k_s^2 u=0\\ \dfrac{1+\sigma}{2a}\dfrac{\partial^2 u}{\partial z\partial\theta}+\dfrac{1-\sigma}{2}\dfrac{\partial^2 v}{\partial z^2}+\dfrac{1}{a^2}\dfrac{\partial^2 v}{\partial\theta^2}+\dfrac{\partial w}{\partial\theta}+k_s^2 v=0\\ \dfrac{\sigma}{a}\dfrac{\partial u}{\partial z}+\dfrac{1}{a^2}\dfrac{\partial v}{\partial\theta}+\dfrac{w}{a^2}+\beta^2\left(a^2\dfrac{\partial^4 w}{\partial z^4}+2\dfrac{\partial^4 w}{\partial z^2\partial\theta^2}+\dfrac{1}{a^2}\dfrac{\partial^4 w}{\partial\theta^4}\right)-k_s^2 w=E_a(-p|_{r=a}+p_{\mathrm{in}}|_{r=a})\end{cases}\tag{5.40}$$

式中，$\beta^2=\dfrac{h^2}{12a^2}$；$E_a=\dfrac{1-\sigma^2}{Eh}$；$k_s^2=\left(\dfrac{w}{c_s}\right)^2$；$c_s^2=\dfrac{E}{\rho_s(1-\sigma^2)}$，且$u$、$v$、$w$分别为$z$、$\theta$、$r$方向的位移分量，考虑端面简支边界条件，取解

$$\begin{cases}u=\displaystyle\sum_{n=-\infty}^{\infty}\sum_{p=1}^{\infty}\mathrm{j}^n\mathrm{e}^{\mathrm{j}n(\theta-\theta_0)}\cos(k_p(z+l))u_{np}\\ v=\displaystyle\sum_{n=-\infty}^{\infty}\sum_{p=1}^{\infty}\mathrm{j}^n\mathrm{e}^{\mathrm{j}n(\theta-\theta_0)}\mathrm{e}^{-\mathrm{j}\frac{\pi}{2}}\sin(k_p(z+l))v_{np}\\ w=\displaystyle\sum_{n=-\infty}^{\infty}\sum_{p=1}^{\infty}\mathrm{j}^n\mathrm{e}^{\mathrm{j}n(\theta-\theta_0)}\sin(k_p(z+l))w_{np}\end{cases}\tag{5.41}$$

圆柱壳体外部流体中的声压场p可以写成

$$p=p_{\mathrm{i}}+p_{\mathrm{scat}}\tag{5.42}$$

式中，p_{i} 为入射声场，p_{scat} 为散射声场。

在圆柱壳体中部表面，正横方向附近开角不大的范围内可以将入射声 p_{i} 和刚性散射声 p_{scat} 近似为无限长刚性圆柱的解，则在柱坐标系(r,φ,z)下有

$$p_{\mathrm{i}} = \mathrm{e}^{\mathrm{j}k_z z}\sum_{n=-\infty}^{\infty}\mathrm{j}^n J_n(k_x r)\mathrm{e}^{\mathrm{j}n(\theta-\theta_0)} \tag{5.43}$$

$$p_{\mathrm{scat}} = -\mathrm{e}^{\mathrm{j}k_z z}\sum_{n=-\infty}^{\infty}\mathrm{j}^n \frac{J'_n(k_x a)}{H_n^{(1)\prime}(k_x a)}H_n^{(1)}(k_x r)\mathrm{e}^{\mathrm{j}n(\theta-\theta_0)} \tag{5.44}$$

式中，$k_x = k\sin\theta_0$；$k_z = k\cos\theta_0$；$k=\dfrac{\omega}{c}$为外部流体中波数；$J_n(\cdot)$是 n 阶贝塞尔函数；$H_n^{(1)}(\cdot)$是 n 阶第一类汉克尔函数；$J'_n(\cdot)$是 n 阶贝塞尔函数的一阶微分；$H_n^{(1)\prime}(\cdot)$是 $H_n^{(1)\prime}(k_x a)$阶第一类汉克尔函数的一阶微分。

5.3 圆阵模态域信号模型及模态域方位估计方法

5.3.1 常规圆阵输出信号模型

假设空间存在一半径为 a 的圆柱体，一点声源位于该圆柱体远场处，其入射声波可视为平面波。根据前述对声波散射理论和现象的讨论可知，圆柱体周围空间分布的声场为入射波和散射波的叠加。为简化起见，如图 5.3 所示，令入射平面波在 xOy 平面内传播，即其传播方向与圆柱的中心轴相垂直，$\varphi=\dfrac{\pi}{2}$。θ_0 代表入射波方位角。对于刚性圆柱散射体而言，其声学阻抗远远高于周围介质阻抗，结合前述讨论的声散射理论，则柱坐标系下的声压可表示为

$$P(kr,\theta) = P_{\mathrm{inc}}(kr,\theta) + P_{\mathrm{scat}}(kr,\theta) = \sum_{m=-\infty}^{\infty}\mathrm{j}^m\left(J_m(kr) - \frac{J'_m(ka)}{H'_m(ka)}H_m(kr)\right)\mathrm{e}^{\mathrm{j}m(\theta-\theta_0)} \tag{5.45}$$

式中，下标“inc”和“scat”分别表示入射波和散射波；$k=\dfrac{2\pi f}{c}$为波数；f 代表信号频率；c 为声在介质中的传播速度；J_m 代表球贝塞尔函数；H_m 代表球汉克尔函数；j 代表纯单位虚数；$(\cdot)'$表示求导运算。

若圆柱体不存在，则散射波不复存在，柱坐标系下的声场将进一步表示为

$$P(kr,\theta) = P_{\mathrm{inc}}(kr,\theta) = \sum_{m=-\infty}^{\infty}\mathrm{j}^m J_m(kr)\mathrm{e}^{\mathrm{j}m(\theta-\theta_0)} \tag{5.46}$$

值得说明的是，式(5.45)同样也可通过将平面波展开成傅里叶级数形式而得到。至此，我们已经获得了柱坐标系下的声场表示形式，接下来讨论圆阵的输出信号模型。

为简便起见，我们描述窄带信号模型。如图 5.4 所示，假设均匀圆阵位于 xOy 平面且由 N 个阵元组成。

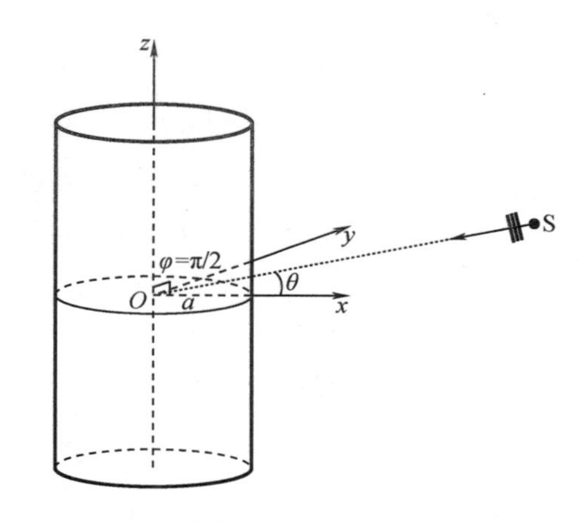

图 5.3　平面波声信号入射圆柱薄壳结构示意图

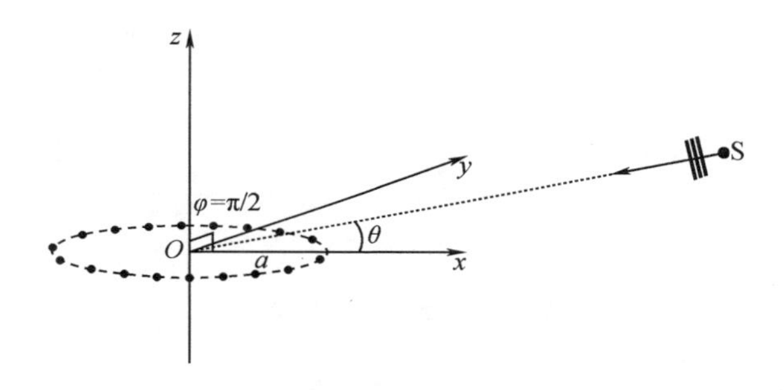

图 5.4　圆阵接收信号结构示意图

理论与实验研究表明，对于某一给定的圆阵孔径，仅可激发有限的模态形态，且能够被激发的最高模态阶数为

$$M \approx ka \tag{5.47}$$

通过以上讨论，则圆阵接收到的声压($r=a$)可表示为

$$P(ka,\theta) = \sum_{m=-M}^{M} \mathrm{j}^m J_m(ka)\mathrm{e}^{\mathrm{j}m(\theta-\theta_0)} \tag{5.48}$$

为表示简便，定义 $b_m = \mathrm{j}^m J_m(ka)$ 为声传递函数，则式(5.48)可重新表示为

$$P(ka,\theta) = \sum_{m=-M}^{M} b_m \mathrm{e}^{\mathrm{j}m(\theta-\theta_0)} = \sum_{m=-M}^{M} P_m \mathrm{e}^{\mathrm{j}m\theta} \tag{5.49}$$

式中，$P_m = b_m \mathrm{e}^{-\mathrm{j}m\theta_0}$ 为第 m 阶模态域特征波束(eigenbeams，EBs)，该参数在模态域阵列信号处理中是一个重要概念。图 5.5 显示了前六阶模态的幅度响应，$20\log_{10}\|P_m\|$，$m=0,1,\cdots,5$。从图中可以看出：

(1)对于较小的 ka 值，仅激发出零阶模态；

(2)对于较大的 ka 值，可以激发出更高阶模态。

一旦所激发的模态达到一定能量，其就可被用来进行模态域信号处理，例如模态域波束形成技术。

进一步考虑 K 个窄带信号，$s_k(t)$，$k=1,2,\cdots,K$，入射至空间均匀圆阵，入射角度分别为

$\theta_k, k=1,\cdots,K$。则第 n 个阵元输出信号为

$$P_n(ka,t) = \sum_{k=1}^{K}\sum_{m=-M}^{M} \mathrm{j}^m J_m(ka)\mathrm{e}^{\mathrm{j}m(\frac{2n\pi}{N}-\theta_k)} s_k(t) \tag{5.50}$$

假设阵列输出受加性噪声的干扰，则圆阵输出的矩阵形式可以表示为

$$\boldsymbol{P}(ka,t) = \boldsymbol{F}\boldsymbol{B}(ka)\boldsymbol{A}(\theta)\boldsymbol{S}(t) + \boldsymbol{n}(t) \tag{5.51}$$

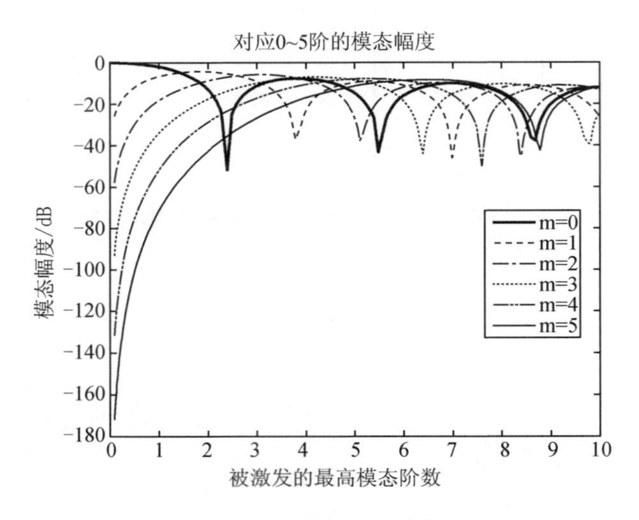

图 5.5　模态幅度响应

式(5.51)中各符号含义如下：

$\boldsymbol{P}(ka,t) = [P_1(ka,t), P_2(ka,t), \cdots, P_N(ka,t)]^{\mathrm{T}} \triangleq$ 圆阵阵元域输出；

$\boldsymbol{F} = [\boldsymbol{F}_{-M}, \boldsymbol{F}_{-M+1}, \cdots, \boldsymbol{F}_M]^{\mathrm{T}} \triangleq$ 空间傅里叶变换矩阵；

$\boldsymbol{F}_m = [1, \mathrm{e}^{-\mathrm{j}\frac{2\pi}{N}m}, \cdots, \mathrm{e}^{-\mathrm{j}\frac{2\pi}{N}m(N-1)}]^{\mathrm{T}} \triangleq$ 矩阵 $\boldsymbol{F}$ 的列向量；

$\boldsymbol{B}(ka) = \mathrm{diag}[b_{-M}, b_{-M+1}, \cdots, b_M] \triangleq$ 传递函数对角矩阵；

$\boldsymbol{A}(\theta) = [\boldsymbol{a}(\theta_1), \boldsymbol{a}(\theta_2), \cdots, \boldsymbol{a}(\theta_K)] \triangleq$ 模态域阵列流型矩阵；

$\boldsymbol{a}(\theta_k) = [\mathrm{e}^{-\mathrm{j}M\theta_k}, \mathrm{e}^{-\mathrm{j}(M-1)\theta_k}, \cdots, \mathrm{e}^{\mathrm{j}M\theta_k}]^{\mathrm{T}} \triangleq$ 模态域导向矢量；

$\boldsymbol{S}(t) = [s_1(t), s_2(t), \cdots, s_K(t)]^{\mathrm{T}} \triangleq$ 源信号矩阵；

$\boldsymbol{n}(t) = [n_1(t), n_2(t), \cdots, n_N(t)]^{\mathrm{T}} \triangleq$ 噪声矩阵；

表达式(5.51)即为圆阵接收信号模型。值得注意的是，圆阵能够进行 360°方位角估计，并且波束在指向任何方位角时，其形状均不发生改变。此外，模态域阵列流型矩阵 $\boldsymbol{A}(\theta)$ 为 Vandermonde 矩阵且包含了所有方位角 θ 的信息。我们的最终目标就是从式(5.51)中估计出入射方位角 θ。

5.3.2　模态域方位估计方法

根据前小节讨论，我们已经获得圆阵阵元域信号模型，进一步构造模态域变换矩阵

$$\boldsymbol{T} = \frac{1}{N}\boldsymbol{B}(ka)^{-1}\boldsymbol{F}^{\mathrm{H}} \tag{5.52}$$

将模态域变换矩阵 $\boldsymbol{T}$ 作用于式(5.51),即可得模态域阵列接收数据

$$\boldsymbol{X}(t)=\boldsymbol{TP}(ka,t)=\boldsymbol{A}(\theta)\boldsymbol{S}(t)+\boldsymbol{N}(t) \tag{5.53}$$

式中,$\boldsymbol{X}(t)$代表模态域输出信号,$\boldsymbol{N}(t)=\boldsymbol{Tn}(t)$代表噪声场。

进一步观察式(5.53)可以看出,通过应用模态域变换矩阵 $\boldsymbol{T}$ 对阵元域信号模型进行变换,我们模态域合成了类似于均匀线阵的阵列流型。换句话说,我们得到了一个"虚拟"线阵。至此,基于传统阵元域方位估计算法(如 CBF、MVDR、MUSIC)可直接应用于模态域处理。

CBF 是经典的时域傅里叶频谱分析技术在空域的拓展,该处理器可直接应用于模态域空间

$$P_{\mathrm{BF}}^{\mathrm{EB}}(\theta)=\frac{\boldsymbol{a}^{\mathrm{H}}(\theta)\hat{\boldsymbol{R}}\boldsymbol{a}(\theta)}{\boldsymbol{a}^{\mathrm{H}}(\theta)\boldsymbol{a}(\theta)} \tag{5.54}$$

式中,$(\cdot)^{\mathrm{H}}$ 为复共轭转置;$\hat{\boldsymbol{R}}=\left(\frac{1}{L}\right)\sum_{l=1}^{L}\boldsymbol{X}(l)\boldsymbol{X}^{\mathrm{H}}(l)$ 为协方差矩阵。式(5.54)称为模态域波束形成。

MVDR 在保持来波方向 θ 不变的情况下,最大程度地抑制噪声或其他干扰方向的影响。该处理器可视为空间带通滤波器,其相应的算法称为模态域最小方差无畸变处理器(eigen beam minimum variance distortionless response beamformer,EB - MVDR),并可表示为

$$P_{\mathrm{MVDR}}^{\mathrm{EB}}(\theta)=\frac{1}{\boldsymbol{a}^{\mathrm{H}}(\theta)\hat{\boldsymbol{R}}^{-1}\boldsymbol{a}(\theta)} \tag{5.55}$$

多重信号子空间分类法 MUSIC 对阵列协方差矩阵进行特征值分解,进而获得信号子空间和噪声子空间,并利用两者的正交性进行方位估计。其相应的算法称为模态域多重信号子空间分类法(eigen beam multiple signal classification,EB - MUSIC),可表示为

$$P_{\mathrm{MUSIC}}^{\mathrm{EB}}(\theta)=\frac{1}{\boldsymbol{a}^{\mathrm{H}}(\theta)\boldsymbol{U}_n\boldsymbol{U}_n^{\mathrm{H}}\boldsymbol{a}(\theta)} \tag{5.56}$$

5.4　圆阵模态域压缩波束形成方位估计方法

在本节,我们将压缩感知技术应用于模态域阵列信号处理,即将方位估计问题转化为稀疏信号描述问题进行求解,进而实现模态域方位估计,改善方位估计的精度和性能。

5.4.1　单采样快拍过完备表示及稀疏空间谱

为简便起见,首先考虑单快拍模型。假设$\{\tilde{\theta}_1,\tilde{\theta}_2,\cdots,\tilde{\theta}_{\tilde{n}},\cdots,\tilde{\theta}_{\tilde{N}}\}$($\tilde{\theta}_{\tilde{n}}\in[0°,360°]$)为所有感兴趣方位的采样,构造感知矩阵$\tilde{\boldsymbol{A}}$,其列向量为采样方位所对应的阵列导向矢量

$$\tilde{\boldsymbol{A}}=[\boldsymbol{a}(\tilde{\theta}_1),\boldsymbol{a}(\tilde{\theta}_2),\cdots,\boldsymbol{a}(\tilde{\theta}_{\tilde{N}})] \tag{5.57}$$

式中,$\tilde{\boldsymbol{A}}$为过完备集。

在此基础上,我们重新定义信号场 $\boldsymbol{S}(t)$:由一个新的$\tilde{N}\times1$ 维矢量$\tilde{\boldsymbol{S}}(t)$代替 $\boldsymbol{S}(t)$。其

中，若第 k 个信源来自 $\tilde{\theta}_n$ 方向，则 $\widetilde{\boldsymbol{S}}(t)$ 的第 n 个元素 $\tilde{s}_n(t)$ 等于 $s_k(t)$；否则，等于零。

$$\boldsymbol{X}(t)=\boldsymbol{TP}(ka,t)=\widetilde{\boldsymbol{A}}\widetilde{\boldsymbol{S}}(t)+\boldsymbol{N}(t) \tag{5.58}$$

在此定义下，方位估计问题可转化为稀疏信号描述问题，如图 5.6 所示。

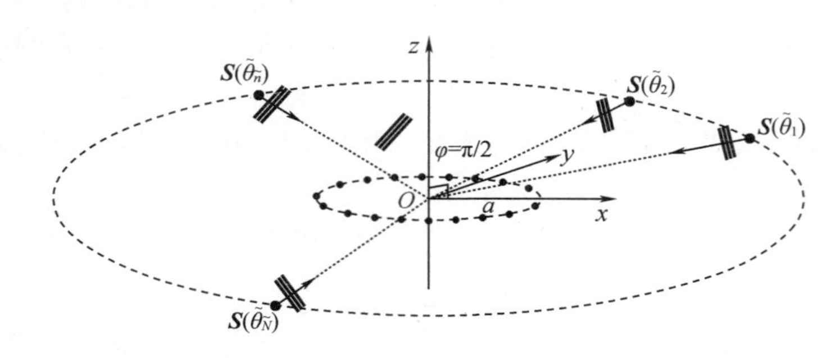

图 5.6　稀疏阵列信号模型

通常而言，信源均视为点源，并且信源个数比较少（远小于所有感兴趣方位的采样数），因此信源的空间谱为稀疏谱，即 $\widetilde{\boldsymbol{S}}(t)$ 中只含有少数不为 0 的元素。

正如前所述，我们采用 l_1 – 范数松弛法对式(5.58)进行求解。假设噪声场 $\boldsymbol{N}(t)$，则式(5.58)的求解可以转化成最优化问题

$$\min\|\widetilde{\boldsymbol{S}}(t)\|_1 \quad \text{s.t.} \quad \|\widetilde{\boldsymbol{A}}\widetilde{\boldsymbol{S}}(t)-\boldsymbol{X}(t)\|_2\leqslant\varepsilon \tag{5.59}$$

式中，ε 为约束参数，表示噪声能量（l_2 – 范数）的上界。式(5.58)即为单快拍数据条件下，压缩感知波束形成求解信源入射方位角的方法。

除此之外，还可以采用匹配追踪（MP）算法对式(5.58)进行求解。如前所述，匹配追踪算法采用贪婪策略，利用迭代搜索的方式求得最优解。对于式(5.58)而言，每次迭代过程均选择 $\widetilde{\boldsymbol{A}}$ 中与残差 r 最匹配（内积最大）的列 $\boldsymbol{a}(\tilde{\theta}_{n_k})$，并将该列的下标 n_k 归入支撑集。与此同时，由残差 r 在列 $\boldsymbol{a}(\tilde{\theta}_{n_k})$ 上的投影来更新最优解 $\widetilde{\boldsymbol{S}}(t)$ 中相应位置的元素 $\tilde{s}_{n_k}(t)$。最后更新残差，即在残差 r_{k-1} 中去除其在 $\boldsymbol{a}(\tilde{\theta}_{n_k})$ 上的分量，构成新的残差。

综上所述，采用匹配追踪算法求解式(5.58)的方法可概括为以下具体步骤。

(1) 输入：阵列接收信号 $\boldsymbol{X}(t)$，过完备感知矩阵集 $\widetilde{\boldsymbol{A}}$，稀疏参数 K，最佳因子 α。

(2) 初始化：循环计数量 $k=0$，残差 $r_0=\boldsymbol{X}(t)$，支撑集 $I_0=\varnothing$，最优解 $\widetilde{\boldsymbol{S}}(t)=0$。

(3) 循环计数量加 1，$k=k+1$。

(4) 选择在 $\widetilde{\boldsymbol{A}}$ 中与残差 r_{k-1} 最匹配（内积最大）的列向量 $\boldsymbol{a}(\tilde{\theta}_{n_k})$，找到其下标索引 $n_k=\arg\max\limits_n|\boldsymbol{a}^{\mathrm{H}}(\tilde{\theta}_n)r_{k-1}|,n=1,2,\cdots,\widetilde{N}$。

(5) 将得到的列向量下标 n_k 归入支撑集 $I_k=I_k\cup\{n_k\}$。

(6) 更新 $\widetilde{\boldsymbol{S}}(t)$ 中的第 n_k 个元素 $\tilde{s}_{n_k}(t)=\tilde{s}_{n_k}(t)+\boldsymbol{a}^{\mathrm{H}}(\tilde{\theta}_{n_k})r_{k-1}\boldsymbol{a}(\tilde{\theta}_{n_k})$。

(7)比较循环计数量 k 和稀疏参数 K 的大小,如果 $k<K$ 并且 $\|r_k\|_2>\alpha\|\boldsymbol{X}(t)\|_2$,则跳转至步骤(3);否则结束循环迭代。

(8)输出源信号 $\widetilde{\boldsymbol{S}}(t)$ 和支撑集 I_k。

以上介绍的方法是采用单快拍数据恢复求解源信号,该方法最大的优点是仅利用单次快拍数据即可实现目标方位估计,对于一些特殊应用场合(如非平稳信源)尤为适用。然而,对于平稳信号而言,采用多快拍数据进行处理更加具有优势,接下来讨论多快拍数据条件下,压缩感知波束形成求解信源入射方位角的方法。

5.4.2　多采样快拍联合处理

对于多快拍情形,过完备表示自然会被扩展。一般而言,圆阵接收信号模型具有基本形式

$$\boldsymbol{X}(t)=\widetilde{\boldsymbol{A}}\widetilde{\boldsymbol{S}}(t)+\boldsymbol{N}(t),t\in\{t_1,\cdots,t_T\} \tag{5.60}$$

令

$$\boldsymbol{X}=[\boldsymbol{X}(t_1),\boldsymbol{X}(t_2),\cdots,\boldsymbol{X}(t_T)]$$

$$\widetilde{\boldsymbol{S}}=[\widetilde{\boldsymbol{S}}(t_1),\widetilde{\boldsymbol{S}}(t_2),\cdots,\widetilde{\boldsymbol{S}}(t_T)]$$

$$\boldsymbol{N}=[\boldsymbol{N}(t_1),\boldsymbol{N}(t_2),\cdots,\boldsymbol{N}(t_T)]$$

则式(5.60)可进一步表示成紧凑的形式

$$\boldsymbol{X}_{(2M+1)\times T}=\widetilde{\boldsymbol{A}}_{(2M+1)\times\widetilde{N}}\widetilde{\boldsymbol{S}}_{\widetilde{N}\times T}+\boldsymbol{N}_{(2M+1)\times T} \tag{5.61}$$

然而,由于信源的稀疏性来源于空间方位,而并非时间序列,因此式(5.60)的求解较复杂。一般而言,可以采用分别处理和联合处理各快拍数据的两种方式来处理多快拍情况。

(1)分别处理各时间样本

该方法基本思想是单独处理每个 $t\in\{t_1,\cdots,t_T\}$ 时刻样本,得到一系列 T 个解 $\widetilde{\boldsymbol{S}}(t)$,$t\in\{t_1,\cdots,t_T\}$。当信源多个连续时间抽样值均处于平稳状态时,可以联合多个时间样本 $\widetilde{\boldsymbol{S}}(t)$ 进行信号源的测向,如采用平均法或聚类法。

(2)联合时逆问题

如前述,式(5.60)中矩阵 $\widetilde{\boldsymbol{S}}(t)$ 是时间和空间的参数,然而源信号一般在时间上不满足稀疏性条件,故只能在空间上施加稀疏性,而在时间上不能施加稀疏性分析。具体步骤为:

①首先,计算信源 $\widetilde{\boldsymbol{S}}$ 某一特定空间维(特定方向)的所有时间样本的 l_2 范数,即 $\widetilde{\boldsymbol{S}}_i^{l_2}=\|[\widetilde{\boldsymbol{S}}_i(t_1),\widetilde{\boldsymbol{S}}_i(t_2),\cdots,\widetilde{\boldsymbol{S}}_i(t_T)]\|_2,i=1,2,\cdots,N$;

②随后,由 $\widetilde{\boldsymbol{S}}_i^{l_2},i=1,2,\cdots,N$,构造矢量 $\widetilde{\boldsymbol{S}}^{l_2}=[\widetilde{\boldsymbol{S}}_1^{l_2},\widetilde{\boldsymbol{S}}_2^{l_2},\cdots,\widetilde{\boldsymbol{S}}_{\widetilde{N}}^{l_2}]$;

③其次,计算矢量 $\widetilde{\boldsymbol{S}}^{l_2}$ 的 l_1 范数;

④最后,将式(5.61)的求解转化为最优化问题

$$\min\|\widetilde{\boldsymbol{S}}^{l_2}\|_1\quad \text{s.t.}\quad \|\widetilde{\boldsymbol{A}}\widetilde{\boldsymbol{S}}-\boldsymbol{X}\|_2\leqslant\sigma \tag{5.62}$$

式中，σ 为约束参数，表示噪声能量（l_2 – 范数）的上界。

实际上，式（5.59）和式（5.62）为凸优化问题，可通过 CVX 工具箱、SeDuMi 软件或 l_1 – MAGIC 工具包等来有效求解。本书采用 CVX 工具箱，该工具箱可对凸线性规划问题（disciplined convex programs，DCPs）进行有效建模和求解，并支持求解大量标准优化问题，包括线性及二次规划（linear and quadratic programs，LPs/QPs），二阶锥规划（second – order cone programs，SOCPs），半正定规划（semidefinite programs，SDPs）。更重要的是，CVX 能解决更复杂的凸优化问题，例如许多非微分函数的优化问题，其中即包含 l_1 范数优化。为方便起见，我们将模态域压缩感知方位估计方法称为特征波束压缩感知（eigenbeam – compressive sensing，EB – CS）。

5.5 数值仿真分析

在本节，我们模拟仿真几个不同的应用场景，对本书所提出的 EB – CS 技术进行性能评价。首先，比较单源目标及相干源目标方位估计结果；然后，从均方根误差这一性能指标出发，讨论算法的方位估计性能。在接下来的仿真分析中，信噪比定义为

$$\mathrm{SNR} = 20\log_{10}\left(\frac{\|\boldsymbol{FBA}(\theta)\boldsymbol{S}(t)\|_2}{\|\boldsymbol{n}(t)\|_2}\right) \tag{5.63}$$

式中，$\|\boldsymbol{n}(t)\|_2$ 代表噪声能量（l_2 – 范数）；$\|\boldsymbol{FBA}(\theta)\boldsymbol{S}(t)\|_2$ 表示信号能量。

5.5.1 单源方位估计

考虑一个半径为 $a = 0.75$ m 的均匀圆阵，阵元个数为 12 个。单目标窄带信源位于圆阵远场处，并从 125°方向入射。信源频率为 1.5 kHz，采样快拍数为 24，信噪比为 5 dB。在此条件下的方位估计结果如图 5.7 所示。

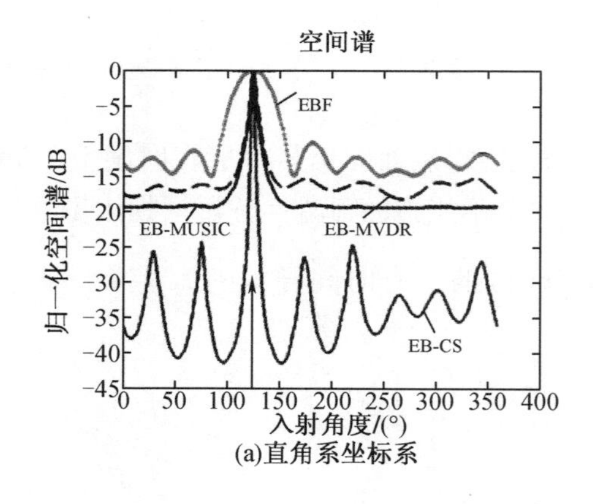

(a)直角系坐标系

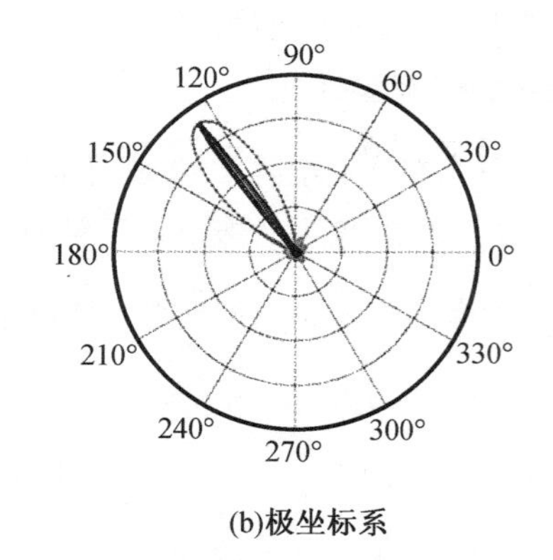

(b)极坐标系

图 5.7 空间单源目标方位估计结果

注：极坐标系中，由于谱线有重合各算法未做标注区分。

图 5.7（a）和图 5.7（b）分别表示直角坐标系和极坐标系下的单源目标空间谱估计结

果。从图中可以看出,由于阵列物理孔径的限制,特征波束形成(eigenbeam forming,EBF)技术的分辨能力受瑞利限制约,其主瓣较宽,旁瓣较高。相比之下,特征波束最小方差无畸变响应技术(EB－MVDR)和特征波束多重信号子空间正交法(EB－MUSIC)利用了高分辨类算法处理器(如MVDR和MUSIC),因此能突破瑞利限限制,较EBF具有更窄的主瓣和更低的旁瓣。但是,值得注意的是,在所有的算法当中,本文所提出的特征波束压缩感知EB－CS算法具有最窄的谱峰和最低的旁瓣(大约－25 dB)。其主要原因是EB－CS算法利用了信源的空间稀疏性,可实现更高的分辨能力。以上仿真结果表明了在单信源目标条件下,EB－CS算法较其他算法具有更优的方位估计性能,例如更低的旁瓣和更高的谱峰。

为了进一步考察算法性能与信源频率之间的关系,我们保持以上仿真条件不变,分别将频率设置为500 Hz和900 Hz,仿真结果如图5.8所示。

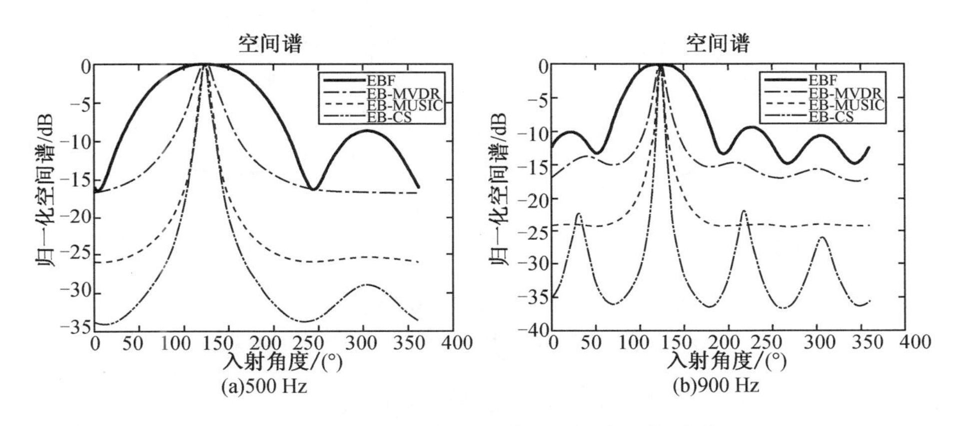

图5.8　500 Hz和900 Hz单源目标方位估计结果

从图5.8中明显看出,当频率降低时(由900 Hz变为500 Hz),所有方法的主瓣明显变宽。换而言之,在阵列孔径不变的条件下,随着频率的降低,空间分辨能力退化。这一现象与事实相符,即对于相同的分辨能力,阵列孔径与信号频率成反比。具体而言,在阵列孔径一定的情况下,空间分辨能力随着频率的增加而改善,随着频率的降低而退化。

5.5.2　双相干源方位估计

为了进一步表明本文方法的优势,我们保持上节仿真条件基本不变,考虑两个相干信源入射情况。入射角度分别为90°和120°,信噪比为20 dB。尤其值得注意的是,在相干源条件下,信源之间的强相关性将导致阵列接收数据协方差矩阵$\boldsymbol{R}$秩亏缺。对于常规处理器而言(如MVDR和MUSIC处理器),需要先采用解相干算法对协方差矩阵$\boldsymbol{R}$进行处理,然后才能对相干源进行有效估计。相比之下,本章所提出的EB－CS算法不需要构造协方差矩阵$\boldsymbol{R}$或其逆$\boldsymbol{R}^{-1}$,能直接处理相干源信号,这是该算法较其他算法的一大优势。本例仿真结果如图5.9所示。

图5.9(a)和图5.9(b)分别表示直角坐标系和极坐标系下的双相干源目标(90°和120°)空间谱估计结果。正如我们所注意到的,由于瑞利限的限制,采用常规波束形成处理

器的 EBF 方法根本无法区分开这两个相干信源。与此同时，可以明显看出，在 EB－MVDR 和 EB－MUSIC 算法空间谱曲线中，两个谱峰之间的凹槽很浅，几乎很难区分开两个目标，这说明了 EB－MVDR 和 EB－MUSIC 算法的性能均出现了明显下降。相比之下，EB－CS 算法能直接处理相干源目标，在空间谱图上具有两根尖锐的谱峰，能够很好地分辨出两个不同的空间目标位置。本仿真结果表明，在双相干源且相距很近情况下，本章所提出的 EB－CS 算法能够获得更高的分辨能力和方位估计精度。

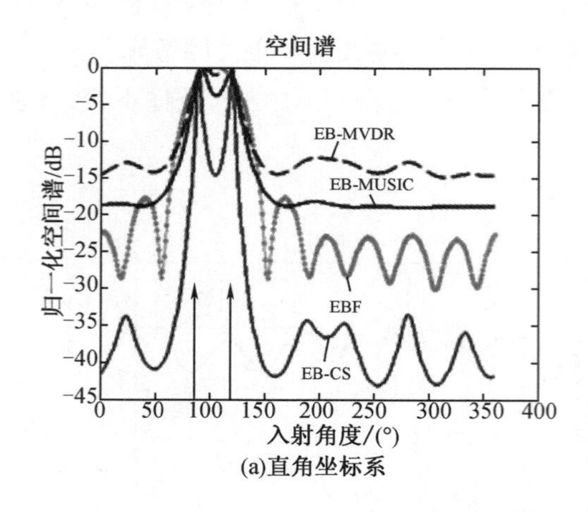

(a)直角坐标系

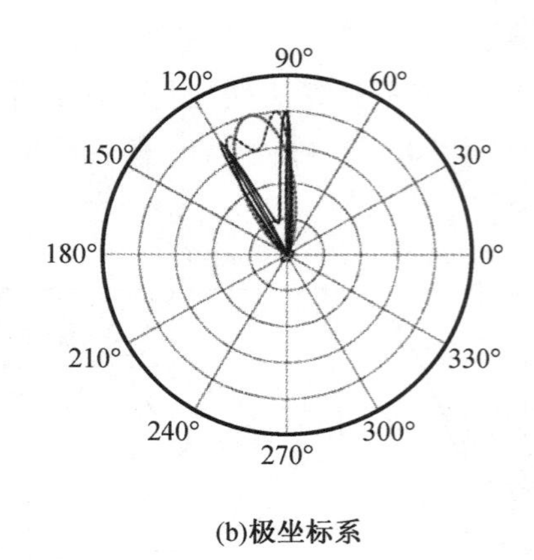

(b)极坐标系

图 5.9　空间双相干源目标方位估计结果

注：极坐标系中，由于谱线有重合各算法未做标注区分。

5.5.3　不同信噪比条件下的双相干源空间谱图

前述 5.5.2 小节讨论了双相干源目标方位估计结果，但均是在固定信噪比条件下，且空间谱图仅绘制一次。本小节中，为了更清晰表明本文所提算法的性能，我们将在不同信噪比条件下绘制多次空间谱图，从统计的角度衡量算法的性能。仿真条件与 5.5.2 小节相似，信噪比分别设置为 40 dB、30 dB 和 20 dB，仿真结果如图 5.10 所示。

图 5.10(a)为信噪比 40 dB 条件下的方位估计结果。可以明显看出，受瑞利限限制，EBF 算法根本无法辨识两个目标的方位，而其他三种算法 EB－MVDR，EB－MUSIC 和EB－CS 能有效区分两个不同信源目标 90°和 120°。相比之下，EB－CS 算法利用了信源的空间稀疏性，其估计性能更优，较 EB－MVDR 和 EB－MUSIC 算法具有更尖锐的谱峰和更低的旁瓣。为了更全面考察以上算法的综合性能，我们进一步降低信噪比，观察数值仿真结果。从图 5.10(b)和图 5.10(c)可以看出，当信噪比降低时，所有算法的性能均下降。例如，当信噪比 20 dB 时，尽管 EB－CS 算法仍能够很清楚地区分开两个相干源目标，但其空间谱曲线两谱峰间的凹槽却只有 －20 dB，相比于信噪比 40 dB 情况时，其谱峰间凹槽可达 －60 dB。然而，值得注意的是，无论信噪比如何变化，EB－CS 算法在所有算法中一直具有最尖锐的谱峰和最低的旁瓣。以上讨论表明，本文所提出的 EB－CS 算法对噪声具有较强的抑制能力，尤其在低信噪比条件下，较其他算法性能更优。

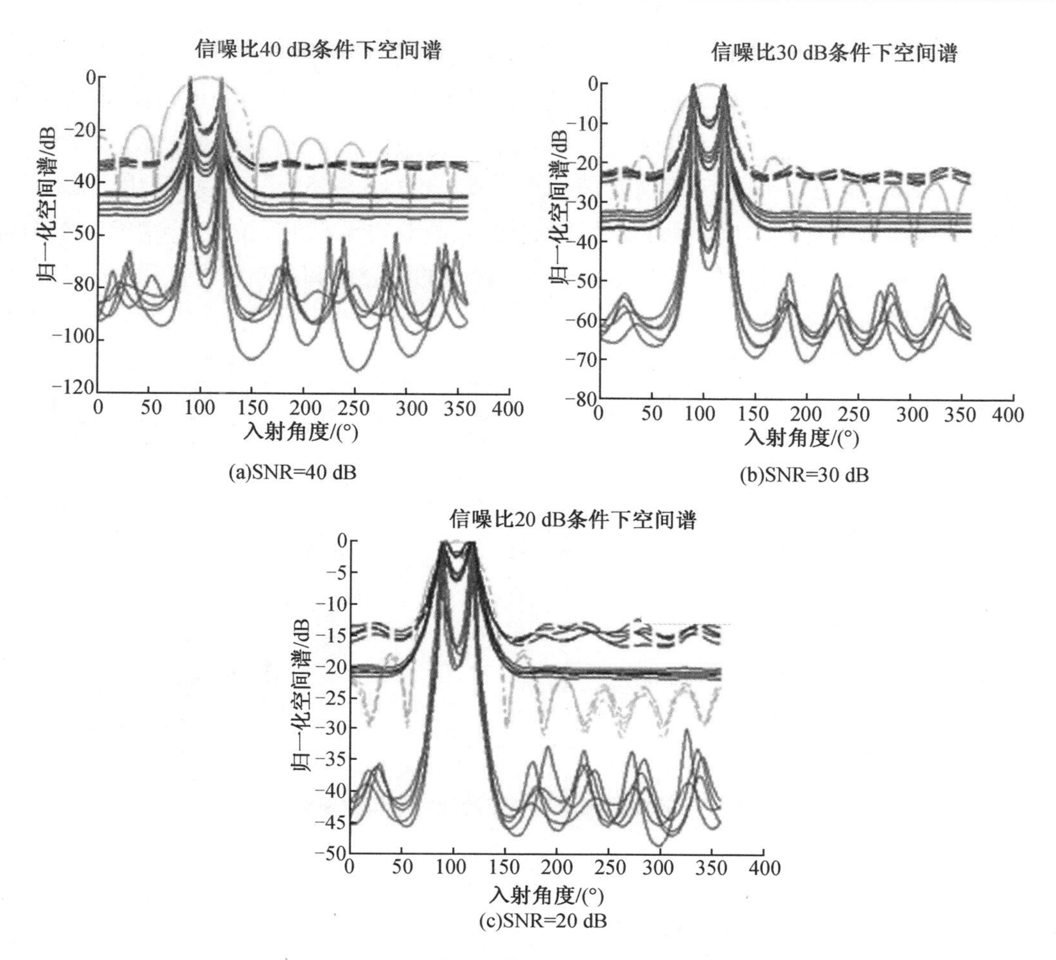

图 5.10 不同信噪比条件下的双相干源方位估计结果

注：由于谱线有重合各算法未做标注区分。

5.5.4 统计性能分析

目前为止，我们已经讨论并比较了各种算法的单源及双相干源目标空间谱曲线。接下来，我们将从统计学角度，考察以上算法在不同信噪比、快拍数及阵元数条件下的性能。性能衡量指标为方位估计均方根误差，定义为

$$\mathrm{RMSE} = \sqrt{\frac{1}{S}\sum_{s=1}^{S}(\hat{\theta}^{(s)} - \theta_0)^2} \tag{5.64}$$

式中，S 为蒙特卡罗统计试验次数；$\hat{\theta}^{(s)}$ 为第 s 次统计试验估计的方位角度；θ_0 为实际的入射角度。

1. 不同信噪比条件下的均方根误差

在本例仿真中，均匀圆阵半径为 0.75 cm，阵元个数为 12。空间存在两个等功率信源，分别从 60°和 120°方位角入射至圆阵。阵列采样快拍数为 24，蒙特卡罗统计试验次数为 50 次，信噪比由 0 dB 变化到 20 dB。图 5.11 为不同信噪比条件下的均方根误差曲线。

从图 5.11 可以明显看出，随着信噪比的增加，所有算法的均方根误差均减小。该现象

与实际情况相符，算法的性能随着信噪比的增加而改善，随着信噪比的降低而恶化。然而，需要注意的是，EB－CS 算法始终具有最低的均方根误差，尤其在低信噪比情况下，更加明显。例如，在图 5.11（a）中，当信噪比为 6 dB 时，EB－CS 算法的均方根误差仅为 1.5°，而 EB－MUSIC、EB－MVDR 和 EBF 算法却分别为 2.5°、3.2°和 4.5°。这主要是由于EB－CS 算法充分利用了阵列信号与生俱来的空间稀疏性，故能获得更高的方位估计精度。本例仿真表明了本文所提出的 EB－CS 算法对噪声具有较强的稳健性和抑制能力。

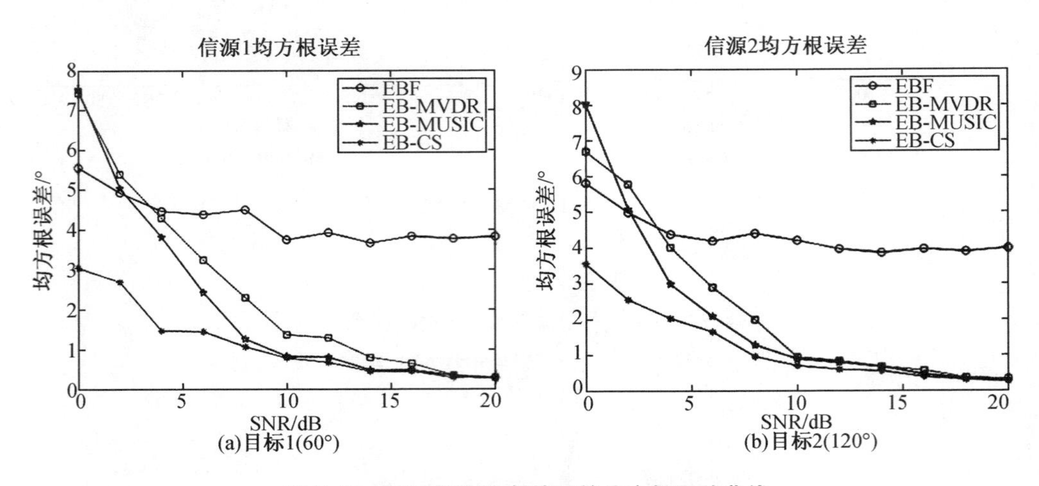

图 5.11　不同信噪比条件下的均方根误差曲线

2. 不同快拍数条件下的均方根误差

本例将讨论所有算法的均方根误差随不同信噪比的变化情况。仿真条件如上一仿真实例，其中信噪比设置为 10 dB，快拍数变化范围为 2～64。图 5.12 表明了在信噪比 10 dB 条件下，算法均方根误差曲线随快拍数变化情况。

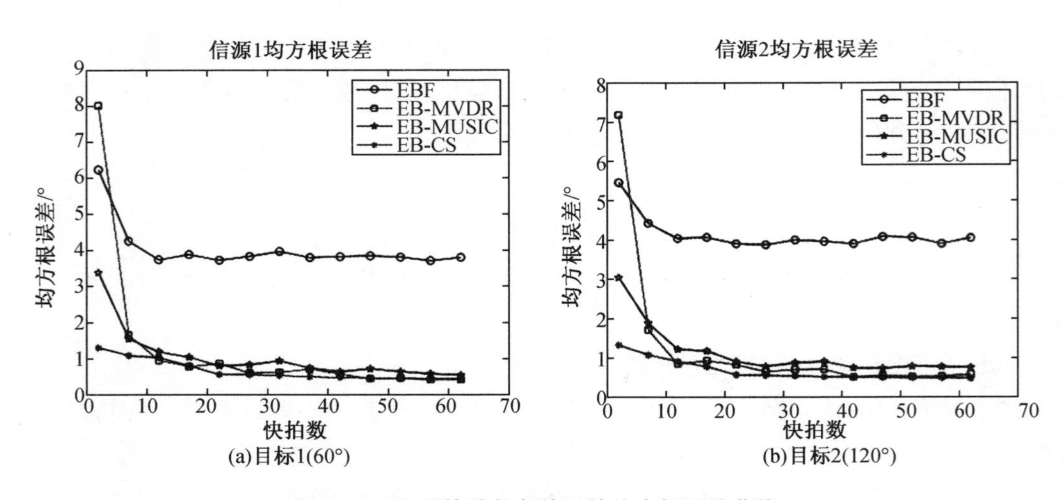

图 5.12　不同快拍数条件下的均方根误差曲线

众所周知,尽管传统波束形成处理器的分辨能力受阵列孔径瑞利限限制,但其却对快拍数具有较高稳健性,即小快拍数条件下,可保持较好的估计精度。所以,除在极小快拍数条件下,EB - CS 算法均方根误差曲线基本上是平坦的。此外,研究表明,传统高分辨类处理器(如 MVDR 和 MUSIC)的性能受快拍数影响较大,在小快拍数条件下,其性能退化严重。所以,可以明显看出,EB - MVDR 和 EB - MUSIC 算法的均方根误差随着快拍数的减少而增加。例如,在图 5.12(a)中,当快拍数为 30 时,EB - MVDR 算法的均方根误差仅为 0.8°,而当快拍数降至 8 时,其均方根误差增至 1.6°。正如我们在前述小节中的分析,EB - CS 算法能够直接应用于单快拍情形,所以对小快拍更具稳健性。从总体来看,EB - CS 算法始终具有最低的均方根误差。正如图 5.12 所示,EB - CS 算法的均方根误差曲线几乎平稳不变。值得说明的是,EB - CS 算法仅在快拍数小于 20 时,性能有所退化,均方根误差增至 1.2°。本例仿真表明了本文所提出的 EB - CS 算法对小快拍数具有较强的稳健性。

3. 不同阵元数条件下的均方根误差

在本章的最后一个仿真实例中,我们讨论算法均方根误差随不同阵元数的变化关系。信噪比为 10 dB,阵元数变化在 8 ~ 20,其他参数不变。如图 5.13 所示为不同阵元数条件下的均方根误差曲线。

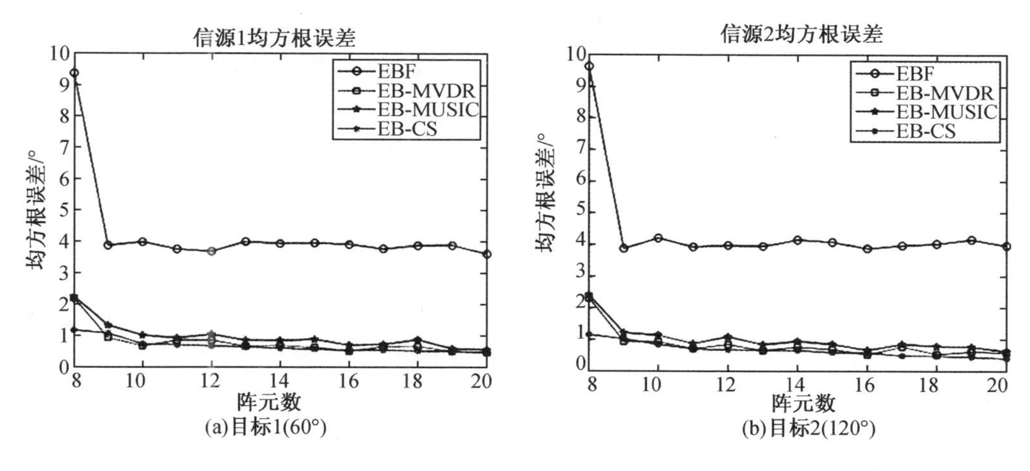

图 5.13　不同阵元数条件下的均方根误差曲线

从图 5.13 中可以看出,随着阵元数的增多,所有算法的均方根误差均有所下降。该现象与事实相符,阵列孔径在一定程度上决定了算法的性能。通常情况下,大尺寸孔径会获得更高的方位估计精度和分辨能力。然而,值得注意的是,EB - CS 算法一直优于其他算法,尤其当阵元个数较少时(如少于 10 个),其均方根误差明显小于其他算法。该例仿真结果表明了本文所提出的 EB - CS 算法对小阵元数具有较强的稳健性,即在小阵元数条件下,也可准确估计目标方位。

5.6 本章小结

本章介绍圆阵模态域压缩波束形成方位估计方法，主要讨论了圆阵模态域压缩波束形成技术，将压缩感知技术应用于圆阵模态域阵列信号处理领域，提高了圆阵方位估计方法的分辨能力和精度。研究表明，该方法不需要构造阵列信号协方差矩阵或其逆矩阵，能够直接处理相干声源。数值仿真结果验证了本章所提算法的有效性和正确性，尤其在低信噪比及相干源条件下，该方法能够分辨空间方位较近的目标，较传统方法具有更高的空间分辨能力和更好的方位估计性能。

第6章　基于射线理论的水下目标方位及距离联合估计方法

6.1　引　　言

在浅海环境下，声信道是一个包括海面、海底和海水介质的复杂环境，任何一点接收到的声信号都是经由不同途径传播的声信号的叠加，即所谓的多途效应。多途效应是水声信道复杂性的主要表现之一。多途效应会使接收信号时域特性畸变（时延扩展）、振幅和相位起伏（频率扩展），从而影响声呐信号处理的性能。本章首先介绍了射线声学基础并讨论了邻近海面的水下点源声场，然后，在建立水平L型均匀线阵信号模型的基础之上，进一步对基于稀疏约束的水下目标及距离联合估计，最终提高水下目标定位的精度和性能。

6.2　射线声学基础

射线声学理论最早产生于光学，其理论基础与几何光学相似。射线声学将声传播视为一束射线的传播，每条射线均与等相位面垂直，我们将这些射线称为声线。声线束携带的能量称为声波的能量，声线经历的时间称为声波传播时间，其经过的距离为声波传播的路程。

考虑波动方程

$$\nabla^2 p(x,y,z,t)-\frac{1}{c^2(x,y,z)}\frac{\partial^2 p(x,y,z,t)}{\partial t^2}=0 \tag{6.1}$$

式中，声速 $c(x,y,z)$ 是空间坐标点 (x,y,z) 的函数。

令波动方程的解存在且可表示为

$$p(x,y,z,t)=A(x,y,z)\mathrm{e}^{\mathrm{j}[\omega t-k(x,y,z)\varphi'(x,y,z)]} \tag{6.2}$$

式中，$A(x,y,z)$ 表示声压幅度；$k(x,y,z)$ 表示波数；两者均是空间坐标位置 (x,y,z) 的函数。

进一步将波数 $k(x,y,z)$ 表示成

$$k(x,y,z)=k_0 n(x,y,z) \tag{6.3}$$

式中，$k_0=\dfrac{\omega}{c_0}$ 为常数；c_0 为参考点声速；$n(x,y,z)$ 为折射率。

将式(6.3)代入式(6.2)，可得

$$p(x,y,z,t)=A(x,y,z)\mathrm{e}^{\mathrm{j}[\omega t-k_0 n(x,y,z)\varphi'(x,y,z)]} \tag{6.4}$$

进一步定义程函 $\varphi(x,y,z)$

$$\varphi(x,y,z)=n(x,y,z)\varphi'(x,y,z) \tag{6.5}$$

代入式(6.4),可得

$$p(x,y,z,t)=A(x,y,z)\mathrm{e}^{\mathrm{j}[\omega t-k_0\varphi(x,y,z)]} \tag{6.6}$$

通常而言,程函 $\varphi(x,y,z)$ 为常数的等相位面是一曲面,在该曲面上的相位值处处相等。程函 $\varphi(x,y,z)$ 的梯度 $\nabla\varphi(x,y,z)$ 与等相位面垂直,代表声线的方向。

将式(6.6)代入波动方程式(6.1),可得

$$\frac{\nabla^2 A(x,y,z)}{A(x,y,z)}-\left(\frac{\omega}{c_0}\right)^2\nabla\varphi(x,y,z)\cdot\nabla\varphi(x,y,z)+\left(\frac{\omega}{c}\right)^2-\mathrm{j}\frac{\omega}{c_0}\left(\frac{2\nabla A(x,y,z)}{A(x,y,z)}\cdot\nabla\varphi(x,y,z)+\nabla^2\varphi(x,y,z)\right)=0 \tag{6.7}$$

式(6.7)的实部和虚部均为零,即

$$\frac{\nabla^2 A(x,y,z)}{A(x,y,z)}-k_0^2\nabla\varphi(x,y,z)\cdot\nabla\varphi(x,y,z)+k^2=0 \tag{6.8}$$

$$\frac{2\nabla A(x,y,z)}{A(x,y,z)}\cdot\nabla\varphi(x,y,z)+\nabla^2\varphi(x,y,z)=0 \tag{6.9}$$

当 $\frac{\nabla^2 A(x,y,z)}{A}\ll k^2$ 时,式(6.8)可以简化为

$$(\nabla\varphi(x,y,z))^2=\left(\frac{k(x,y,z)}{k_0}\right)^2=\left(\frac{c_0}{c(x,y,z)}\right)^2=n^2(x,y,z) \tag{6.10}$$

我们将式(6.10)称为程函方程,将式(6.9)称为强度方程。

6.2.1 程函方程

程函方程是射线声学的第一个基本方程,不仅可以给出声线的方向,而且可以绘制声线的轨迹并计算声传播时间。

根据矢量分析可知,等相位面 $\varphi(x,y,z)$ 在任意方向 $\boldsymbol{l}$ 上的变化率可以用导数 $\frac{\mathrm{d}\varphi(x,y,z)}{\mathrm{d}\boldsymbol{l}}$ 来表示,该导数等于 $\varphi(x,y,z)$ 在法线方向上的变化率 $\nabla\varphi(x,y,z)$ 在 $\boldsymbol{l}$ 方向上的投影,由此可得

$$\frac{\mathrm{d}\varphi(x,y,z)}{\mathrm{d}\boldsymbol{l}}=\nabla\varphi(x,y,z)\cdot\boldsymbol{l}_0 \tag{6.11}$$

式中,$\boldsymbol{l}_0$ 为 $\boldsymbol{l}$ 方向上的单位矢量。

若考虑 $\varphi(x,y,z)$ 在声线方向 $\boldsymbol{s}$ 上的变化率 $\frac{\mathrm{d}\varphi(x,y,z)}{\mathrm{d}\boldsymbol{s}}$,声线方向就是等相位面 $\varphi(x,y,z)$ 的法线方向,因此单位矢量 $\boldsymbol{s}_0=\frac{\boldsymbol{k}}{|\boldsymbol{k}|}$ 的方向就是 $\nabla\varphi(x,y,z)$ 的方向,进而可得

$$\frac{\mathrm{d}\varphi(x,y,z)}{\mathrm{d}\boldsymbol{s}}=|\nabla\varphi(x,y,z)| \tag{6.12}$$

式中,

$$\nabla\varphi(x,y,z)=|\nabla\varphi(x,y,z)|\boldsymbol{s}_0=|\nabla\varphi(x,y,z)|(\cos\alpha\boldsymbol{i}+\cos\beta\boldsymbol{j}+\cos\gamma\boldsymbol{k}) \tag{6.13}$$

将程函方程式(6.10)代入式(6.13)可得

$$\frac{\partial\varphi(x,y,z)}{\partial x}\boldsymbol{i}+\frac{\partial\varphi(x,y,z)}{\partial y}\boldsymbol{j}+\frac{\partial\varphi(x,y,z)}{\partial z}\boldsymbol{k}=n(\cos\alpha\boldsymbol{i}+\cos\beta\boldsymbol{j}+\cos\gamma\boldsymbol{k}) \tag{6.14}$$

将式(6.14)写成标量形式,可得

$$\begin{cases}\dfrac{\partial\varphi(x,y,z)}{\partial x}=n\cos\alpha\\[2ex]\dfrac{\partial\varphi(x,y,z)}{\partial y}=n\cos\beta\\[2ex]\dfrac{\partial\varphi(x,y,z)}{\partial z}=n\cos\gamma\end{cases} \tag{6.15}$$

进一步由程函方程,将 $n=\sqrt{\left(\dfrac{\partial\varphi(x,y,z)}{\partial x}\right)^2+\left(\dfrac{\partial\varphi(x,y,z)}{\partial y}\right)^2+\left(\dfrac{\partial\varphi(x,y,z)}{\partial z}\right)^2}$ 代入式(6.15),可得声线的方向余弦表达形式

$$\begin{cases}\cos\alpha=\dfrac{\dfrac{\partial\varphi(x,y,z)}{\partial x}}{\sqrt{\left(\dfrac{\partial\varphi(x,y,z)}{\partial x}\right)^2+\left(\dfrac{\partial\varphi(x,y,z)}{\partial y}\right)^2+\left(\dfrac{\partial\varphi(x,y,z)}{\partial z}\right)^2}}\\[4ex]\cos\beta=\dfrac{\dfrac{\partial\varphi(x,y,z)}{\partial y}}{\sqrt{\left(\dfrac{\partial\varphi(x,y,z)}{\partial x}\right)^2+\left(\dfrac{\partial\varphi(x,y,z)}{\partial y}\right)^2+\left(\dfrac{\partial\varphi(x,y,z)}{\partial z}\right)^2}}\\[4ex]\cos\gamma=\dfrac{\dfrac{\partial\varphi(x,y,z)}{\partial z}}{\sqrt{\left(\dfrac{\partial\varphi(x,y,z)}{\partial x}\right)^2+\left(\dfrac{\partial\varphi(x,y,z)}{\partial y}\right)^2+\left(\dfrac{\partial\varphi(x,y,z)}{\partial z}\right)^2}}\end{cases} \tag{6.16}$$

因此,声线的方向可由式(6.15)或式(6.16)确定。

另一方面,将式(6.15)两侧对声线方向 $\boldsymbol{s}$ 求导,等式左侧可得

$$\frac{\mathrm{d}}{\mathrm{d}\boldsymbol{s}}\left(\frac{\partial\varphi(x,y,z)}{\partial x}\right)=\frac{\partial}{\partial x}\left(\frac{\partial\varphi(x,y,z)}{\partial x}\cdot\frac{\partial x}{\partial\boldsymbol{s}}+\frac{\partial\varphi(x,y,z)}{\partial y}\cdot\frac{\partial y}{\partial\boldsymbol{s}}+\frac{\partial\varphi(x,y,z)}{\partial z}\cdot\frac{\partial z}{\partial\boldsymbol{s}}\right) \tag{6.17}$$

由于声线的方向余弦可表示为

$$\begin{cases}\cos\alpha=\dfrac{\mathrm{d}x}{\mathrm{d}\boldsymbol{s}}\\[2ex]\cos\beta=\dfrac{\mathrm{d}y}{\mathrm{d}\boldsymbol{s}}\\[2ex]\cos\gamma=\dfrac{\mathrm{d}z}{\mathrm{d}\boldsymbol{s}}\end{cases} \tag{6.18}$$

将式(6.18)代入式(6.17),可得

$$\frac{\mathrm{d}}{\mathrm{d}\boldsymbol{s}}\left(\frac{\partial\varphi(x,y,z)}{\partial x}\right)=\frac{\partial}{\partial x}(n\cos^2\alpha+n\cos^2\beta+n\cos^2\gamma)=\frac{\partial n}{\partial x} \tag{6.19}$$

进一步可得方程组

$$\begin{cases}\dfrac{\mathrm{d}}{\mathrm{d}s}(n\cos\alpha)=\dfrac{\partial n}{\partial x}\\ \dfrac{\mathrm{d}}{\mathrm{d}s}(n\cos\beta)=\dfrac{\partial n}{\partial y}\\ \dfrac{\mathrm{d}}{\mathrm{d}s}(n\cos\gamma)=\dfrac{\partial n}{\partial z}\end{cases}\tag{6.20}$$

式(6.20)的矢量表示形式为

$$\frac{\mathrm{d}(\nabla\varphi(x,y,z))}{\mathrm{d}\boldsymbol{s}}=\nabla\boldsymbol{n}\tag{6.21}$$

由此可见,程函方程(6.10)具有不同的表达形式,如式(6.15)、式(6.16)、式(6.20)或式(6.21)。

6.2.2 强度方程

声波的强度定义为通过垂直于声波传播方向上单位面积的平均声能。对于简谐波而言,其声强可用一个周期内的平均声能来表示

$$I=\frac{1}{T}\int_0^T pu\mathrm{d}t\tag{6.22}$$

声能传播方向即为声波传播方向,故声强可用指向声波传播方向的矢量 I 表示,并可用声压的复数形式表达

$$\boldsymbol{I}=\frac{\mathrm{j}}{\omega\rho T}\int_0^T p^*\ \nabla p\mathrm{d}t\tag{6.23}$$

式中,$(\cdot)^*$ 为复共轭运算。

研究表明,在声压振幅随距离相对变化较小时(高频近似条件下),声强与振幅平方 A^2 和程函梯度 $\nabla\varphi$ 的乘积成正比。

$$\boldsymbol{I}\propto A^2\ \nabla\varphi\tag{6.24}$$

根据前述强度方程 $\dfrac{2\ \nabla A}{A}\cdot\nabla\varphi+\nabla^2\varphi=0$,两侧同时乘以 A^2,可得

$$2A\ \nabla A\cdot\nabla\varphi+A^2\ \nabla^2\varphi=0\tag{6.25}$$

根据矢量分析公式,式(6.25)可进一步化简得

$$\nabla\cdot(A^2\ \nabla^2\varphi)=0\tag{6.26}$$

结合式(6.24),可得

$$\nabla\cdot\boldsymbol{I}=0\tag{6.27}$$

根据高斯定理,可将体积分转换成面积分

$$\iiint_V \nabla\cdot\boldsymbol{I}\mathrm{d}V=\oint\!\!\!\oint_S \boldsymbol{I}\cdot\mathrm{d}S=0\tag{6.28}$$

如图6.1所示为声能沿射线管束的传播示意图。若将封闭曲面 S 选成声线管束侧面 S' 和管束两端横截面 S_1 和 S_2,则式(6.21)可表达为

$$\oint\!\!\!\oint_{S'}\boldsymbol{I}\cdot\mathrm{d}S+\oint\!\!\!\oint_{S_1}\boldsymbol{I}\cdot\mathrm{d}S+\oint\!\!\!\oint_{S_2}\boldsymbol{I}\cdot\mathrm{d}S=0\tag{6.29}$$

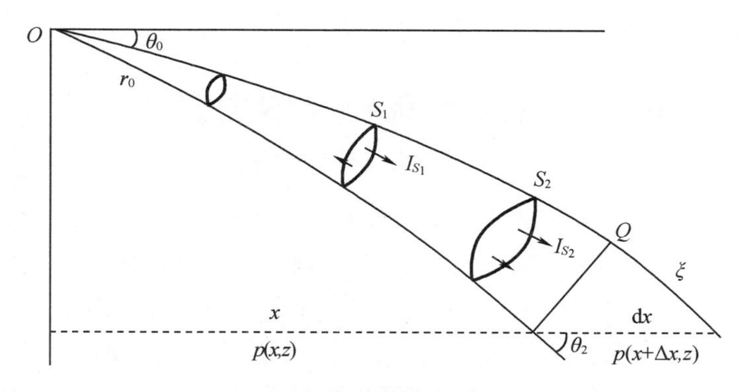

图 6.1　声能沿射线管束的传播示意图

由于声强 $\boldsymbol{I}$ 的方向与声线管束侧面 S'的法线方向处处垂直,则

$$\oint\!\!\oint_{S'} \boldsymbol{I} \cdot \mathrm{d}S = 0 \tag{6.30}$$

因此,式(6.29)可进一步表示为

$$\oint\!\!\oint_{S_1} \boldsymbol{I} \cdot \mathrm{d}S + \oint\!\!\oint_{S_2} \boldsymbol{I} \cdot \mathrm{d}S = 0 \tag{6.31}$$

考虑管束横截面 S_1 的外法线方向与声强 $\boldsymbol{I}$ 的方向相反,管束横截面 S_2 的外法线方向与声强 $\boldsymbol{I}$ 的方向相同,在声强 $\boldsymbol{I}$ 沿管束横截面均匀分布的情况下,式(6.31)可表示为

$$\boldsymbol{I}_{S_1} S_1 = \boldsymbol{I}_{S_2} S_2 \tag{6.32}$$

从式(6.32)可以看出,声能沿声线管束传播,声强 $\boldsymbol{I}$ 与管束横截面 S 成反比。管束横截面 S 越大,声强 $\boldsymbol{I}$ 越小;管束横截面 S 越小,声强 $\boldsymbol{I}$ 越大。

进一步假设单位立体角内的辐射声功率为 W,立体角微元 $\mathrm{d}\Omega$ 所张的截面积微元为 $\mathrm{d}S$,对于平面问题而言,其声强可表示为

$$\boldsymbol{I}(x,z) = \frac{W\mathrm{d}\Omega}{\mathrm{d}S} \tag{6.33}$$

不失一般性,若考虑声源轴对称发射声波,则射线声学计算声强的基本公式可进一步表示为

$$\boldsymbol{I}(r,z) = \frac{W\cos\,\alpha_0}{r\left(\dfrac{\partial r}{\partial \alpha}\right)_{\alpha_0} \sin\,\alpha_z} \tag{6.34}$$

式中,r 代表水平距离。

在忽略常数因子的条件下,声压振幅表示为

$$\boldsymbol{A}(r,z) = \sqrt{|\boldsymbol{I}|} = \sqrt{\frac{W\cos\,\alpha_0}{r\left(\dfrac{\partial r}{\partial \alpha}\right)_{\alpha_0} \sin\,\alpha_z}} \tag{6.35}$$

根据程函方程和声压振幅的表达形式,射线声场可表示为

$$\boldsymbol{P}(r,z) = \boldsymbol{A}(r,z)\mathrm{e}^{-\mathrm{j}k_0\varphi(r,z)} \tag{6.36}$$

6.3 邻近海面的水下点源声场

在水下声场建模理论中,射线声学一直受到广大专家学者的关注,在实际的工程中得到广泛应用。在一定条件下,相较于简正波理论,射线声学理论的运算比较简单直观。在水下声传播研究领域早期阶段,Lichte 等学者就基于射线声学理论对水下声场进行建模和仿真,并将结果与实际的测量数据进行对比,进而验证建模方法的正确性和有效性,该研究结果还证实了深海 SOFAR 信道可以实现超远距离的传播。本节接下来考虑浅海 Pekeris 信道,讨论邻近海面的水下点源声场。

假设 Pekeris 信道的水深为 h,海水密度为 ρ,声速为 c。海底沉积层密度为 ρ_b,声速为 c_b,衰减为 α_b。如前所述,射线声学理论中的镜像法可以简单、快速地计算出浅海信道中声场的分布情况。在该方法中,每一条反射声线均被视为来自海面或海底的镜像。如图 6.2 所示为典型的二维浅海射线理论几何结构示意图(或称为浅海波导中的射线镜像法示意图)。点声源位于水下 z_s 处,接收水听器与声源的距离为 r,位于水下 z_r 处。R^1 表示声源 O_1 与接收水听器之间的距离,称为直达声。R^2、R^3 和 R^4 分别代表镜像声源 O_2、O_3 和 O_4 与接收水听器之间的距离,称为不同途径的反射声。从几何关系可以看出,其余的声线均是由海面和海底的多次反射而形成。

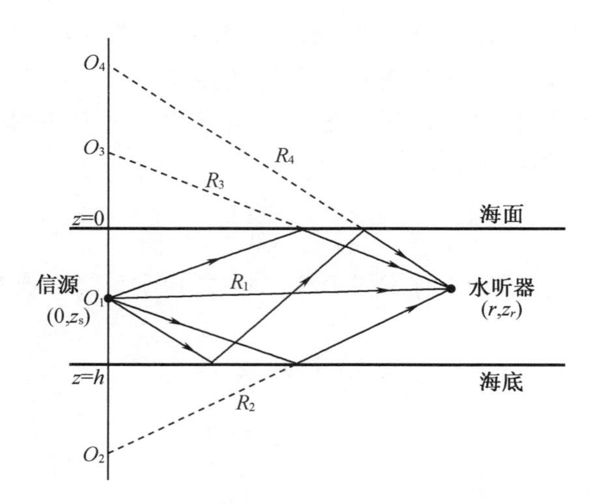

图 6.2 浅海波导中的射线镜像法示意图

因此,接收水听器输出的总声场可以表示为

$$p = A\sum_{n=1}^{\infty}\left[(V_b^{n-1}V_s^{n-1})\frac{e^{j\frac{\omega}{c}R^{(n-1)\times4+1}}}{R^{(n-1)\times4+1}}+(V_b^{n-1}V_s^{n})\frac{e^{j\frac{\omega}{c}R^{(n-1)\times4+2}}}{R^{(n-1)\times4+2}}+\right.$$
$$\left.(V_b^{n}V_s^{n-1})\frac{e^{j\frac{\omega}{c}R^{(n-1)\times4+3}}}{R^{(n-1)\times4+3}}+(V_b^{n}V_s^{n})\frac{e^{j\frac{\omega}{c}R^{(n-1)\times4+4}}}{R^{(n-1)\times4+4}}\right] \tag{6.37}$$

式中,A 是点源声压幅度;ω 是声源的角频率;V_b^n 是海底的反射系数;V_s^n 是海面的反射系数;

n 代表声线经海底和海面的反射次数。V_b^n 和 V_s^n 均与声线的掠射角有关。

6.4　水平 L 型均匀线阵信号模型

如图6.3所示为浅海 Pekeris 波导中水平 L 型均匀线阵布放示意图。L 型均匀线阵由 $N=2M-1$ 个各向同性的接收水听器组成，水平布放在 xOy 平面上。将坐标原点处的阵元作为参考阵元，x 轴和 y 轴方向上各存在 M 个阵元，阵元间距为 d。由于水平 L 型均匀线阵布放位置接近海底，所以第 i 个阵元的坐标为 $(x_i, y_i, 0)$，$i=1,2,\cdots,2M-1$，并且第 M 个阵元为参考阵元。

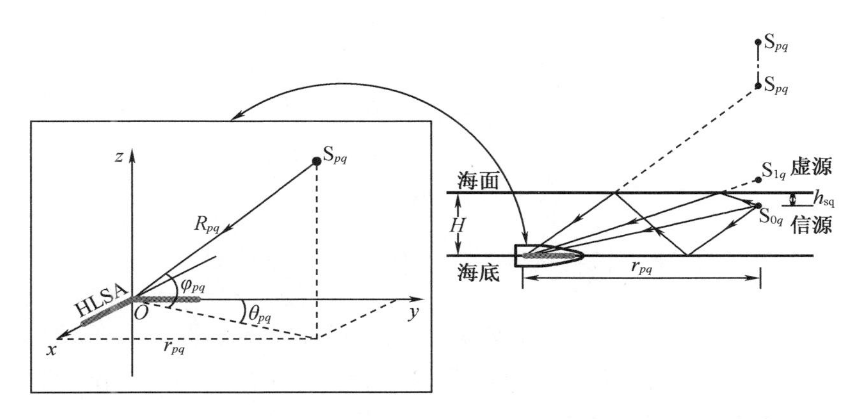

图6.3　浅海 Pekeris 波导中水平 L 型均匀线阵布放示意图

假设波导中近海面处存在 Q 个远场非相干窄带信源 $\{s_q(t)\}_{q=1}^{Q}$，其水下深度分别为 h_{sq}，从不同的方向和水平距离 $\{\theta_{sq}, r_{sq}\}_{q=1}^{Q}$ 入射至水平 L 型均匀线阵。其中，θ_{sq} 表示第 q 个信源的入射方向角度，r_{sq} 表示第 q 个信源距离 L 型均匀线阵的水平距离。

根据浅海 Pekeris 波导声线传播理论和模型，射线声学镜像法可快速、有效地计算水下声场。假设每个信源产生镜像虚源的个数最多为 P 个，则每个虚源的俯仰角和方位角均可表示为 $\{\theta_q^p, \varphi_q^p\}_{p=0,q=1}^{P,Q}$。其中，$\theta_q^p=\theta_{sq}$。令 φ_{iq}^p 表示第 q 个信源的第 p 个镜像虚源入射到第 i 个阵元的相位差（相对于参考阵元），则

$$\varphi_{iq}^p=(x_i\sin\theta_q^p\cos\varphi_q^p+y_i\cos\theta_q^p\cos\varphi_q^p)\omega/c \tag{6.38}$$

因此，第 q 个信源的源矢量 $\boldsymbol{A}_q$ 可以表达成

$$\boldsymbol{A}_q=\begin{bmatrix}A_{1q}\\A_{2q}\\\vdots\\A_{iq}\\\vdots\\A_{Nq}\end{bmatrix}=\begin{bmatrix}\sum\limits_{p=0}^{P}\dfrac{\alpha_q^p}{R_q^p}\mathrm{e}^{-\frac{\mathrm{j}\omega}{c}R_q^p}\mathrm{e}^{\mathrm{j}\varphi_{1q}^p}\\\sum\limits_{p=0}^{P}\dfrac{\alpha_q^p}{R_q^p}\mathrm{e}^{-\frac{\mathrm{j}\omega}{c}R_q^p}\mathrm{e}^{\mathrm{j}\varphi_{2q}^p}\\\vdots\\\sum\limits_{p=0}^{P}\dfrac{\alpha_q^p}{R_q^p}\mathrm{e}^{-\frac{\mathrm{j}\omega}{c}R_q^p}\mathrm{e}^{\mathrm{j}\varphi_{iq}^p}\\\vdots\\\sum\limits_{p=0}^{P}\dfrac{\alpha_q^p}{R_q^p}\mathrm{e}^{-\frac{\mathrm{j}\omega}{c}R_q^p}\mathrm{e}^{\mathrm{j}\varphi_{Nq}^p}\end{bmatrix}=\boldsymbol{B}_q\boldsymbol{W}_q \tag{6.39}$$

式中,

$$\boldsymbol{B}_q=\begin{bmatrix}\mathrm{e}^{\mathrm{j}\varphi_{1q}^0}&\mathrm{e}^{-\mathrm{j}\varphi_{1q}^1}&\cdots&\mathrm{e}^{-\mathrm{j}\varphi_{1q}^P}\\\mathrm{e}^{\mathrm{j}\varphi_{2q}^0}&\mathrm{e}^{-\mathrm{j}\varphi_{2q}^1}&\cdots&\mathrm{e}^{-\mathrm{j}\varphi_{2q}^P}\\\vdots&\vdots&&\vdots\\\mathrm{e}^{\mathrm{j}\varphi_{Nq}^0}&\mathrm{e}^{-\mathrm{j}\varphi_{Nq}^1}&\cdots&\mathrm{e}^{-\mathrm{j}\varphi_{Nq}^P}\end{bmatrix} \tag{6.40}$$

$$\boldsymbol{W}_q=\left[\frac{\alpha_q^0}{R_q^0}\mathrm{e}^{-\frac{\mathrm{j}\omega}{c}R_q^0}\quad\frac{\alpha_q^1}{R_q^1}\mathrm{e}^{-\frac{\mathrm{j}\omega}{c}R_q^1}\quad\cdots\quad\frac{\alpha_q^p}{R_q^p}\mathrm{e}^{-\frac{\mathrm{j}\omega}{c}R_q^p}\right]^{\mathrm{T}} \tag{6.41}$$

式中,α_q^p 表示第 q 个信源的第 p 个镜像虚源的反射系数;R_q^p 表示第 q 个信源的第 p 个镜像虚源相对于参考阵元的距离;$\boldsymbol{B}_q$ 为空间矩阵;$\boldsymbol{W}_q$ 表示第 q 个信源的幅度加权系数矢量;$(\cdot)^{\mathrm{T}}$ 表示转置变换。

由此,所有信源的导向矢量 $\boldsymbol{A}$ 可组合成矩阵形式为

$$\boldsymbol{A}=[\boldsymbol{A}_1\quad\boldsymbol{A}_2\quad\cdots\quad\boldsymbol{A}_q\quad\cdots\quad\boldsymbol{A}_Q] \tag{6.42}$$

假设阵列输出信号受到加性噪声的干扰,则输出信号可以表示为

$$\boldsymbol{X}(t)=\boldsymbol{A}\boldsymbol{S}(t)+\boldsymbol{N}(t) \tag{6.43}$$

式中,$\boldsymbol{X}(t)$代表包含 L_{s} 个快拍数的 $N\times L_{\mathrm{s}}$ 维阵列输出信号;$\boldsymbol{A}$ 称为阵列流型矩阵,考虑了浅海 Pekeris 波导中的多途效应;$\boldsymbol{S}(t)$表示信号场;$\boldsymbol{N}(t)$表示噪声场。

从以上的讨论可以看出,由于浅海声传播的多途效应,信号源矢量的结构明显不同于传统阵列信号模型的导向矢量,这正是可以利用多途结构对近海面目标进行方位角和距离联合估计的原因。

由此,基于 Bartlett 处理器的方位角和距离联合估计算法可以表示为

$$P_{\mathrm{BF}}(\theta,r)=\frac{\boldsymbol{A}^{\mathrm{H}}(\theta,r)\hat{\boldsymbol{R}}\boldsymbol{A}(\theta,r)}{\boldsymbol{A}^{\mathrm{H}}(\theta,r)\boldsymbol{A}(\theta,r)} \tag{6.44}$$

式中,$(\cdot)^{\mathrm{H}}$ 表示复共轭转置;$\boldsymbol{A}(\theta,r)$代表以 θ 和 r 为参量的阵列流型矩阵,其充分考虑了浅海波导的多途效应;$\hat{\boldsymbol{R}}=(1/L_{\mathrm{s}})\sum\limits_{t=1}^{L_{\mathrm{s}}}\boldsymbol{X}(t)\boldsymbol{X}^{\mathrm{H}}(t)$ 为由 L_{s} 个快拍数构造得到的空间互谱矩阵。

若采用最大似然处理器,则空间方位角和距离联合估计算法又可以表示为

$$P_{\mathrm{ML}}(\theta,r)=\max\ \mathrm{tr}(\boldsymbol{D}(\theta,r)\hat{\boldsymbol{R}}) \tag{6.45}$$

式中，tr(・)表示矩阵的迹，$\boldsymbol{D}(\theta,r)$由$\boldsymbol{A}(\theta,r)$构成。

$$\boldsymbol{D}(\theta,r)=\boldsymbol{A}(\theta,r)(\boldsymbol{A}^{\mathrm{H}}(\theta,r)\boldsymbol{A}(\theta,r))^{-1}\boldsymbol{A}^{\mathrm{H}}(\theta,r) \tag{6.46}$$

由此可见，信号源矢量充分考虑了浅海波导中的多途效应，能够准确有效地联合估计方位角和距离信息。

6.5　基于稀疏约束的水下目标方位及距离联合估计

接下来，我们将方位角和距离联合估计问题转化为稀疏表示问题。为方便起见，先考虑单快拍情况，再拓展至多快拍情况。

将感兴趣待测空间区域进行网格离散化处理，令$\{\tilde{\theta}_1,\tilde{\theta}_2,\cdots,\tilde{\theta}_{k_\theta},\cdots,\tilde{\theta}_{K_\theta}\}$ $(\tilde{\theta}_{k_\theta}\in[0,2\pi])$为网格离散化后的方位角，令$\{\tilde{r}_1,\tilde{r}_2,\cdots,\tilde{r}_{k_r},\cdots,\tilde{r}_{K_r}\}$ $(\tilde{r}_{k_r}\in[0,r_{\max}])$为网格离散化后的距离。式中，$\tilde{\theta}_{k_\theta}$表示第$k_\theta$个方位角，$0\leqslant k_\theta\leqslant K_\theta$，$K_\theta$表示离散化方位角的个数。$\tilde{r}_{k_r}$表示第$k_r$个距离，$0\leqslant k_r\leqslant K_r$，$K_r$表示离散化距离的个数。因此，在以方位角和距离构成的二维参数平面中，采样网格可表示为$\{\tilde{\boldsymbol{\Theta}}_1,\tilde{\boldsymbol{\Theta}}_2,\cdots,\tilde{\boldsymbol{\Theta}}_k,\cdots,\tilde{\boldsymbol{\Theta}}_K\}$，式中，$k=(k_r-1)K_r+k_\theta$，$K=K_\theta K_r$。对应第$k$个采样网格$\tilde{\boldsymbol{\Theta}}_k$的信源导向矢量$\tilde{\boldsymbol{A}}_k$可表示为

$$\tilde{\boldsymbol{A}}_k=\begin{bmatrix}\tilde{A}_{1k}\\ \tilde{A}_{2k}\\ \vdots\\ \tilde{A}_{ik}\\ \vdots\\ \tilde{A}_{Nk}\end{bmatrix}=\begin{bmatrix}\sum\limits_{p=0}^{P}\dfrac{\tilde{\alpha}_k^p}{\tilde{R}_k^p}\mathrm{e}^{-\frac{\mathrm{j}\omega}{c}\tilde{R}_k^p}\mathrm{e}^{\mathrm{j}\varphi_{1k}^p}\\ \sum\limits_{p=0}^{P}\dfrac{\tilde{\alpha}_k^p}{\tilde{R}_k^p}\mathrm{e}^{-\frac{\mathrm{j}\omega}{c}\tilde{R}_k^p}\mathrm{e}^{\mathrm{j}\varphi_{2k}^p}\\ \vdots\\ \sum\limits_{p=0}^{P}\dfrac{\tilde{\alpha}_k^p}{\tilde{R}_k^p}\mathrm{e}^{-\frac{\mathrm{j}\omega}{c}\tilde{R}_k^p}\mathrm{e}^{\mathrm{j}\varphi_{ik}^p}\\ \vdots\\ \sum\limits_{p=0}^{P}\dfrac{\tilde{\alpha}_k^p}{\tilde{R}_k^p}\mathrm{e}^{-\frac{\mathrm{j}\omega}{c}\tilde{R}_k^p}\mathrm{e}^{\mathrm{j}\varphi_{Nk}^p}\end{bmatrix}=\tilde{\boldsymbol{B}}_k\tilde{\boldsymbol{W}}_k \tag{6.47}$$

$$\tilde{\boldsymbol{B}}_k=\begin{bmatrix}\mathrm{e}^{\mathrm{j}\varphi_{1k}^0} & \mathrm{e}^{-\mathrm{j}\varphi_{1k}^1} & \cdots & \mathrm{e}^{-\mathrm{j}\varphi_{1k}^P}\\ \mathrm{e}^{\mathrm{j}\varphi_{2k}^0} & \mathrm{e}^{-\mathrm{j}\varphi_{2k}^1} & \cdots & \mathrm{e}^{-\mathrm{j}\varphi_{2k}^P}\\ \vdots & \vdots & & \vdots\\ \mathrm{e}^{\mathrm{j}\varphi_{Nk}^0} & \mathrm{e}^{-\mathrm{j}\varphi_{Nk}^1} & \cdots & \mathrm{e}^{-\mathrm{j}\varphi_{Nk}^P}\end{bmatrix} \tag{6.48}$$

$$\widetilde{\boldsymbol{W}}_k=\left[\frac{\widetilde{\alpha}_k^0}{\widetilde{R}_k^0}\mathrm{e}^{-\frac{\mathrm{j}\omega}{c}\widetilde{R}_k^0}\quad\frac{\widetilde{\alpha}_k^1}{\widetilde{R}_k^1}\mathrm{e}^{-\frac{\mathrm{j}\omega}{c}\widetilde{R}_k^1}\quad\cdots\quad\frac{\widetilde{\alpha}_k^p}{\widetilde{R}_k^p}\mathrm{e}^{-\frac{\mathrm{j}\omega}{c}\widetilde{R}_k^p}\right]^{\mathrm{T}}\tag{6.49}$$

式中，$\widetilde{\alpha}_k^p$ 代表与第 k 个采样网格 $\widetilde{\Theta}_k$ 相对应的信号经海面海底反射后的反射系数；$\widetilde{R}_k^p$ 代表第 k 个采样网格 $\widetilde{\Theta}_k$ 的第 p 个镜像虚源到参考阵元的距离；$\widetilde{\varphi}_{ik}^p$ 表示第 k 个采样网格 $\widetilde{\Theta}_k$ 的第 p 个镜像虚源到第 i 个阵元与参考阵元之间的相位差。

进一步，可将 $N\times1$ 维信号矢量 $\boldsymbol{S}(t)$ 重新表示成 $K\times1$ 维新矢量 $\widetilde{\boldsymbol{S}}(t)$。若第 q 个信源来自 $\widetilde{\Theta}_k$，则 $\widetilde{\boldsymbol{S}}(t)$ 的第 k 个元素 $\tilde{s}_k(t)$ 非零并等于 $\{s_q(t)\}_{q=1}^{Q}$。由此，水下目标方位角和距离联合估计问题重新转化成稀疏表示问题，如图 6.4 所示。

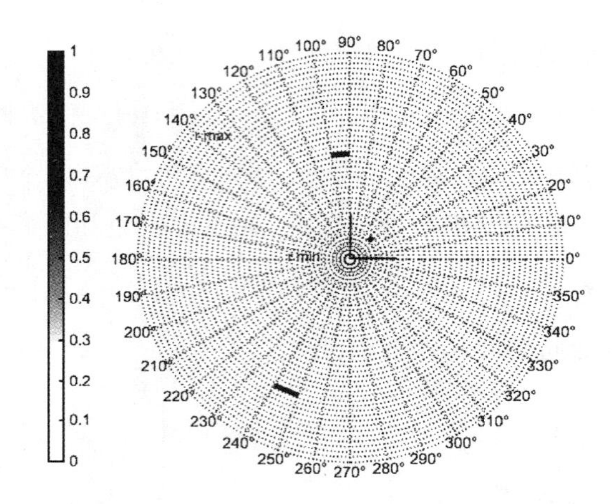

图 6.4　水下目标方位角和距离联合估计稀疏表示示意图

因此，$N\times K$ 维测量矩阵 $\widetilde{\boldsymbol{A}}$ 考虑了所有可能的方位角和水平距离，是一种过完备表示。

$$\widetilde{\boldsymbol{A}}=[\widetilde{\boldsymbol{A}}_1\quad\widetilde{\boldsymbol{A}}_2\quad\cdots\quad\widetilde{\boldsymbol{A}}_k\quad\cdots\quad\widetilde{\boldsymbol{A}}_K]\tag{6.50}$$

至此，$N\times L_{\mathrm{s}}$ 维阵列输出信号 $\boldsymbol{y}(t)$ 可重新表示为 $K\times N$ 维测量矩阵 $\widetilde{\boldsymbol{A}}$ 和 $K\times L_{\mathrm{s}}$ 维信源矩阵 $\widetilde{\boldsymbol{S}}$ 的乘积，即

$$\boldsymbol{y}(t)=\widetilde{\boldsymbol{A}}\,\widetilde{\boldsymbol{S}}(t)+\boldsymbol{N}(t)\tag{6.51}$$

为了克服距离上的差异对算法的影响，需对测量矩阵 $\widetilde{\boldsymbol{A}}$ 进行能量归一化（l_2 范数）处理为

$$\widetilde{\boldsymbol{A}}=\frac{\widetilde{\boldsymbol{A}}}{\|\widetilde{\boldsymbol{A}}\|_2}\tag{6.52}$$

6.5.1　利用单快拍数据进行求解

如前所述，表达式(6.51)是典型的压缩感知问题，该问题主要解决如何从 $N\times L_{\mathrm{s}}$ 维测

量数据 $\boldsymbol{y}(t)$ 恢复出原始信号 $\widetilde{\boldsymbol{S}}(t)$。传统求解表达式(6.51)的方法是通过最小化信号能量(l_2 范数),即

$$\min\|\widetilde{\boldsymbol{S}}(t)\|_2 \quad \text{s.t.} \quad \boldsymbol{y}(t)=\widetilde{\boldsymbol{A}}\widetilde{\boldsymbol{S}}(t) \tag{6.53}$$

式中,s.t. 表示"约束于"。最优化问题式(6.53)的解析解可表示为

$$\widetilde{\boldsymbol{S}}(t)=\widetilde{\boldsymbol{A}}^{\mathrm{T}}(\widetilde{\boldsymbol{A}}\widetilde{\boldsymbol{A}}^{\mathrm{T}})^{-1}\boldsymbol{y}(t) \tag{6.54}$$

然而,最小化 l_2 范数旨在最小化信号能量而非信号的稀疏度,因此很难找到信号的 K-稀疏解。由稀疏性的定义可知,理想的测量稀疏度的方法是计算 $\widetilde{\boldsymbol{S}}(t)$ 中非零元素的个数。从数学的角度来考虑,该思想可由 l_0 范数实现。因此,我们通过最小化源信号 $\widetilde{\boldsymbol{S}}(t)$ 的 l_0 范数来求解其稀疏解。

$$\min\|\widetilde{\boldsymbol{S}}(t)\|_0 \quad \text{s.t.} \quad \boldsymbol{y}(t)=\widetilde{\boldsymbol{A}}\widetilde{\boldsymbol{S}}(t) \tag{6.55}$$

式(6.55)是一个组合优化问题,其数值求解不稳定。在过去的许多年里,广大学者提出了很多算法求解式(6.55),包括贪婪算法(如匹配跟踪法等)、l_1 或 l_p 范数松弛法等。研究表明,在范数松弛法中,若源信号相比较感知矩阵足够稀疏,则可用 l_0 范数代替 l_1 或 l_p 范数,式(6.55)等价于

$$\min\|\widetilde{\boldsymbol{S}}(t)\|_1 \quad \text{s.t.} \quad \boldsymbol{y}(t)=\widetilde{\boldsymbol{A}}\widetilde{\boldsymbol{S}}(t) \tag{6.56}$$

式(6.56)属于凸优化问题,可以化简成称为基跟踪的线性规划问题。由于 l_1 范数的凸性,我们可以快速方便地找到其全局最优解。进一步考虑噪声的影响,式(6.56)可转化为

$$\min\|\widetilde{\boldsymbol{S}}(t)\|_1 \quad \text{s.t.} \quad \|\widetilde{\boldsymbol{A}}\widetilde{\boldsymbol{S}}(t)-\boldsymbol{y}(t)\|_2\leqslant\varepsilon \tag{6.57}$$

式中,ε 为约束参数,其主要作用是限制噪声能量(范数)的上界。

实际上,式(6.57)同样是凸优化问题,可以通过一些软件工具进行求解,例如 l_1-MAGIC、SeDeMi 或者 CVX 软件包等。除此之外,还可以采用贪婪类算法进行稀疏信号的重建和恢复。接下来,我们以匹配追踪算法为例,概括求解式(6.57)的具体过程和步骤。

(1)输入:阵列接收信号 $\boldsymbol{y}(t)$,过完备感知矩阵集 $\widetilde{\boldsymbol{A}}$,稀疏参数 K,最佳因子 α。

(2)初始化:循环计数量 $k=0$,残差 $r_0=\boldsymbol{y}(t)$,支撑集 $I_0=\varnothing$,最优解 $\widetilde{\boldsymbol{S}}=0$。

(3)循环计数量加 1,$k=k+1$。

(4)选择在 $\widetilde{\boldsymbol{A}}$ 中与残差 r_{k-1} 最匹配(内积最大)的列向量 $\widetilde{\boldsymbol{A}}_{n_k}$,找到其下标索引 $n_k=\arg\max\limits_n|\widetilde{\boldsymbol{A}}_n^{\mathrm{H}}r_{k-1}|,n=1,2,\cdots,K$。

(5)将得到的列向量下标 n_k 归入支撑集 $I_k=I_k\cup\{n_k\}$。

(6)更新 $\widetilde{\boldsymbol{S}}$ 中的第 n_k 个元素 $\tilde{s}_{n_k}(t)=\tilde{s}_{n_k}(t)+\widetilde{\boldsymbol{A}}_n^{\mathrm{H}}r_{k-1}\widetilde{\boldsymbol{A}}_n$。

(7)比较循环计数量 k 和稀疏参数 K 的大小,如果 $k<K$ 并且 $\|r_k\|_2>\alpha\|\boldsymbol{y}(t)\|_2$,则跳转至步骤(3);否则结束循环迭代。

(8)输出源信号 $\widetilde{\boldsymbol{S}}(t)$ 和支撑集 I_k。

至此,匹配追踪算法利用迭代求解的思路,实现了源信号 $\widetilde{\boldsymbol{S}}$ 的快速恢复和重构,完成了

式(6.57)的求解。

6.5.2 利用多快拍数据进行求解

在某些工程应用中,信号具有非平稳特性,此时采用单快拍处理方式,可对式(6.57)逐个快拍进行求解。然而,若信号具有平稳特性,可结合多快拍数据对目标方位及距离进行联合估计,进而提高算法的精度和性能。多快拍条件下,水平 L 型均匀线阵接收信号模型为

$$\boldsymbol{y}(t)=\widetilde{\boldsymbol{A}}\widetilde{\boldsymbol{S}}(t)+\boldsymbol{N}(t),\quad t\in\{t_1,\cdots,t_T\} \tag{6.58}$$

令 $\boldsymbol{Y}=[\boldsymbol{y}(t_1),\boldsymbol{y}(t_2),\cdots,\boldsymbol{y}(t_T)]$ 为接收信号矩阵,$\widetilde{\boldsymbol{S}}=[\widetilde{\boldsymbol{S}}(t_1),\widetilde{\boldsymbol{S}}(t_2),\cdots,\widetilde{\boldsymbol{S}}(t_T)]$ 为信源矩阵,$\boldsymbol{N}=[\boldsymbol{N}(t_1),\boldsymbol{N}(t_2),\cdots,\boldsymbol{N}(t_T)]$ 为噪声矩阵,则式(6.58)可表示成更紧凑的矩阵形式

$$\boldsymbol{Y}=\widetilde{\boldsymbol{A}}\widetilde{\boldsymbol{S}}+\boldsymbol{N} \tag{6.59}$$

然而,由于信源的稀疏性来源于空间方位,而并非时间序列,因此式(6.59)的求解较复杂。如前面第 3 章所述,一般而言,可以采用分别处理和联合处理各快拍数据的两种方式来处理多快拍情况,本章采用联合处理各快拍数据的方式。值得注意的是矩阵 $\widetilde{\boldsymbol{S}}$ 是时间和空间的参数,然而源信号一般在时间上不满足稀疏性条件,故只能在空间上施加稀疏性,而在时间上不能施加稀疏性分析。

(1)首先,计算信源 $\widetilde{\boldsymbol{S}}$ 某一特定空间维(特定方向及距离)的所有时间样本的 l_2 范数,即 $\widetilde{\boldsymbol{S}}_i^{l_2}=\|[\widetilde{\boldsymbol{S}}_i(t_1),\widetilde{\boldsymbol{S}}_i(t_2),\cdots,\widetilde{\boldsymbol{S}}_i(t_T)]\|_2$;

(2)其次,由 $\widetilde{\boldsymbol{S}}_i^{l_2}(i=1,2,\cdots,N)$ 构造矢量 $\widetilde{\boldsymbol{S}}^{l_2}=[\widetilde{\boldsymbol{S}}_1^{l_2},\widetilde{\boldsymbol{S}}_2^{l_2},\cdots,\widetilde{\boldsymbol{S}}_M^{l_2}]$;

(3)再次,计算矢量 $\widetilde{\boldsymbol{S}}_i^{l_2}$ 的 l_1 范数;

(4)最后,将式(6.59)的求解转化为最优化问题

$$\min\|\widetilde{\boldsymbol{S}}^{l_2}\|_1\quad \text{s. t.}\quad \|\widetilde{\boldsymbol{A}}\widetilde{\boldsymbol{S}}-\boldsymbol{Y}\|_2\leqslant\sigma \tag{6.60}$$

式中,σ 为约束参数,表示噪声能量(l_2 - 范数)的上界。

显而易见,式(6.57)和式(6.60)均为凸优化问题,可采用 CVX 工具箱对以上问题进行有效求解。综上所述,基于水平 L 型均匀线阵的水下目标方位及距离联合估计算法的求解过程如下。

(1)确定观测空间范围并离散化,确定栅格点位置;

(2)构造感知矩阵(阵列流型矩阵)$\widetilde{\boldsymbol{A}}$,其列向量为栅格点位置对应的导向矢量;

(3)获取阵列输出数据 $\boldsymbol{Y}=[\boldsymbol{y}(t_1),\boldsymbol{y}(t_2),\cdots,\boldsymbol{y}(t_T)]$。若采用单快拍算法,则进入步骤(4);若采用多快拍算法,则进入步骤(5);

(4)设置约束参数 ε,利用 CVX 工具箱寻找 $\widetilde{\boldsymbol{S}}(t)$:在约束条件 $\|\widetilde{\boldsymbol{A}}\widetilde{\boldsymbol{S}}-\boldsymbol{y}(t)\|_2\leqslant\varepsilon$ 下,使 $\|\widetilde{\boldsymbol{S}}(t)\|_1$ 最小;

(5)根据式(6.60),设置约束参数 σ,利用 CVX 工具箱寻找 $\widetilde{\boldsymbol{S}}$:在约束条件 $\|\widetilde{\boldsymbol{A}}\widetilde{\boldsymbol{S}}-\boldsymbol{y}(t)\|_2\leqslant\sigma$

下，使$\|\widetilde{S}^{l_2}\|_1$最小；

（6）计算所有栅格点位置处的能量并绘制模糊度平面，模糊度平面上最高谱峰位置即为信源目标位置。

6.6　数值仿真分析

本节将对所提出的算法进行仿真分析，分别对比单目标和相干双目标的空间谱估计结果。

6.6.1　单目标方位角及距离估计

仿真条件：海水深度$H=250$ m，海水密度和声速分别为995 kg/m^{3}和1 500 m/s。水平L型均匀线阵布放在海底，由37个阵元组成，阵元间距为4 m。海底为流体介质，密度和声速分别是2 000 kg/m^{3}和1 700 m/s。假设海面下2 m处存在一单信源，信号频率为250 Hz，采样频率为4 kHz。信号入射到L型阵的角度和距离为$\{0°,6H\}$。令$\{10°,20°,\cdots,360°\}$为感兴趣区域的方位角离散化网格，$\{0.25H,0.5H,\cdots,10H\}$为感兴趣区域的距离离散化网格。最远的水平距离为水深的10倍，即2.5 km。因此，在方位角和距离构成的二维平面上，共有37×40个采样网格。

在接下来的仿真分析中，信噪比定义为

$$\mathrm{SNR}=20\log_{10}\left(\frac{\|\boldsymbol{AS}(t)\|_2}{\|\boldsymbol{N}(t)\|_2}\right) \tag{6.61}$$

式中，$\|\boldsymbol{N}(t)\|_2$代表噪声的l_2－范数，$\|\boldsymbol{AS}(t)\|_2$代表接收信号的l_2－范数，L_s表示快拍数。假设信噪比SNR＝10 dB，快拍数$L_s=20$。

如图6.5所示为单目标归一化空间谱估计结果。我们将基于Bartlett处理器（或称为常规波束形成处理器）的方位和距离联合估计方法称为基于镜像源模型的常规波束形成处理器算法（image source model based CBF algorithm，ISM－CBF），其方位角和距离联合估计结果如图6.5(a)所示。从图中可以看出，ISM－CBF算法的主瓣呈现出很宽的亮点并占据了较大的空间区域，同时其旁瓣干扰了整个成像图的背景。也就是说，虽然ISM－CBF算法能够准确估计出水下目标的方位角和距离，但其主瓣较宽，旁瓣较高，在成像效果上具有很强的模糊性。将基于最大似然估计器的方位和距离联合估计方法称为基于镜像源模型的最大似然估计算法（image source model based maximization likelyhood algorithm，ISM－ML），其方位角和距离联合估计结果如图6.5(b)所示。从图中可以看出，相较于ISM－CBF算法，ISM－ML抑制了旁瓣起伏，在一定程度上改善了算法的成像效果，但主瓣仍然较宽。将基于压缩感知稀疏约束的方位和距离联合估计方法称为基于镜像源模型的压缩感知估计算法（image source model based compressive sensing algorithm，ISM－CS），其方位角和距离联合估计结果如图6.5(c)所示。从图中可以看出，该算法可有效抑制噪声并压制旁瓣，准确地对目标方位及距离进行联合估计。比较ISM－CBF、ISM－ML和ISM－CS三种算法的仿真结果可以看出，由于算法考虑了水下信道的多途效应，建立的信号模型与信道特性相匹配，所以三种算法均能对目标进行准确的定位。研究表明，以上提出的基于镜像源模型的目标方位及距离估计算法可有效地对近海面的水下目标进行定位估计。此外，通过利用水平 L 型均匀线阵，不仅有效地克服了算法在 0°端入射角度性能退化问题，而且与常规面阵相比较，大大降低了算法的计算复杂度，提高了计算效率。

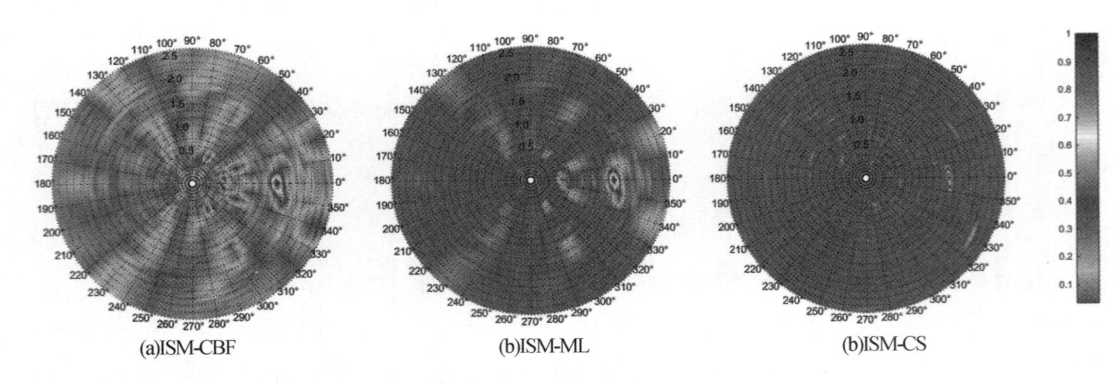

图 6.5　单目标归一化空间谱估计结果{0°,6*H*}

6.6.2　双相干目标方位角及距离估计

接下来，我们考虑对空间距离很近的双相干目标进行方位角和距离联合估计，并评估算法的性能。假设空间存在两个相干窄带信源，与 L 型阵列水平距离相同，从方位角接近的位置{90°,6*H*}和{100°,6*H*}入射到水平 L 型均匀线阵。其他仿真条件与上小节相同。ISM－CBF、ISM－ML 和 ISM－CS 三种算法的仿真结果如图 6.6 所示。

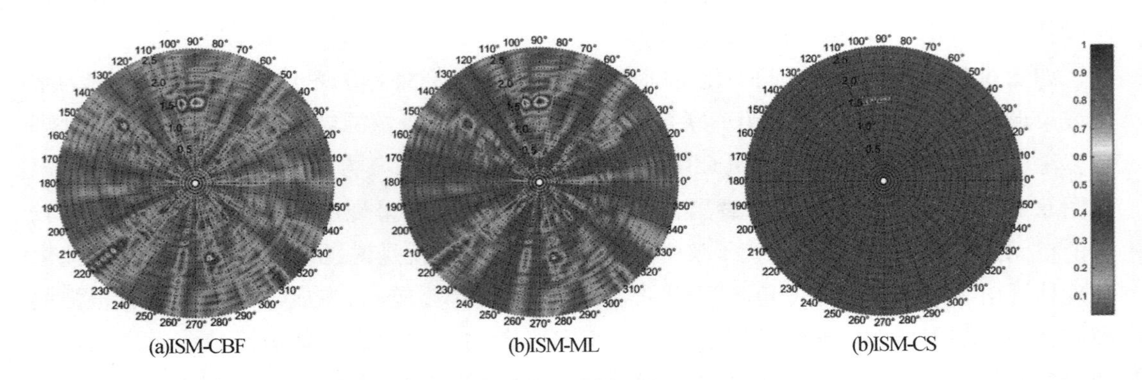

图 6.6　双相干目标归一化空间谱估计结果{90°,6*H*}和{100°,6*H*}

从图 6.6 中可以看出，三种算法均可应用于相干源情况。但 ISM－CBF 算法主瓣较宽且旁瓣起伏较大。ISM－ML 算法虽然在一定程度上抑制了旁瓣的起伏，但效果仍然有限。相比之下，ISM－CS 算法具有更尖锐的主瓣，更高的空间分辨能力，更好的定位性能。

进一步，假设空间存在两个相干窄带信源，具有相同的方位角，从水平距离接近的位置{50°,5.75*H*}和{50°,6*H*}入射到水平 L 型均匀线阵。其他参数保持不变。图 6.7 为 ISM－

CBF、ISM – ML 和 ISM – CS 三种算法的仿真结果。从图 6.7(a)和图 6.7(b)可以明显看出，ISM – CBF 和 ISM – ML 算法分辨能力有限，已经无法分辨出两个相干目标的谱峰。相比之下，如图 6.7(c)所示，ISM – CS 算法能够清晰分辨出空间距离较近的双相干目标，而且整个空间谱图的背景起伏很小。

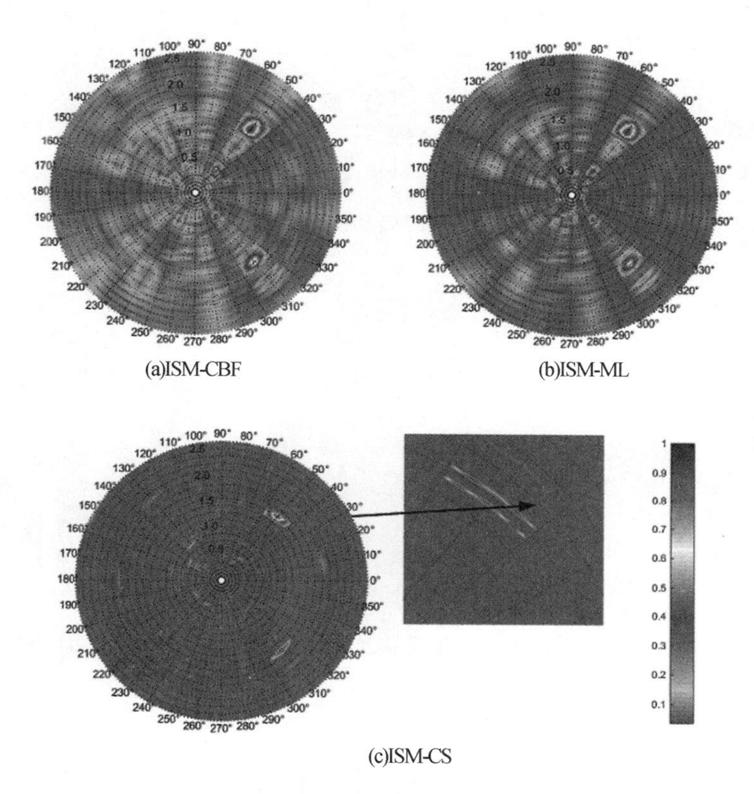

图 6.7　双相干目标归一化空间谱估计结果{50°,5.75H}和{50°,6H}

6.6.3　双相干源目标强度恢复

以上仿真讨论了水下目标的位置估计，接下来讨论水下目标的强度恢复。令空间存在两个相干源目标，分别从{120°,6H}和{250°,5H}不同位置入射到水平 L 型均匀线阵。假设两种不同的情况，情况 1 假设两个相干源目标具有相同的强度(两目标强度均为 1)，情况 2 假设两个相干源目标具有不同的强度(一个目标强度为 1，另一个目标强度为 0.5)。

图 6.8 为 ISM – CBF、ISM – ML 和 ISM – CS 三种算法在相同强度条件下对目标方位角、距离及强度估计的结果。图 6.9 为三种算法在不同强度条件下的估计结果。从图中可以明显看出，ISM – CBF 和 ISM – ML 算法的旁瓣和背景噪声较高，若信号强度较小，极易淹没在背景噪声中而无法识别，这是该两种算法最大的不足。对比 ISM – CBF 和 ISM – ML 算法的仿真结果，ISM – CS 算法不仅可以获得准确的双相干源位置信息，而且可以准确地估计目标的强度。以上仿真结果充分表明，在水下多途海洋环境中，ISM – CS 算法可有效估计相干源的位置和强度，且较 ISM – CBF 和 ISM – ML 算法具有更高的分辨能力。

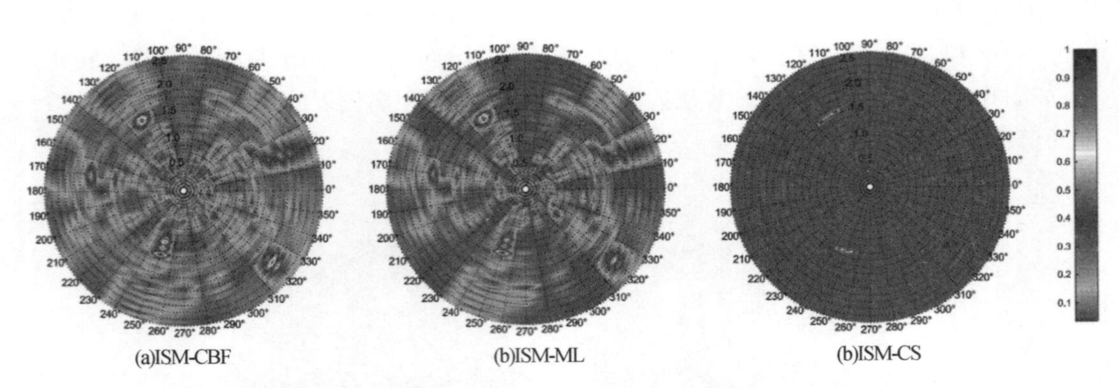

图 6.8　相同强度条件下目标方位角、距离及强度估计结果{120°,6H}和{250°,5H}

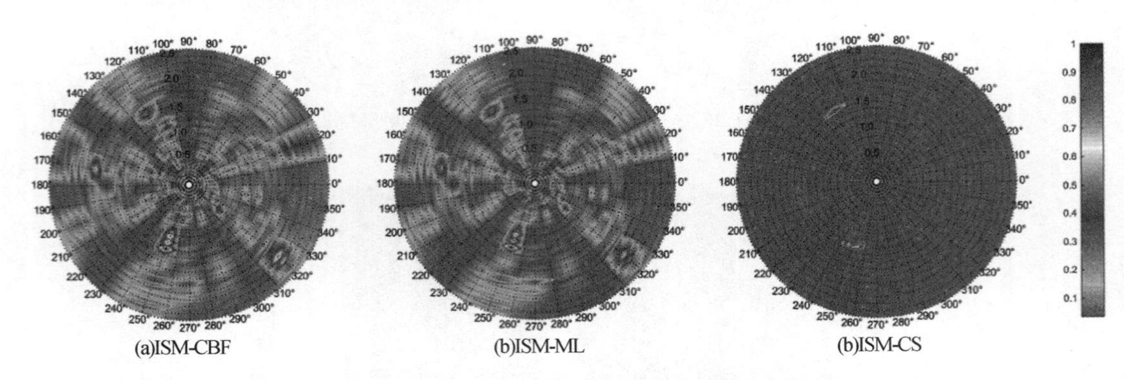

图 6.9　不同强度条件下目标方位角、距离及强度估计结果{120°,6H}和{250°,5H}

6.7　本章小结

本章研究并讨论了基于射线理论的水下目标方位及距离联合估计方法。首先,介绍了水下声射线传播理论基础;然后,建立水平 L 型均匀线阵信号模型;最后,将压缩感知理论和稀疏恢复技术与 L 型均匀线阵相结合,对水下目标进行方位及距离联合估计,最终提高水下目标定位的精度和性能。

第7章　基于简正波传播理论的水下声源稀疏约束定位方法

7.1　引　　言

复杂海洋环境下的声源目标定位一直以来是广大学者研究的热点问题。匹配场定位处理技术结合了水下声传播规律和阵列信号处理技术的优势,在水下定位领域中备受广大专家学者的关注。本章介绍了水下声简正波传播模型,并在匹配场定位处理技术领域引入压缩感知技术,将水下目标定位问题转化为最优化稀疏求解问题,最终提高水下目标定位的精度和性能。

7.2　水下声场计算模型

本节首先介绍水下声场的计算模型,然后讨论传统匹配场定位原理及方法。

7.2.1　波动方程及其定解条件

如前所述,声波在水介质中的传播规律可用波动方程(与时间有关)或亥姆霍兹方程(与时间无关)描述。波动方程是由状态方程、连续方程和运动方程导出的。当初始条件与边界条件确知时,波动方程有唯一确定解。

在均匀理想流体介质中,小振幅声波的三维波动方程可表示为。

$$\nabla^2 \Psi = \frac{1}{c^2}\frac{\partial^2 \Psi}{\partial t^2} \tag{7.1}$$

式中,$\nabla^2 = (\partial^2/\partial x) + (\partial^2/\partial y) + (\partial^2/\partial z)$ 为拉普拉斯算子;Ψ 是与时间有关的势函数;$c(x,y,z)$ 为声速(与位置有关);t 为时间。

假定势函数 Ψ 的谐和解为 $\Psi = \varphi e^{-j\omega t}$,波动方程可进一步化简为

$$\nabla^2 \varphi + k^2 \varphi = 0 \tag{7.2}$$

式(7.2)即为亥姆霍兹方程的表达式。

众所周知,波动方程反映了声波传播的普遍规律,若要解决具体的物理问题,还必须结合该物理问题应满足的具体条件。这些具体条件称为波动方程的定解条件,具体包括边界条件、辐射条件及奇性条件等。

1. 边界条件

边界条件指物理量在介质的边界上必须满足的条件。下面是几种海洋声传播中常见的边界条件。

(1)绝对软边界

绝对软边界上的声压力等于零。假设在直角坐标系中,边界是平行于 xOy 平面,不失一般性,令 $z=a$,则边界上各点应满足的边界条件为

$$p(x,y,a,t)=0 \tag{7.3}$$

如果边界为自由表面 $z=f(x,y,t)$,例如不平整的海洋表面,则边界条件可以表示为

$$p(x,y,f(x,y,t),t)=0 \tag{7.4}$$

式(7.3)与式(7.4)即为绝对软边界条件,等式的右端等于零。单纯从数学形式的角度来看,该类条件也称为第一类齐次边界条件。

若介质边界上的声压力非零,满足一定的分布条件 p',则边界条件应表示为

$$p(x,y,f(x,y,t),t)=p' \tag{7.5}$$

式(7.5)称为第一类非齐次边界条件。

(2)绝对硬边界

绝对硬边界上的质点法向振速等于零。同样假设在直角坐标系中,边界 $z=a$ 平行于 xOy 平面,此时边界的法线方向即为 z 轴方向,则边界上各点应满足的边界条件为

$$\left.\frac{\partial p(x,y,z,t)}{\partial z}\right|_{z=0}=0 \tag{7.6}$$

如果边界为不平整的硬质海底表面 $z=f(x,y)$,则界面的法向单位矢量 $\boldsymbol{n}$ 为

$$\boldsymbol{n}=\frac{\partial f(x,y)}{\partial x}\boldsymbol{i}+\frac{\partial f(x,y)}{\partial y}\boldsymbol{j}+\boldsymbol{k} \tag{7.7}$$

质点振速 $\boldsymbol{u}$ 可表示为

$$\boldsymbol{u}=u_x\boldsymbol{i}+u_y\boldsymbol{j}+u_z\boldsymbol{k} \tag{7.8}$$

则绝对硬边界条件可以表示为

$$\boldsymbol{n}\cdot\boldsymbol{u}=\frac{\partial f(x,y)}{\partial x}u_x+\frac{\partial f(x,y)}{\partial y}u_y+u_z=0 \tag{7.9}$$

式(7.9)称为第二类齐次边界条件。

若介质边界上的质点法向振速非零,满足一定的分布条件 u_s,则边界条件应表示为

$$\frac{\partial f(x,y)}{\partial x}u_x+\frac{\partial f(x,y)}{\partial y}u_y+u_z=u_s \tag{7.10}$$

式(7.10)称为第二类非齐次边界条件。

(3)混合条件

混合条件是声压和振速在界面上组合成线性关系的边界条件。

$$\left.\left(\frac{\partial p}{\partial n}+\alpha p\right)\right|_s=f(s) \tag{7.11}$$

式中,如果系数 α 是常数,则式(7.11)称为第三类边界条件。

2. 辐射条件

辐射条件是指波动方程在无穷远处所必须满足的定解条件,若没有规定无穷远处的定

解条件，则波动方程的解将不唯一。当无穷远处不存在声源时，声场在无穷远处以扩散波形式存在，即无穷远处的辐射条件。

(1)平面波辐射条件

对于平面波而言，波动方程的解通常满足达朗贝尔解的形式，可表示为

$$p_+ = f\left(t - \frac{x}{c}\right) \tag{7.12}$$

$$p_- = f\left(t + \frac{x}{c}\right) \tag{7.13}$$

式中，p_+为正向波，表示沿x轴正向传播的声波；p_-为反向波，表示沿x轴负向传播的声波。根据函数偏微分的定义及求解方法，达朗贝尔解必然满足关系

$$\frac{\partial p_+}{\partial x} + \frac{1}{c}\frac{\partial p_+}{\partial t} = 0 \tag{7.14}$$

$$\frac{\partial p_-}{\partial x} - \frac{1}{c}\frac{\partial p_-}{\partial t} = 0 \tag{7.15}$$

若无穷远处仅有正向波，则式(7.14)为其辐射条件，即波动方程的解必须满足式(7.14)。反而言之，若声源在无穷远处，则将存在反向波，式(7.15)为其辐射条件，即波动方程的解必须满足式(7.15)。

对于简谐波而言，式(7.14)和式(7.15)可分别表示为

$$\frac{\partial p_+}{\partial x} + \mathrm{j}kp_+ = 0 \tag{7.16}$$

$$\frac{\partial p_-}{\partial x} - \mathrm{j}kp_- = 0 \tag{7.17}$$

则式(7.16)和式(7.17)为简谐平面波的辐射条件。

(2)圆柱面波和球面波辐射条件

同理可以证明，圆柱面波和球面波的辐射条件可以分别写成

$$\lim_{r\to\infty}\sqrt{r}\left(\frac{\partial p}{\partial r} \pm \mathrm{j}kp\right) = 0 \tag{7.18}$$

$$\lim_{r\to\infty} r\left(\frac{\partial p}{\partial r} \pm \mathrm{j}kp\right) = 0 \tag{7.19}$$

圆柱面波和球面波的辐射条件也通常称为索莫菲尔德(sommerfeld)条件。

3. 奇性条件

根据声学基础理论可知，均匀发散简谐球面波的解通常可以表示为

$$p = \frac{A}{r}\mathrm{e}^{\mathrm{j}(\omega t - kr)} \tag{7.20}$$

然而，当$r\to 0$时，$p\to\infty$，这便是声源处球面波解构成的奇性条件。为了满足奇性条件，可引入狄拉克$\delta(\boldsymbol{r})$函数，该函数定义为

$$\int_V \delta(\boldsymbol{r})\,\mathrm{d}V = \begin{cases} 1 & \boldsymbol{r} = 0 \text{ 在体积 } V \text{ 内} \\ 0 & \boldsymbol{r} = 0 \text{ 在体积 } V \text{ 外} \end{cases} \tag{7.21}$$

此时，可用非齐次波动方程代替齐次波动方程

$$\nabla^2 p - \frac{1}{c^2}\frac{\partial^2 p}{\partial t^2} = -4\pi\delta(\boldsymbol{r})A\mathrm{e}^{\mathrm{j}\omega t} \tag{7.22}$$

显而易见,对于$\boldsymbol{r}\neq 0$的所有值,式(7.20)满足式(7.22)非齐次波动方程的解。当$\boldsymbol{r}=0$时,对式(7.22)两端进行体积分为

$$\int_V\left(\nabla^2 p - \frac{1}{c^2}\frac{\partial^2 p}{\partial t^2}\right)\mathrm{d}V = \int_V -4\pi\delta(\boldsymbol{r})A\mathrm{e}^{\mathrm{j}\omega t}\mathrm{d}V \tag{7.23}$$

利用高斯定理将体积分转换成面积分

$$\int_S(\nabla p\cdot\boldsymbol{n})\mathrm{d}S + k^2\int_V p\mathrm{d}V = -4\pi A\mathrm{e}^{\mathrm{j}\omega t} \tag{7.24}$$

将简谐球面波的解式(7.20)代入式(7.24),并令$\boldsymbol{r}\to 0$,则可证明式(7.24)两端相等。因此,非齐次波动方程(7.22)也包含解的奇性定解条件。

7.2.2 波动方程求解方法及数值计算

建立合理、有效的声传播信道模型是实现水下声源目标准确定位的前提条件。同时,信道建模的正确性、准确性和实用性直接影响到定位方法研究结论的可信度。以下对典型的声场计算模型及适用条件进行归纳。

求解亥姆霍兹方程有多种理论方法,选取何种方法应根据对传播所做的具体假定及对式(7.2)中φ的解选取的类型。理论方法不同,对应的声传播模型也不同。一般常用的声场模型有以下五种:射线理论模型、简正波模型、多途扩展模型、快速场模型、抛物线方程模型。图7.1给出了各种传播建模理论方法之间的关系。

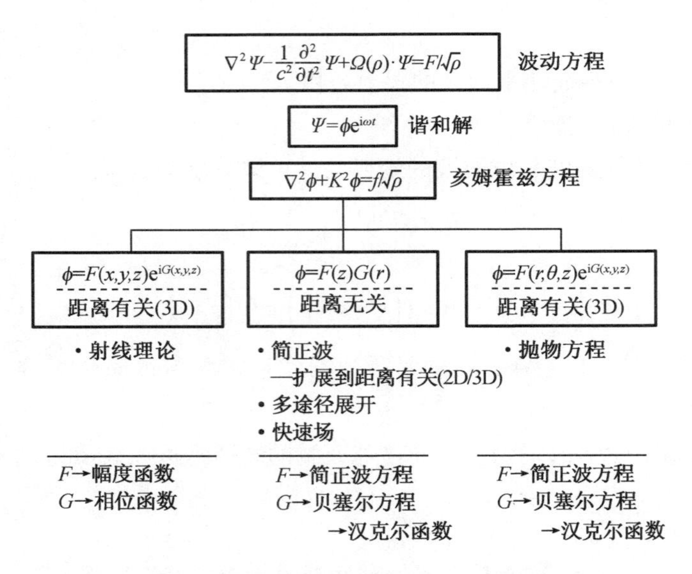

图7.1 传播建模理论方法之间的关系

由图7.1可以看出,波动方程不同求解方法之间的主要差别在于所采用的波动方程的形式不同。根据不同的边界条件和辐射条件,各种求解方法采用的数学变换也不同。例如,在分层海洋中密度的变化具有一定离散性,而海水密度基本不变,因此为了便于处理内

部边界条件，通常采用较为简单的波动方程形式。

数值求解波动方程的最直接方法是有限差分法（finite difference method，FDM）和有限元法（finite element method，FEM）。有限差分法主要是通过差分算子在空间和时间上的近似，进而离散化波动方程，用离散计算网格的有限差分近似代替微分算子。有限元法则是利用声场的积分性质，如变分原理或留数积分法求解波动方程。具体而言，首先将时间和介质同时离散化成多个小块单元（各个单元之间的连接性是通过节点来实现和完成的），然后在这些单元内按照一组选定的自由度通过解析法求解波动方程，最后通过各个单元之间的连接性就可以获得一个线性方程组，进而获得特定条件下的波动方程解。

虽然有限差分法和有限元法等直接离散算法具有一定的普适性，但该类算法的计算量大，在实际工程应用中受到一定限制。相比之下，简正波方法具有更高的计算效率，在水下声场建模领域中得到广泛应用。该方法最早由 Pekeris 提出，其给出了海洋分层介质中波动方程的求解方法，并利用简正波理论解释了水下声传播现象。经过广大专家学者的不断探索和研究，现有的简正波数值技术已取得长足进步，能够处理具有任意层数的流体层和黏弹性层问题。

7.2.3　简正波传播模型

简正波解是对浅海声场进行分析的重要手段，特别是考虑海底参数影响时，它能完整地给出由海洋固有简正方式决定的声传播特性。简正波模型忽略了各号简正波的相互作用和模型的连续谱结构，适用于分层介质中的点源声场。下面对简化的浅海模型进行分析。

假设浅海表面为一自由平整界面，海底为一硬地界面，水中声速为常数。由于海洋分层介质是圆柱对称的，故采用非齐次波动方程的柱坐标形式表示为

$$\frac{1}{r}\frac{\partial}{\partial r}\left(r\frac{\partial p(r,z)}{\partial r}\right)+\frac{\partial^2 p(r,z)}{\partial z^2}+k_0^2 p(r,z)=-4\pi\delta(\boldsymbol{r}-\boldsymbol{r}_0) \tag{7.25}$$

式中，$\boldsymbol{r}_0$ 为声源位置，$k_0=\dfrac{\omega}{c_0}$为波数，$\delta(\boldsymbol{r}-\boldsymbol{r}_0)$为狄拉克函数。在圆柱对称条件下，狄拉克函数 $\delta(\boldsymbol{r}-\boldsymbol{r}_0)$可进一步表示成

$$\delta(\boldsymbol{r}-\boldsymbol{r}_0)=\frac{1}{2\pi r}\cdot\delta(r)\cdot\delta(z-z_0) \tag{7.26}$$

则式（7.25）可进一步写成

$$\frac{\partial^2 p(r,z)}{\partial r^2}+\frac{1}{r}\frac{\partial p(r,z)}{\partial r}+\frac{\partial^2 p(r,z)}{\partial z^2}+k_0^2 p(r,z)=-\frac{2}{r}\cdot\delta(r)\cdot\delta(z-z_0) \tag{7.27}$$

此时，利用 ξ^2 作为分离常数对变量 r 和 z 进行分离，将声压 $p(r,z)$写为深度函数 $Z(z)$和距离函数 $R(r)$的乘积形式为

$$p(r,z)=\sum_n Z_n(z)R_n(r) \tag{7.28}$$

将式（7.28）代入式（7.27），经分离变量后可得 $Z_n(z)$所应该满足的微分方程

$$\frac{\mathrm{d}^2 Z_n(z)}{\mathrm{d}z^2}+\left(\frac{\omega^2}{c_0^2}-\zeta_n^2\right)Z_n(z)=0 \tag{7.29}$$

式中，$Z_n(z)$称为本征函数，需要满足正交归一化条件，即

$$\int_0^H Z_n(z)Z_m(z)\,\mathrm{d}z = \begin{cases}1 & m = n\\ 0 & m \neq n\end{cases} \tag{7.30}$$

式中，H表示海水深度。式(7.29)为简正波的深度方程，即为简正波方程，它描述方程解的驻波部分，可表示本征值问题，当给定适当的边界条件时，其解为格林函数。

根据微分方程的求解方法，式(7.29)的通解可以表示为

$$Z_n(z) = A_n\sin(k_{zn}z) + B_n\cos(k_{zn}z),\quad 0\leqslant z\leqslant H \tag{7.31}$$

式中，k_{zn}称为本征值且$k_{zn}^2 = \left(\dfrac{\omega}{c_0}\right)^2 - \zeta_n^2$，$A_n$和$B_n$为待定系数。

根据边界条件，海面为自由界面，海底为硬质界面，本征函数$Z_n(z)$应满足

$$\begin{cases}Z_n(z)\big|_{z=0} = 0\\ \left.\dfrac{\mathrm{d}Z_n(z)}{\mathrm{d}z}\right|_{z=H} = 0\end{cases} \tag{7.32}$$

将式(7.31)代入式(7.32)，由此可得

$$B_n = 0 \tag{7.33}$$

$$k_{zn} = (n - \frac{1}{2})\frac{\pi}{H},\quad n = 1,2,3,\cdots \tag{7.34}$$

$$Z_n(z) = A_n\sin(k_{zn}z),\quad 0\leqslant z\leqslant H \tag{7.35}$$

将式(7.35)代入正交归一化条件式(7.30)，可确定$A_n = \sqrt{\dfrac{2}{H}}$，由此进一步得到

$$Z_n(z) = \sqrt{\frac{2}{H}}\sin(k_{zn}z),\quad 0\leqslant z\leqslant H \tag{7.36}$$

另一方面，将式(7.28)代入式(7.27)，经分离变量后还可得$R(r)$所应该满足的微分方程

$$\frac{\mathrm{d}^2R_n(r)}{\mathrm{d}r^2} + \frac{1}{r}\frac{\mathrm{d}R_n(r)}{\mathrm{d}r} + \xi_n^2R_n(r) = 0 \tag{7.37}$$

式(7.37)为零阶贝赛尔方程，表征简正波的距离方程，它描述方程解的行波部分，其解可写成第二类零阶汉克尔函数的形式为

$$R_n(r) = -\mathrm{j}\pi Z_n(z_0)H_0^{(2)}(\zeta_n r) = -\mathrm{j}\pi\sqrt{\frac{2}{H}}\sin(k_{zn}z_0)H_0^{(2)}(\zeta_n r) \tag{7.38}$$

将式(7.36)和式(7.38)代入式(7.28)，可得声压$p(r,z)$的表达式为

$$\begin{aligned}p(r,z) &= -\mathrm{j}\pi\sum_n Z_n(z)Z_n(z_0)H_0^{(2)}(\zeta_n r)\\ &= -\mathrm{j}\frac{2\pi}{H}\sum_n \sin(k_{zn}z)\sin(k_{zn}z_0)H_0^{(2)}(\zeta_n r)\end{aligned} \tag{7.39}$$

远场条件下，$\zeta_n r\gg 1$，则第二类零阶汉克尔函数可近似表示为

$$H_0^{(2)}(\zeta_n r) \approx \sqrt{\frac{2}{\pi\zeta_n r}}\mathrm{e}^{-\mathrm{j}(\zeta_n r - \frac{\pi}{4})} \tag{7.40}$$

将式(7.40)代入式(7.39)可得

$$p(r,z)\approx -\mathrm{j}\sum_{n}\sqrt{\frac{2\pi}{\zeta_n r}}Z_n(z)Z_n(z_0)\mathrm{e}^{-\mathrm{j}(\zeta_n r-\frac{\pi}{4})}$$

$$\approx -\mathrm{j}\frac{2}{H}\sum_{n}\sqrt{\frac{2\pi}{\zeta_n r}}\sin(k_{zn}z)\sin(k_{zn}z_0)\mathrm{e}^{-\mathrm{j}(\zeta_n r-\frac{\pi}{4})} \tag{7.41}$$

观察式(7.39)和式(7.40),可以看出,求和表达式中的每一项均是波动方程在海面为自由界面、海底为硬质界面边界条件下的解,称为简正波形式解,则第 n 阶简正波可表示为

$$p_n(r,z)\approx -\mathrm{j}\sqrt{\frac{2\pi}{\zeta_n r}}Z_n(z)Z_n(z_0)\mathrm{e}^{-\mathrm{j}(\zeta_n r-\frac{\pi}{4})}$$

$$\approx -\mathrm{j}\frac{2}{H}\sqrt{\frac{2\pi}{\zeta_n r}}\sin(k_{zn}z)\sin(k_{zn}z_0)\mathrm{e}^{-\mathrm{j}(\zeta_n r-\frac{\pi}{4})} \tag{7.42}$$

由此可知,每一阶简正波均是沿深度方向做驻波分布、沿水平方向传播的波。不同阶数的简正波的驻波分布形式不同,求和项的数目与声源频率及海洋环境参数有关。

一般来说,对于某频率的声信号仅存在有限阶次的简正波可在信道中传播,且频率越高,可传播的简正波阶次越高,模型计算量越大;相反,频率越低,简正波阶次越少,计算量越小。因此,在低频应用简正波模型具有精度高,运算量少的优点。总而言之,在近程,由于反射损失及虚源和接收点之间距离的增加,使得高阶虚源很快不起作用,采用射线理论较为方便,只需对少数几个虚源求和即可;在远程,因为高阶简正波随着距离的增加而迅速衰减,采用简正波理论较为合适,只需取少数几号简正波即可对声传播问题进行描述。

7.3　水下声源稀疏约束定位方法

7.3.1　传统匹配场定位处理技术

前述章节中已经讨论了常规波束形成技术,其本质是经典的傅里叶分析技术在空域上的拓展,而本章中将要讨论的匹配场定位处理技术则是常规波束形成技术在水下声信道中的拓展。换而言之,匹配场处理是一种广义波束形成方法,其基本思想是将实际测量信号与根据模型得到的拷贝信号进行相关处理,最大相关峰所在位置即为水下信源目标实际位置。相比之下,传统波束形成技术仅仅适用于介质各向同性的自由场环境,其目标是实现角度空间的一维源定位。而匹配场处理技术应用于水下海洋波导环境中,利用海洋信道结构和波导的多途特性,实现二/三维源定位。除此之外,匹配场定位处理技术将传统波束形成中的导向矢量发展为拷贝场,而拷贝场则由环境参量、源位置、接收阵列位置及声信号传播模型等因素共同决定。传统波束形成技术与匹配场定位处理技术的拓展关系如表7.1所示。

表 7.1　传统波束形成技术与匹配场定位处理技术的拓展关系

	常规波束形成技术	匹配场定位处理技术
适用环境	各向同性均匀介质,自由场环境	水下声信道,波导(分层介质)环境
定位目标	方位角度估计	空间位置定位
拷贝向量	导向矢量 $\boldsymbol{a}(\theta_k)$	格林函数 $G(r,z)$
常规算法	$P_{\mathrm{BF}}(\theta)=\dfrac{\boldsymbol{a}^{\mathrm{H}}(\theta)\hat{\boldsymbol{R}}_{XX}\boldsymbol{a}(\theta)}{\boldsymbol{a}^{\mathrm{H}}(\theta)\boldsymbol{a}(\theta)}$	$P_{\mathrm{B}}(\boldsymbol{r},z)=\dfrac{\boldsymbol{w}^{\mathrm{H}}(\boldsymbol{r},\boldsymbol{z})\boldsymbol{K}\boldsymbol{w}(\boldsymbol{r},\boldsymbol{z})}{\boldsymbol{w}^{\mathrm{H}}(\boldsymbol{r},\boldsymbol{z})\boldsymbol{w}(\boldsymbol{r},\boldsymbol{z})}$

纵观现有研究,传统匹配场定位处理技术流程如图 7.2 所示,其具体实现主要包含以下三个步骤:

(1)获取水听器接收信号,构造采样协方差矩阵;

(2)将搜索区域离散化,假定声源在各个栅格点上(实际声源不一定在栅格点上),根据环境参量计算各个栅格点的拷贝场;

(3)根据匹配场定位原理,将采样协方差矩阵与拷贝场做匹配相关处理,得到距离和深度维度上的模糊度表面,其峰值所在的位置即为声源位置的估计值。

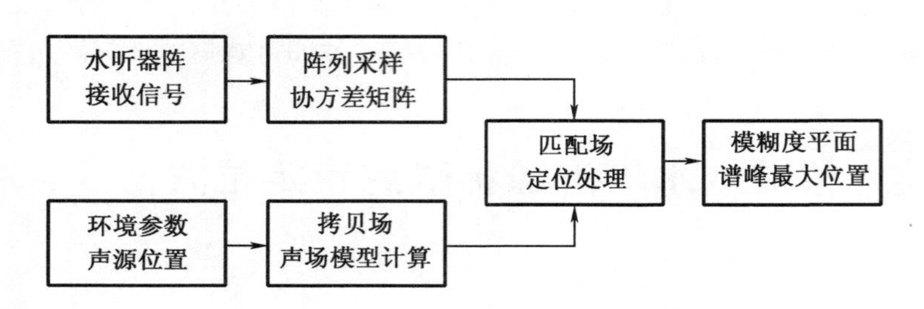

图 7.2　传统匹配场定位处理技术流程图

接下来,结合简正波理论模型,具体讨论匹配场定位算法的原理。考虑典型的水下声场 Pekris 波导模型,假设声传播环境为分层介质(与距离无关),点声源辐射声特性为各向同性,如图 7.3 所示。

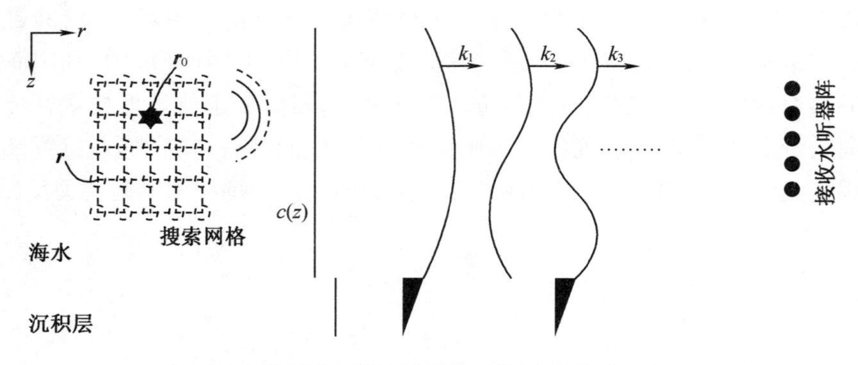

图 7.3　基于简正波理论的匹配场定位算法示意图

在任一分层介质中，声场的分布情况由波动方程

$$\nabla \cdot \left(\frac{1}{\rho(z)}\nabla P\right) - \frac{1}{\rho(z)c^2(z)}P_{tt} = -s(t)\frac{\delta(z-z_s)\delta(r)}{2\pi r} \tag{7.43}$$

决定。式中，z、r 和 t 分别表示深度、距离和时间；$P(r,z,t)$ 表示声压，为深度、距离和时间的函数；$c(z)$ 为声速；$\rho(z)$ 为密度；$s(t)$ 为各向同性的点声源。

假设点源 $s(t)$ 仅辐射单频信号，角频率为 ω，则声源的时域信号可以表示为

$$s(t) = \mathrm{e}^{-\mathrm{j}\omega t} \tag{7.44}$$

在此条件下，声场可以进一步分解为时域简谐波形式

$$P(r,z,t) = p(r,z)\mathrm{e}^{-\mathrm{j}\omega t} \tag{7.45}$$

将式(7.44)及式(7.45)代入式(7.43)，则可获得亥姆霍兹方程

$$\frac{1}{r}\frac{\partial}{\partial r}\left(r\frac{\partial p}{\partial r}\right) + \rho(z)\frac{\partial}{\partial z}\left(\frac{1}{\rho(z)}\frac{\partial p}{\partial z}\right) + \frac{\omega^2}{c^2(z)}p = \frac{-\delta(z-z_s)\delta(r)}{2\pi r} \tag{7.46}$$

根据分离变量法和边界条件，式(7.45)的解可表示为

$$p(r,z) \approx \frac{\mathrm{j}}{\rho(z_s)\sqrt{8\pi r}}\mathrm{e}^{-\mathrm{j}\pi/r}\sum_{m=1}^{\infty} Z_m(z_s)Z_m(z)\frac{\mathrm{e}^{\mathrm{j}k_m r}}{\sqrt{k_m}} \tag{7.47}$$

式中，k_m 为特征值；Z_m 为特征函数。此时，$p(r,z)$ 也称为格林函数 $G(r,z)$。

进一步假设空间点声源 $s_0(t)$（如图7.3中星符号所示）位于水下 $\boldsymbol{r}_0=(r_0,z_{s0})$ 处，其发射信号经过多途传播后，由 N 个水听器组成的垂直阵接收。根据前述对波动方程的讨论，在阵列接收位置处的声信号可表示为 $G(\boldsymbol{r}_0,z_i)\,(i=1,\cdots,N)$，并可进一步融合成垂直阵测量场信号矢量 $\boldsymbol{G}(\boldsymbol{r}_0,\boldsymbol{z})=[G(\boldsymbol{r}_0,z_1),G(\boldsymbol{r}_0,z_2),\cdots,G(\boldsymbol{r}_0,z_N)]^{\mathrm{T}}$（其中，$\boldsymbol{z}=[z_1,z_2,\cdots,z_N]$）。另一方面，假设观测空间任一位置 $\boldsymbol{r}=(r,z_s)$，由其产生的拷贝场为 $\hat{\boldsymbol{G}}(\boldsymbol{r},\boldsymbol{z})=[\hat{G}(\boldsymbol{r},z_1),\hat{G}(\boldsymbol{r},z_2),\cdots,\hat{G}(\boldsymbol{r},z_N)]^{\mathrm{T}}$。则实际声源位置 $\boldsymbol{r}_0$ 可以通过将测量场 $\boldsymbol{G}(\boldsymbol{r}_0,\boldsymbol{z})$ 和拷贝场 $\hat{\boldsymbol{G}}(\boldsymbol{r},\boldsymbol{z})$ 进行相关处理，判断相关峰位置而得到。如前所述，匹配场定位处理技术是常规波束形成技术的广义拓展，故采用 Bartlett 处理器的常规匹配场定位技术可表示为

$$P_{\mathrm{B}}(\boldsymbol{r},\boldsymbol{z}) = \boldsymbol{w}^{\mathrm{H}}(\boldsymbol{r},\boldsymbol{z})\boldsymbol{K}\boldsymbol{w}(\boldsymbol{r},\boldsymbol{z}) \tag{7.48}$$

式中，$P_{\mathrm{B}}(\boldsymbol{r},\boldsymbol{z})$ 为 Bartlett 处理器的输出功率；$\boldsymbol{w}(\boldsymbol{r},\boldsymbol{z})=\dfrac{\hat{\boldsymbol{G}}(\boldsymbol{r},\boldsymbol{z})}{|\hat{\boldsymbol{G}}(\boldsymbol{r},\boldsymbol{z})|}$ 代表归一化的权矢量；$\boldsymbol{K}=\langle\boldsymbol{G}(\boldsymbol{r}_0,\boldsymbol{z})\boldsymbol{G}^{\mathrm{H}}(\boldsymbol{r}_0,\boldsymbol{z})\rangle$ 代表互谱矩阵；$(\cdot)^{\mathrm{H}}$ 表示复共轭转置；$\langle\cdot\rangle$ 表示数学期望。为方便起见，在接下来的讨论中，式(7.48)表示为 MFP－B。

另一方面，最小方差无畸变处理器同样是自适应阵列信号处理技术中的常用算法，在匹配场定位处理中具有重要作用，其主要思想是保证信号无畸变的条件下，使噪声功率最小化。采用最小方差无畸变处理器的匹配场定位处理算法表示为

$$P_M(\boldsymbol{r},\boldsymbol{z}) = \frac{1}{\boldsymbol{w}^{\mathrm{H}}(\boldsymbol{r},\boldsymbol{z})\boldsymbol{K}^{-1}\boldsymbol{w}(\boldsymbol{r},\boldsymbol{z})} \tag{7.49}$$

式中，$P_M(\boldsymbol{r},\boldsymbol{z})$ 为最小方差无畸变处理器的输出功率；$(\cdot)^{-1}$ 表示逆矩阵。为方便起见，式(7.49)称为 MFP－M。

下面介绍水下声信号稀疏表示及基于稀疏约束的水下声源定位方法。

7.3.2 水下声信号稀疏表示

如前所述，压缩感知技术要求信号具有稀疏表示形式，即在变换域上用尽量少的基函数来表示原始信号，因此我们首先要将水下匹配场定位问题转化为信号的稀疏表示问题。

参照图7.3，将感兴趣的观测位置区域离散化为 M 个栅格点，其位置矢量可表示为 $\{\boldsymbol{r}_1, \boldsymbol{r}, \cdots, \boldsymbol{r}_m, \cdots, \boldsymbol{r}_M\}$，其中，$\boldsymbol{r}_m$ 表示第 m 个栅格点的位置。在此基础之上，构造感知矩阵 $\boldsymbol{G}(\boldsymbol{r}, z)$，其列向量为各栅格点所对应的格林函数

$$\boldsymbol{G}(\boldsymbol{r},z)=[\boldsymbol{G}(\boldsymbol{r}_1,z),\boldsymbol{G}(\boldsymbol{r}_2,z),\cdots,\boldsymbol{G}(\boldsymbol{r}_M,z)] \tag{7.50}$$

式中，$\boldsymbol{r}=[\boldsymbol{r}_1,\boldsymbol{r}_2,\cdots,\boldsymbol{r}_M]$。通常情况下，水下同时辐射声信号的目标源数量较少，而且在没有任何先验知识的条件下，为了正确定位并获得较好的估计精度，搜索区域通常较大且栅格较密，因此栅格点数往往远大于声源数目，由此可获得信号源空间分布的稀疏表示形式，即感知矩阵 $\boldsymbol{G}(\boldsymbol{r},z)$ 为过完备集。

进一步，假设在感兴趣的搜索空间存在 K 个窄带信号 $s_k(t)(k=1,2,\cdots,K)$，将 $s_k(t)$ 由 $M\times1$ 维矢量 $\boldsymbol{S}(t)$ 重新表示。具体而言，若第 k 个信源来自 $\boldsymbol{r}_m$ 位置，则将 $\boldsymbol{S}(t)$ 的第 m 个元素 $s_m(t)$ 等于 $s_k(t)$。则源定位问题可以表示成稀疏信号问题

$$\boldsymbol{X}(t)=\boldsymbol{G}(\boldsymbol{r},z)\boldsymbol{S}(t)+\boldsymbol{N}(t) \tag{7.51}$$

式中，$\boldsymbol{X}(t)=[x_1(t),x_2(t),\cdots,x_N(t)]^{\mathrm{T}}$ 表示阵元输出；$\boldsymbol{S}(t)=[s_1(t),s_2(t),\cdots,s_M(t)]^{\mathrm{T}}$ 为信号稀疏表示；$\boldsymbol{N}(t)=[n_1(t),n_2(t),\cdots,n_N(t)]^{\mathrm{T}}$ 代表加性噪声。

式(7.51)中观测矩阵是过完备的，系统方程是欠定的，而且待求解的信号具有稀疏性。压缩传感理论表明，可以通过稀疏重建算法从少量的观测值中恢复原始具有稀疏性的信号，因此，式(7.51)可以通过稀疏重建算法求解。

7.3.3 基于稀疏约束的水下声源定位方法

1. 单快拍处理

根据上述分析，结合前述章节压缩感知基本理论的讨论，可通过 l_1 - 范数松弛法对式(7.51)进行求解，则式(7.51)可转化为以下最优化问题

$$\min\|\boldsymbol{S}(t)\|_1 \quad \text{s.t.} \quad \|\boldsymbol{G}(\boldsymbol{r}^0,\boldsymbol{r})\boldsymbol{S}(t)-\boldsymbol{X}(t)\|_2\leqslant\varepsilon \tag{7.52}$$

式中，ε 为约束参数，表示噪声能量(l_2 - 范数)的上限。式(7.52)称为基于稀疏约束的源定位方法(source localization algorithm with sparsity constraint, SLSC)。需要注意的是，以上式(7.52)表征了单快拍采样条件下的求解方法，为讨论方便，以下称为 SLSC - I。

如前面第三章所述，贪婪算法是重建稀疏信号的一类重要算法，该类算法利用迭代的方法，可以实现信号的快速恢复和重构。我们以匹配追踪算法为例，概括求解式(7.52)的具体过程和步骤。

(1)输入：阵列接收信号 $\boldsymbol{X}(t)$，过完备感知矩阵集 $\boldsymbol{G}(\boldsymbol{r}^0,\boldsymbol{r})$，稀疏参数 K，最佳因子 α。

(2)初始化：循环计数量 $k=0$，残差 $r_0=X(t)$，支撑集 $I_0=\varnothing$，最优解 $\widetilde{\boldsymbol{S}}(t)=0$。

(3)循环计数量加1，$k=k+1$。

(4)选择在 $\boldsymbol{G}(\boldsymbol{r}^0,\boldsymbol{r})$ 中与残差 r_{k-1} 最匹配(内积最大)的列向量 $G(\boldsymbol{r}^0,\boldsymbol{r}_n)$，找到其下标

索引 $n_k = \arg\max\limits_{n} |G^{\mathrm{H}}(\boldsymbol{r}^0, \boldsymbol{r}_n) r_{k-1}|, n = 1, 2, \cdots, \widetilde{N}$。

(5)将得到的列向量下标 n_k 归入支撑集 $I_k = I_k \cup \{n_k\}$。

(6)更新 $\widetilde{\boldsymbol{S}}(t)$ 中的第 n_k 个元素 $\tilde{s}_{n_k}(t) = \tilde{s}_{n_k}(t) + G^{\mathrm{H}}(\boldsymbol{r}^0, \boldsymbol{r}_n) r_{k-1} G(\boldsymbol{r}^0, \boldsymbol{r}_n)$。

(7)比较循环计数量 k 和稀疏参数 K 的大小,如果 $k < K$ 并且 $\|r_k\|_2 > \alpha \|\boldsymbol{X}(t)\|_2$,则跳转至步骤(3),否则结束循环迭代。

(8)输出源信号 $\widetilde{\boldsymbol{S}}(t)$ 和支撑集 I_k。

至此,匹配追踪算法利用迭代求解的思路,实现了源信号 $\widetilde{\boldsymbol{S}}(t)$ 的快速恢复和重构,完成了式(7.52)的求解。

2. 多快拍处理

对于一些特殊场合,例如非平稳信号,单快拍处理具有其特有的优势,我们可以对式(7.52)逐个快拍求解。然而,对于平稳信号,源定位方法可进一步结合多快拍进行处理,提高算法的精度和性能。多快拍条件下的阵列接收信号模型为

$$\boldsymbol{X}(t) = \boldsymbol{G}(\boldsymbol{r}^0, \boldsymbol{r}) \boldsymbol{S}(t) + \boldsymbol{N}(t), \quad t \in \{t_1, \cdots, t_T\} \tag{7.53}$$

令 $\boldsymbol{X} = [\boldsymbol{X}(t_1), \boldsymbol{X}(t_2), \cdots, \boldsymbol{X}(t_T)]$ 为接收信号矩阵,$\boldsymbol{S} = [\boldsymbol{S}(t_1), \boldsymbol{S}(t_2), \cdots, \boldsymbol{S}(t_T)]$ 为信源矩阵,$\boldsymbol{N} = [\boldsymbol{N}(t_1), \boldsymbol{N}(t_2), \cdots, \boldsymbol{N}(t_T)]$ 为噪声矩阵,则式(7.53)可表示成更紧凑的矩阵形式为

$$\boldsymbol{X} = \boldsymbol{G}(\boldsymbol{r}^0, \boldsymbol{r}) \boldsymbol{S} + \boldsymbol{N} \tag{7.54}$$

然而,由于信源的稀疏性来源于空间方位,而并非时间序列,因此式(7.54)的求解较复杂。如前所述,一般而言,可以采用分别处理和联合处理各快拍数据的两种方式来处理多快拍情况,本章采用联合处理各快拍数据的方式。值得注意的是矩阵 $\boldsymbol{S}$ 是时间和空间的参数,然而源信号一般在时间上不满足稀疏性条件,故只能在空间上施加稀疏性,而在时间上不能施加稀疏性分析。

(1)首先,计算信源 $\boldsymbol{S}$ 某一特定空间维(特定方向)的所有时间样本的 l_2 - 范数,即 $\boldsymbol{S}_i^{l_2} = \|[\boldsymbol{S}_i(t_1), \boldsymbol{S}_i(t_2), \cdots, \boldsymbol{S}_i(t_T)]\|_2$;

(2)其次,由 $\boldsymbol{S}_i^{l_2}, i = 1, 2, \cdots, N$,构造矢量 $\boldsymbol{S}^{l_2} = [\boldsymbol{S}_1^{l_2}, \boldsymbol{S}_2^{l_2}, \cdots, \boldsymbol{S}_M^{l_2}]$;

(3)再次,计算矢量 $\boldsymbol{S}_i^{l_2}$ 的 l_i 范数;

(4)最后,将式(7.54)的求解转化为最优化问题,即

$$\min \|\boldsymbol{S}^{l_2}\|_1 \quad \text{s.t.} \quad \|\boldsymbol{G}(\boldsymbol{r}^0, \boldsymbol{r}) \boldsymbol{S} - \boldsymbol{X}\|_2 \leqslant \sigma \tag{7.55}$$

式中,σ 为约束参数,表示噪声能量(l_2 - 范数)的上界。为便于下面讨论,将式(7.55)称为基于多快拍的稀疏约束源定位方法 SLSC - Ⅱ。

式(7.52)和式(7.55)均为凸优化问题,可采用 CVX 工具箱对以上问题进行有效求解。综上所述,本章提出的基于稀疏约束的匹配场定位方法流程如图 7.4 所示。

(1)确定观测空间范围并离散化,确定栅格点位置。

(2)根据式(7.50),构造感知矩阵 $\boldsymbol{G}(\boldsymbol{r}^0, \boldsymbol{r})$,其列向量为栅格点位置对应的格林函数。

(3)获取阵列输出数据 $\boldsymbol{X} = [\boldsymbol{X}(t_1), \boldsymbol{X}(t_2), \cdots, \boldsymbol{X}(t_T)]$。若采用 SLSC - Ⅰ 算法,则进入步骤(4);若采用 SLSC - Ⅱ 算法,则进入步骤(5)。

(4)根据式(7.52),设置约束参数 ε,利用 CVX 工具箱寻找 $\boldsymbol{S}(t)$:在约束条件 $\|\boldsymbol{G}(\boldsymbol{r}^0,\boldsymbol{r})\boldsymbol{S}(t)-\boldsymbol{X}(t)\|_2\leqslant\varepsilon$ 下,使 $\|\boldsymbol{S}(t)\|_1$ 最小。

(5)根据式(7.55),设置约束参数 σ,利用 CVX 工具箱寻找 $\boldsymbol{S}$:在约束条件 $\|\boldsymbol{G}(\boldsymbol{r}^0,\boldsymbol{r})\boldsymbol{S}-\boldsymbol{X}\|_2\leqslant\sigma$ 下,使 $\|\boldsymbol{S}^{l_2}\|_1$ 最小。

(6)计算所有栅格点位置处的能量并绘制模糊度平面,模糊度平面上最高谱峰位置即为信源目标位置。

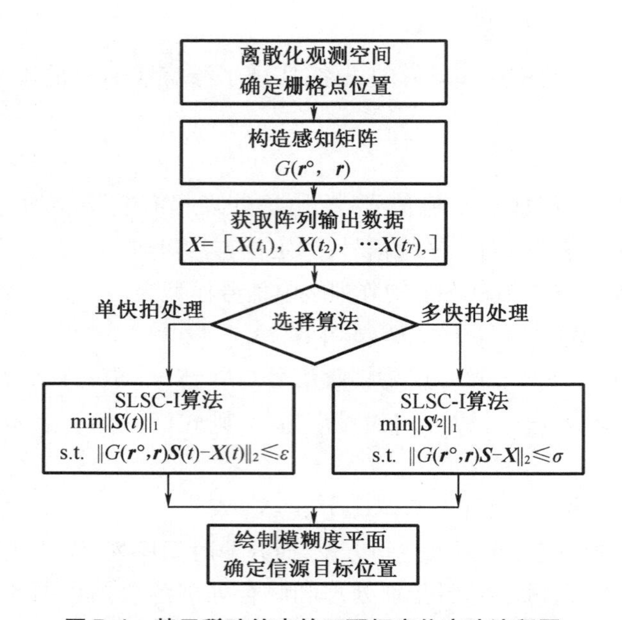

图 7.4　基于稀疏约束的匹配场定位方法流程图

7.4　数值仿真分析

本节中,我们将对上述算法进行仿真分析,讨论及评价其性能。首先,我们将在不同海洋波导环境下,比较各算法的模糊度平面;然后,讨论不同信噪比,模型失配,约束参数等条件下的算法性能。其中,算法性能指标由声源定位误差(source localization error, SLE)及主瓣旁瓣比(mainlobe - to - sidelobe ratio, MSR)衡量。此外,信噪比定义为

$$\mathrm{SNR}=20\log_{10}\left(\frac{\|\boldsymbol{G}(\boldsymbol{r},\boldsymbol{z})\boldsymbol{S}(t)\|_2}{\|\boldsymbol{N}(t)\|_2}\right)\tag{7.56}$$

式中,$\|\boldsymbol{N}(t)\|_2$ 代表噪声能量(l_2 - 范数);$\|\boldsymbol{G}(\boldsymbol{r},\boldsymbol{z})\boldsymbol{S}(t)\|_2$ 代表接收信号能量。

7.4.1　海洋波导中单源目标定位

本小节在 Pekeris 波导中考察各算法的定位效果。图 7.5(a)所示为典型的 Pekeris 波导环境,海水介质呈现分层分布状态,其物理参数不随距离而变化。海水及海底介质均匀分布。声波在海水中的传播速度为 1 500 m/s,海底深度为 1 000 m,声波在海底中的传播速

度为 2 000 m/s，海底介质密度为 2.0 g/cm^3。声源位于水下 150 m 处，水平距离垂直线阵(vertical line array，VLA)为 180 km，辐射信号频率为 10 Hz。垂直线阵由 9 个水听器组成，阵元间距为 100 m，最顶端水听器距离海面 100 m。如前所述，简正波理论适合于低频远距离声场建模，图 7.5(b)为在以上海洋环境下，利用简正波理论计算得到的前 9 阶模态幅度空间分布。

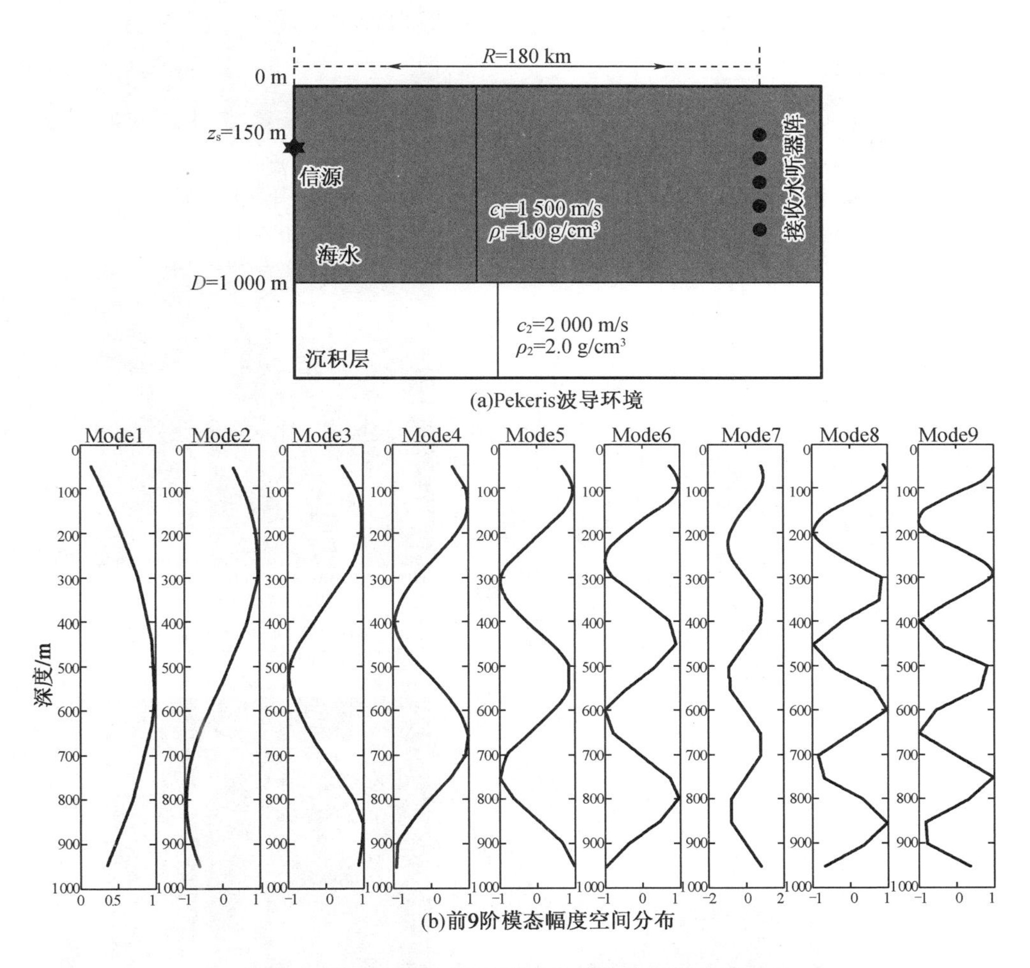

图 7.5　Pekeris 波导环境及前 9 阶模态幅度空间分布

此外，噪声设置为 10 dB，单快拍处理器和多快拍处理器的约束参数分别为 $\varepsilon = 1 \times 10^{-5}$ 和 $\sigma = 2 \times 10^{-5}$。多快拍采样数为 16。拷贝场搜索水平距离范围为 100 ~ 220 km，每 1 km 为一个栅格点；搜索深度范围为 50 ~ 850 m，每 100 m 为一个栅格点。各算法利用单快拍数据获得的模糊度平面如图 7.6 所示，利用多快拍数据获得的模糊度平面如图 7.7 所示。

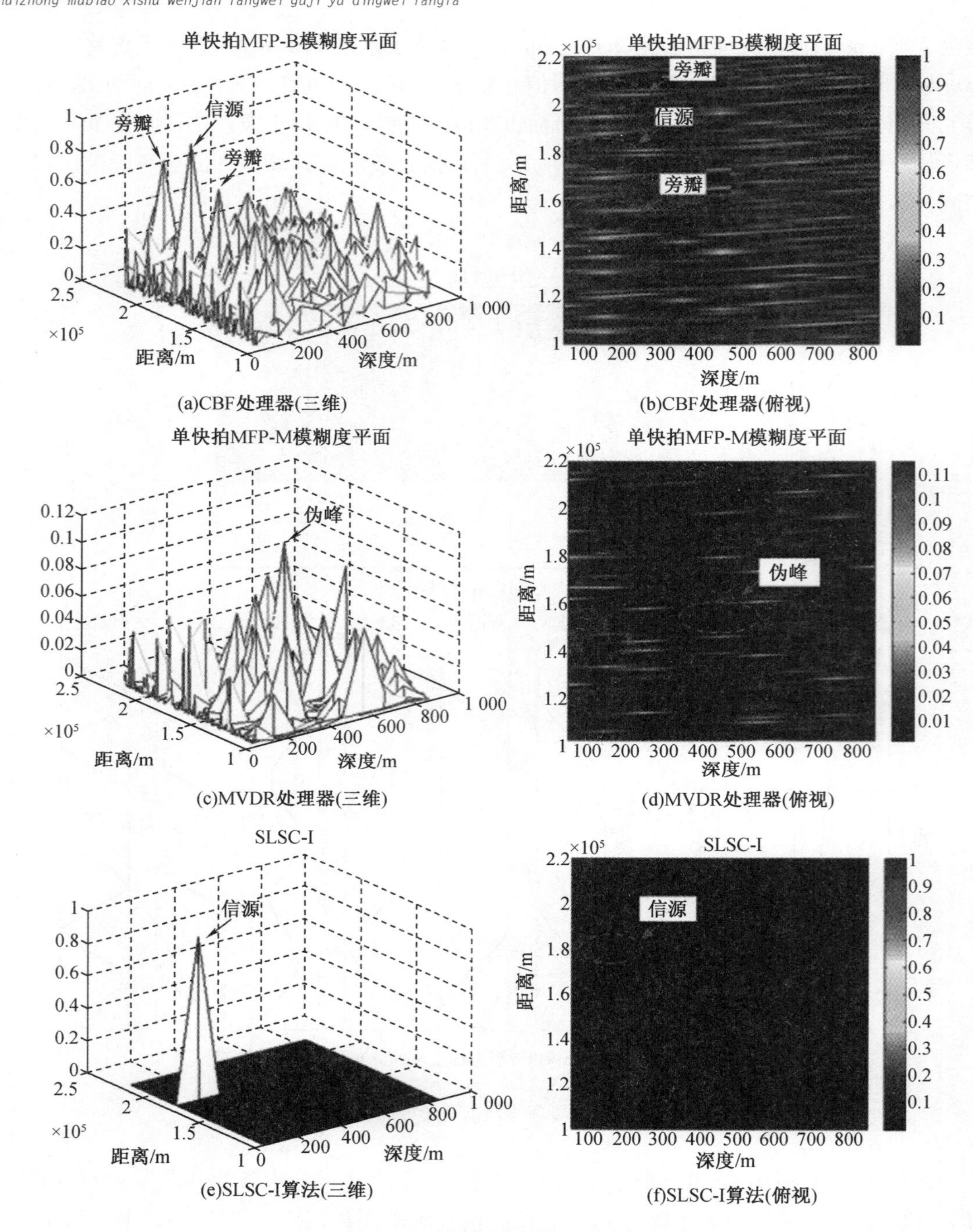

图 7.6　单快拍模糊度平面图

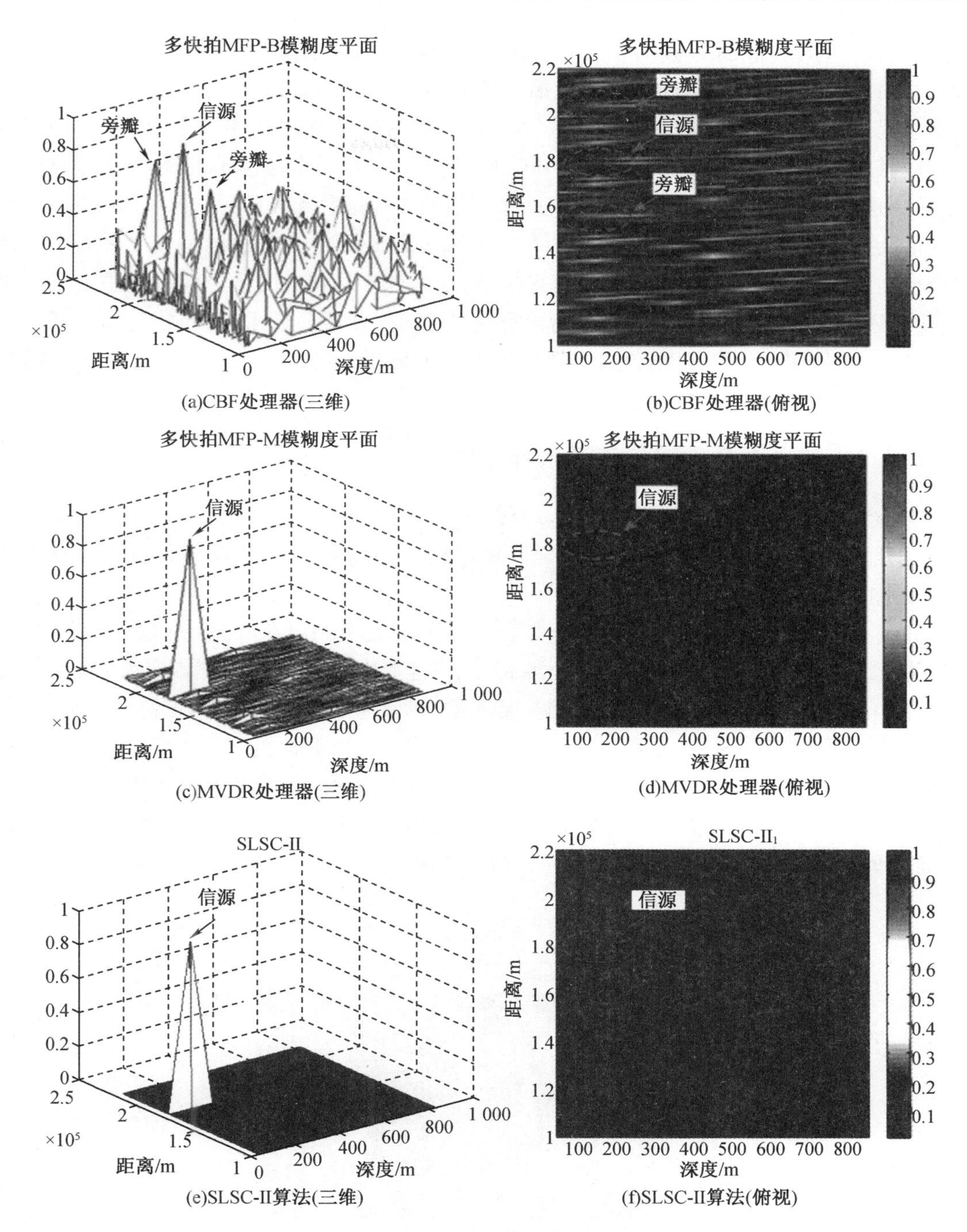

图7.7　多快拍模糊度平面图

从图7.6(a)、图7.6(b)及图7.7(a)、图7.7(b)中可以看出,无论在单快拍条件下还是在多快拍条件下,MFP－B算法的模糊度平面基本没有变化,说明CBF处理器的性能受快拍数影响较小。此外,MFP－B算法模糊度平面的一个显著特征是,在各阶模态干涉区域中,具有周期性起伏旁瓣,而且随着水平距离的增加,旁瓣幅度逐渐减小。另一方面,图7.6(c)、图7.6(d)及图7.7(c)、图7.7(d)分别为单快拍和多快拍条件下,MFP－M算法的模糊度平面。从图7.6(c)和图7.6(d)中明显看出,其模糊度平面上存在一个伪峰(由箭头指示)和一些明显的旁瓣(或干涉),故在单快拍条件下,MFP - M算法无法获取实际信源目标的真实位置。究其原因,最小方差无畸变处理器对快拍数较敏感,在小快拍数条件下,处理器性能将明显下降。相比之下,从图7.7(c)和图7.7(d)中可以看出,在多快拍条件下,模糊度平面上的伪峰和旁瓣均受到有效抑制,仅有一个明显的谱峰指示真实目标位置。图7.6(e)、图7.6(f)及图7.7(e)、图7.7(f)分别为SLSC - I算法和SLSC - II算法的模糊度平面。比较两个模糊度平面,可以发现,在本例仿真条件下,该两种算法获得的定位效果几乎一样。同时,我们还注意到,声源空间位置确实为稀疏的,其谱峰(如箭头所示)指示了目标的真实位置。通过本例分析,我们可以看出,本章所提出的SLSC - I和SLSC - II算法能在小快拍条件下对水下目标位置进行有效定位。

7.4.2 海洋波导中双相干源目标定位

本小节将在更加复杂的海洋环境下,考察算法对相干声源定位的效果。我们假定声速梯度随着深度而变化,该假定在实际海洋环境中具有普遍意义,对表明定位算法的有效性具有很强的说服力。

如图7.8所示为水平分层海洋环境,具有变声速梯度分布。在海面及3 000 m水深处,声速为1 500 m/s,在1 000 m及5 000 m水深处,声速为1 550 m/s。海底声速为2 000 m/s,密度为2.0 g/cm^3。水中存在两个相干声源,辐射信号频率为10 Hz。一个声源深度为150 m,与垂直线阵水平距离为180 km,另一个声源深度为230 m,与垂直线阵水平距离为130 km。垂直线阵总长度为900 m,由19个阵元组成,阵元间距为50 m,接近水面处阵元距离水面55 m。通过简正波理论计算,在此海洋环境下,声源共激发出42阶简正波模态,为方便起见,图7.9仅展示出前9阶模态幅度的空间分布情况。

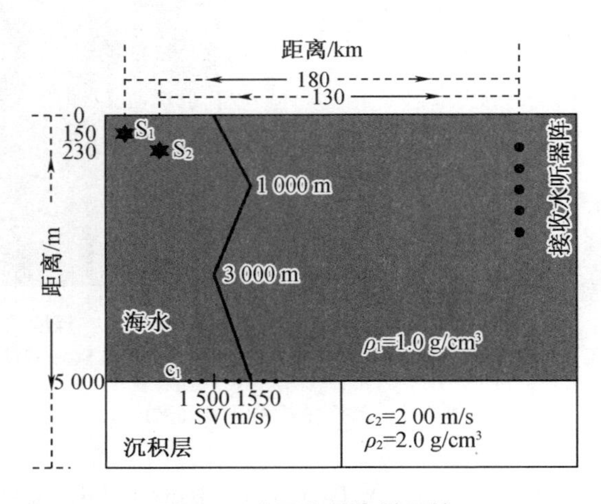

图7.8 水平分层海洋环境

此外,噪声设置为20 dB,约束参数分别为$\varepsilon = 1 \times 10^{-5}$和$\sigma = 1 \times 10^{-5}$。采样快拍数为16。拷贝场搜索水平距离范围为100 ~ 220 km,每1 km为一个栅格点;搜索深度范围为50 ~ 290 m,每10 m为一个栅格点。各算法利用单快拍数据获得的模糊度平面如图7.10所示,利用多快拍数据获得的模糊度平面如图 7.11 所示。

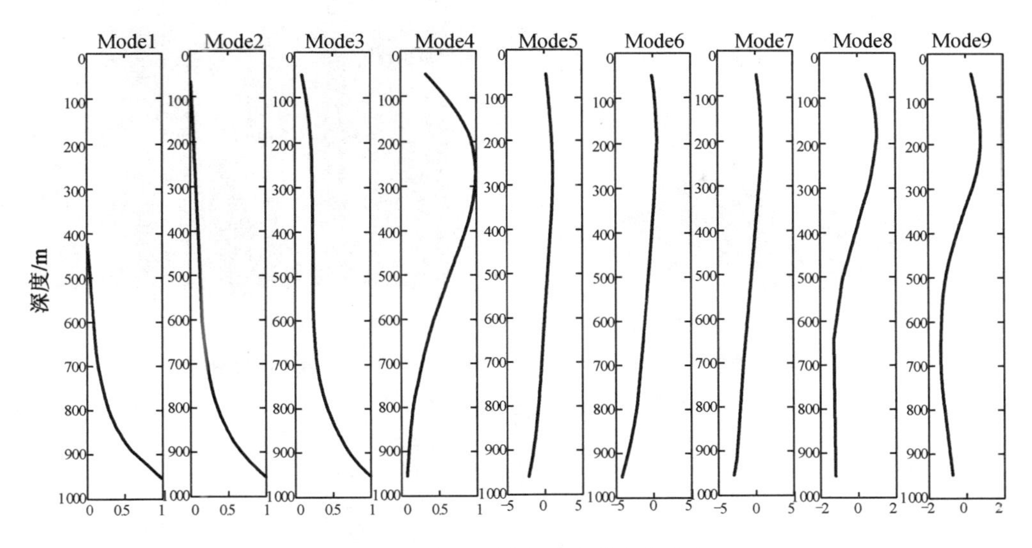

图 7.9 前 9 阶模态幅度的空间分布

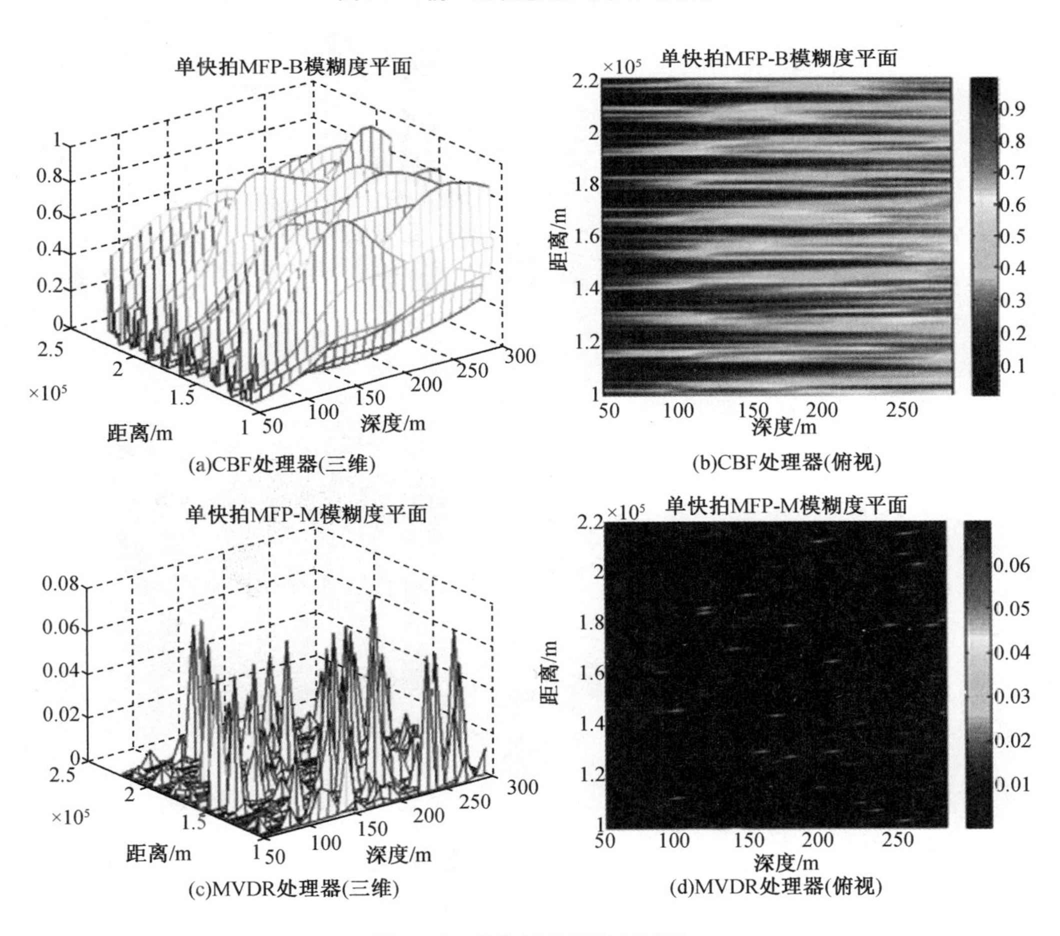

图 7.10 单快拍模糊度平面图

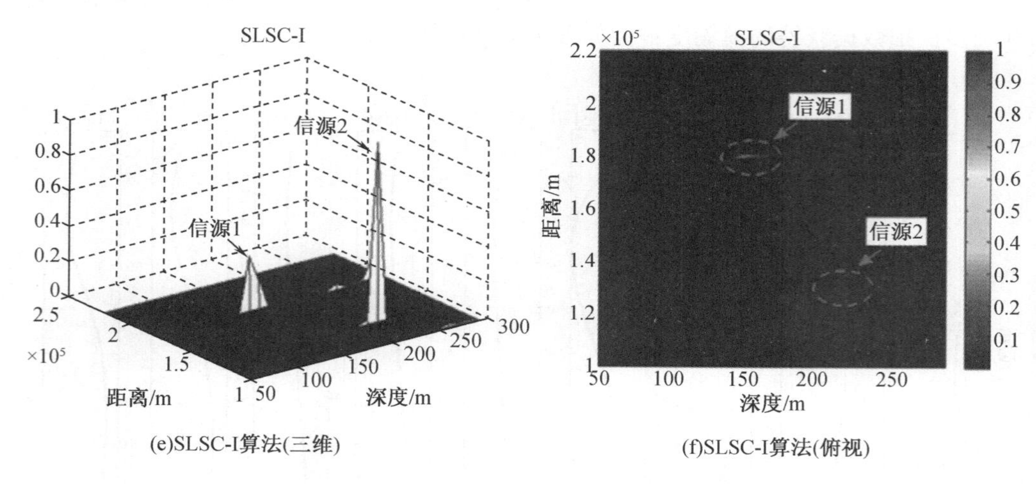

(e)SLSC-I算法(三维)　　(f)SLSC-I算法(俯视)

图 7.10(续)

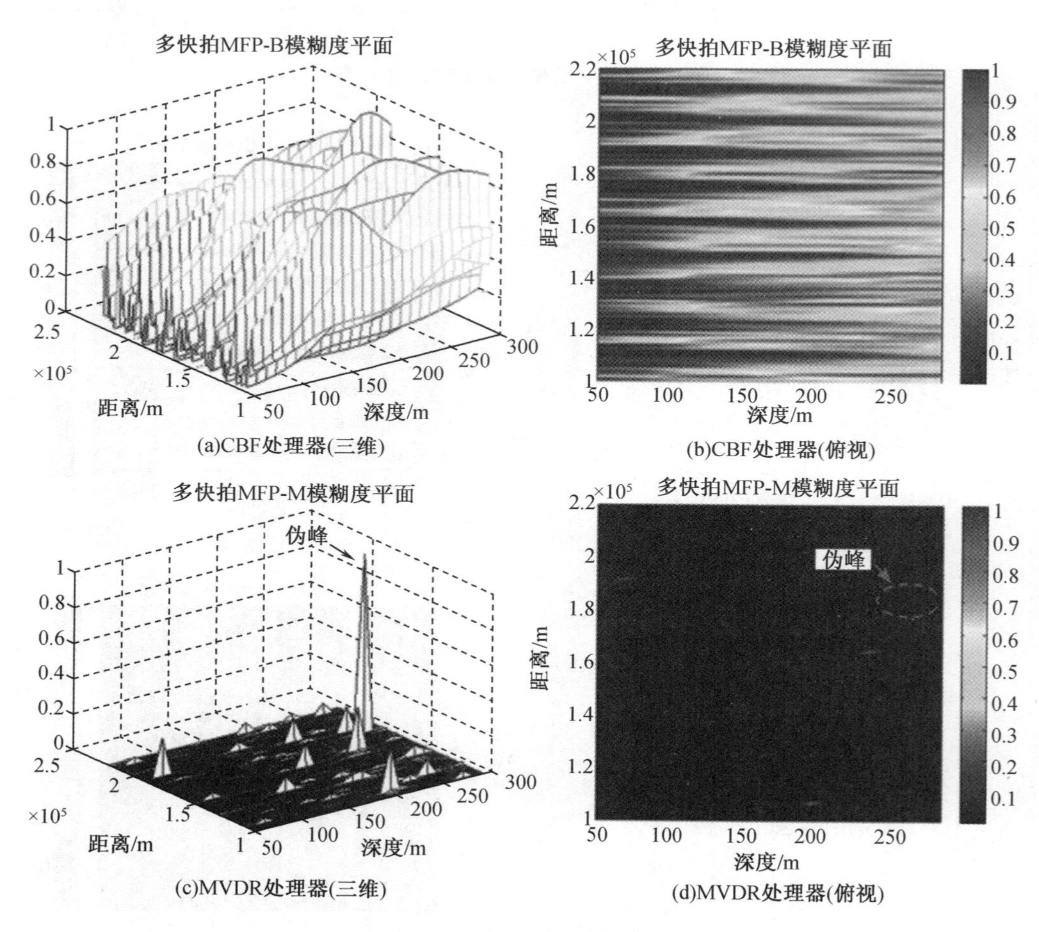

(a)CBF处理器(三维)　　(b)CBF处理器(俯视)

(c)MVDR处理器(三维)　　(d)MVDR处理器(俯视)

图 7.11　多快拍模糊度平面图

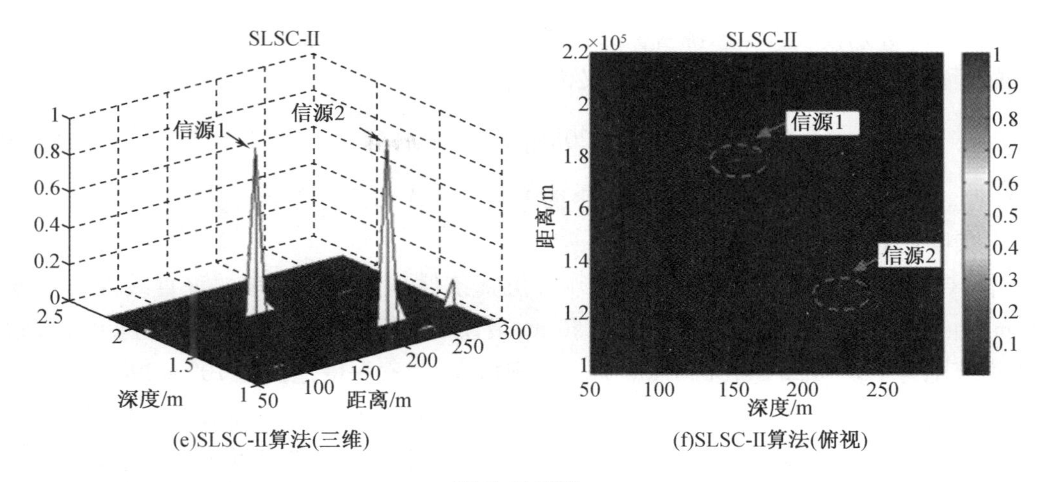

(e)SLSC-II算法(三维)　(f)SLSC-II算法(俯视)

图7.11(续)

正如前述讨论,常规波束形成处理器对小快拍数具有较强的稳健性,故其单快拍和多快拍条件下的模糊度平面基本相同,如图7.10(a)、图7.10(b)及图7.11(a)、图7.11(b)所示。然而,值得注意的是,在常规波束形成处理器模糊度平面上,存在许多深红色条带,也就是说,常规波束形成处理器存在明显的旁瓣,会对真实声源的位置产生较强的干扰。图7.10(c)、图7.10(d)和图7.11(c)、图7.11(d)所示为最小方差无畸变处理器分别利用单快拍与多快拍数据获得的模糊度平面。众所周知,小快拍数会引起最小方差无畸变处理器的性能退化,故单快拍和多快拍数据处理结果具有很大的差异。在图7.10(c)、图7.10(d)中,两个相干源信号被噪声淹没,根本无法区分目标。而在图7.11(c)、图7.11(d)中,仅存在一个尖锐的伪峰(箭头指示),该伪峰指示了错误的目标位置信息。因此,在本例仿真中,常规波束形成处理器和最小方差无畸变处理器均无法有效而准确地估计信源的真实空间位置。图7.10(e)、图7.10(f)及图7.11(e)、图7.11(f)分别为本文所提出的压缩感知匹配场定位方法利用单快拍和多快拍数据而获得的模糊度平面图。从图7.10(e)、图7.10(f)中可以看出,SLSC－I算法抑制了所有噪声的影响并无模糊地对双相干源进行了准确定位。然而,需要注意的是,实际估计所获得的双相干源幅度与预设情况明显不同,一个约为0.2,另一个约为0.8。相比之下,在图7.11(e)、图7.11(f)中,SLSC－II算法具有两个更加尖锐的谱峰。与前述分析一致,SLSC－II算法能够清晰指示出目标的真实位置(箭头指示)。本仿真结果表明,基于稀疏约束的源定位方法能在复杂海洋环境下(变声速梯度环境)对相干声源进行准确而有效的定位,比常规波束形成处理器和最小方差无畸变处理器具有更高的分辨能力。

7.4.3　统计性能分析

目前为止,我们已经比较分析了MFP－B、MFP－M、SLSC－I和SLSC－II四种算法的模糊度平面。如前所述,水下声源定位性能依赖于信噪比,阵型扰动及约束参数等因素。接下来,我们从统计学角度考察以上算法的定位性能,性能指标由声源定位误差和主旁瓣比决定。其中,声源定位误差SLE定义为欧几里得距离,即

$$\mathrm{SLE}=\sqrt{(r_0-r_{\mathrm{peak}})^2+(z_0-z_{\mathrm{peak}})^2}\tag{7.57}$$

式中，r_0 和 z_0 分别代表真实声源目标的距离和深度，r_{peak} 和 z_{peak} 分别代表模糊度平面上最高谱峰的距离和深度。主旁瓣比 MSR 定义为

$$\text{MSR} = 20\log_{10}\left(\frac{P_{\text{peak}}}{P_{\text{max - sidelobe}}}\right) \tag{7.58}$$

式中，P_{peak} 和 $P_{\text{max - sidelobe}}$ 分别代表模糊度平面上最高谱峰和最大旁瓣的功率。

1. 信噪比对定位性能的影响

本小节考察信噪比对定位性能的影响，仿真条件与上小节类似。垂直线阵总长度为 900 m，由 19 个水听器组成，阵元间距为 50 m，最顶端水听器距离海面 55 m。拷贝场搜索水平距离范围为 100 ~ 220 km，每 1 km 为一个栅格点；搜索深度范围为 100 ~ 290 m，每 10 m 为一个栅格点。在单快拍数条件下，约束参数设置为 $\varepsilon = 1 \times 10^{-5}$，信噪比由 −10 dB 变化到 30 dB，蒙特卡洛统计实验次数为 200 次。不同信噪比条件下单快拍算法性能如图 7.12 所示。

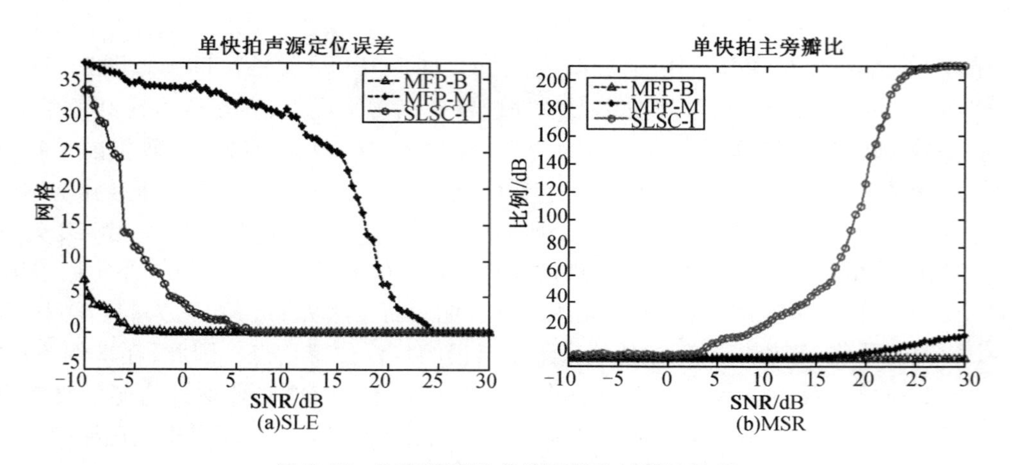

图 7.12　不同信噪比条件下单快拍算法性能

图 7.12(a) 为各种算法声源定位误差 SLE 随信噪比的变化曲线。可以看出，随着信噪比的增加，所有算法的定位误差减小，定位性能得到改善。在较高信噪比条件下，算法的定位误差趋近稳定。例如，在信噪比分别高于 24 dB、5 dB 和 −5 dB 时，MFP − M、MFP − B 和 SLSC − I 算法的定位误差趋于零。总体而言，在中等信噪比条件下（如 5 ~ 24 dB），MFP − B 和 SLSC − I 算法较 MFP − M 算法性能更优。然而，当信噪比低于 5 dB 时，SLSC − I 算法性能退化较快，定位误差高于 MFP − B 算法。另一方面，图 7.12(b) 为各种算法主旁瓣比 MSR 随信噪比的变化曲线。可以明显看出，在低信噪比条件下（如 −10 ~ 4 dB），所有算法的主旁瓣比 MSR 接近零。而在高信噪比条件下（高于 4 dB），随着信噪比的增加，所有算法的主旁瓣比均有所增加，以 SLSC − I 算法尤为明显。总体而言，SLSC − I 算法较 MFP − B 和 MFP − M 算法具有更低的定位误差和更高的主旁瓣比。

在多快拍数条件下，约束参数设置为 $\sigma = 1 \times 10^{-4}$，信噪比由 −10 dB 变化到 10 dB，蒙特卡洛统计实验次数为 200 次。不同信噪比条件下多快拍算法性能如图 7.13 所示。

图 7.13 中各算法曲线变化趋势与图 7.12 相似。在图 7.13(a) 中，MFP − B 和 SLSC − II

算法整体上优于 MFP – M 算法,具有较低的定位误差。但在低信噪比条件下,MFP – B 优于 SLSC – Ⅱ算法。在图 7.13(b)中,随着信噪比的增加,SLSC – Ⅱ算法的主旁瓣比显著变大,整体上明显优于 MFP – B 和 MFP – M 算法。与此同时,MFP – M 算法的主旁瓣比较 MFP – B 算法高 10 dB 左右。然而,值得注意的是,相比于单快拍情况(图 7.12),图 7.13 具有一个显著特征,当利用多快拍数据信息时,SLSC – Ⅱ算法的性能得到明显改善。例如,在 0 dB 条件下,SLSC – Ⅱ算法的定位误差为 0,主旁瓣比为 170 dB,而 SLSC – I 算法的定位误差为 3,主旁瓣比为 0 dB。

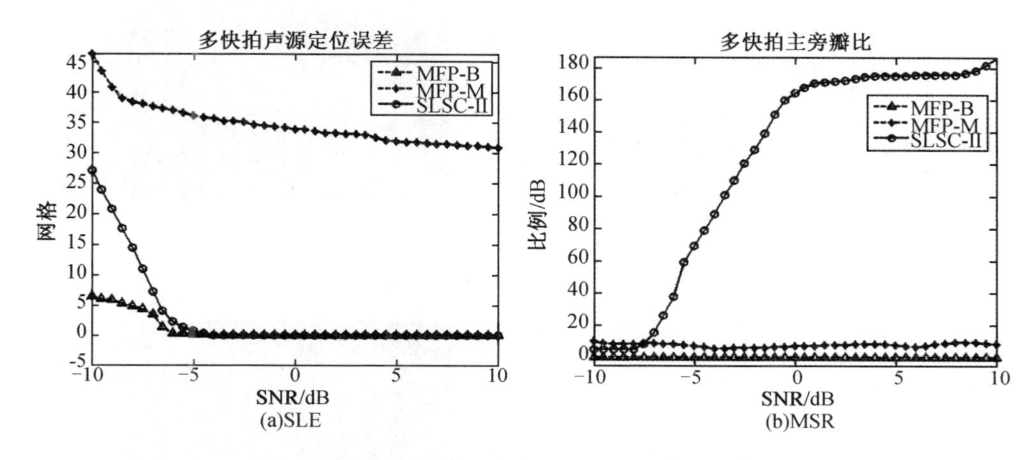

图 7.13　不同信噪比条件下多快拍算法性能

至此,可从本例中得出结论,在一定环境条件下,基于稀疏约束的源定位方法较 MFP – B 和 MFP – M 算法具有更高的分辨能力,即更低的定位误差和更高的主旁瓣比。

2. 模型失配对定位性能的影响

研究表明,水下声源目标定位方法的性能在很大程度上依赖于海洋波导环境,即对海洋环境参数及模型的失配较敏感,例如声速梯度误差、阵元位置误差及海水深度误差等。以上讨论并没有考虑实际声传播环境参数与声场计算模型参数失配问题,然而在实际应用中,参数失配问题已成为制约水下声源目标定位方法工程应用的主要瓶颈。众所周知,格林函数包含了水下声传播环境参数,若环境参数发生变化或受到扰动,格林函数必然随之变化。所以,我们可以通过格林函数定义模型失配,进而考察其对声源定位性能的影响。模型失配定义为

$$10\log_{10}\left(\frac{\|\Delta \boldsymbol{G}(\boldsymbol{r}_0,\boldsymbol{r})\|_F^2}{\|\boldsymbol{G}(\boldsymbol{r}_0,\boldsymbol{r})\|_F^2}\right) \tag{7.59}$$

式中,$\|\cdot\|_F$ 表示 Frobenius 范数;$\Delta \boldsymbol{G}(\boldsymbol{r}_0,\boldsymbol{r})$表示格林函数扰动。

仿真条件与上小节相同,为了清晰表明模型失配的影响,假设噪声不存在,模型失配为 -8 dB,约束参数 $\varepsilon = 1\times10^{-5}$。单快拍条件下,各算法的模糊度平面如图 7.14 所示。

从图 7.14(a)和图 7.14(b)可以看出,尽管我们能够识别声源目标(如箭头指示),但 MFP – B 算法的模糊度平面图呈现出较高的旁瓣,这些旁瓣周期性出现,严重地干扰了我们对真实目标的判断。此外,在图 7.14(c)和图 7.4(d)中,受阵型扰动的干扰,MFP – M 算法

出现明显的性能退化，甚至出现伪峰指示错误的目标位置。然而，从图 7.14(e)和图 7.14(f)中可以看出，在此模型失配条件下，SLSC－I 算法却能有效地抑制旁瓣或干扰，且其谱峰尖锐，进而能准确地估计出目标的真实位置。

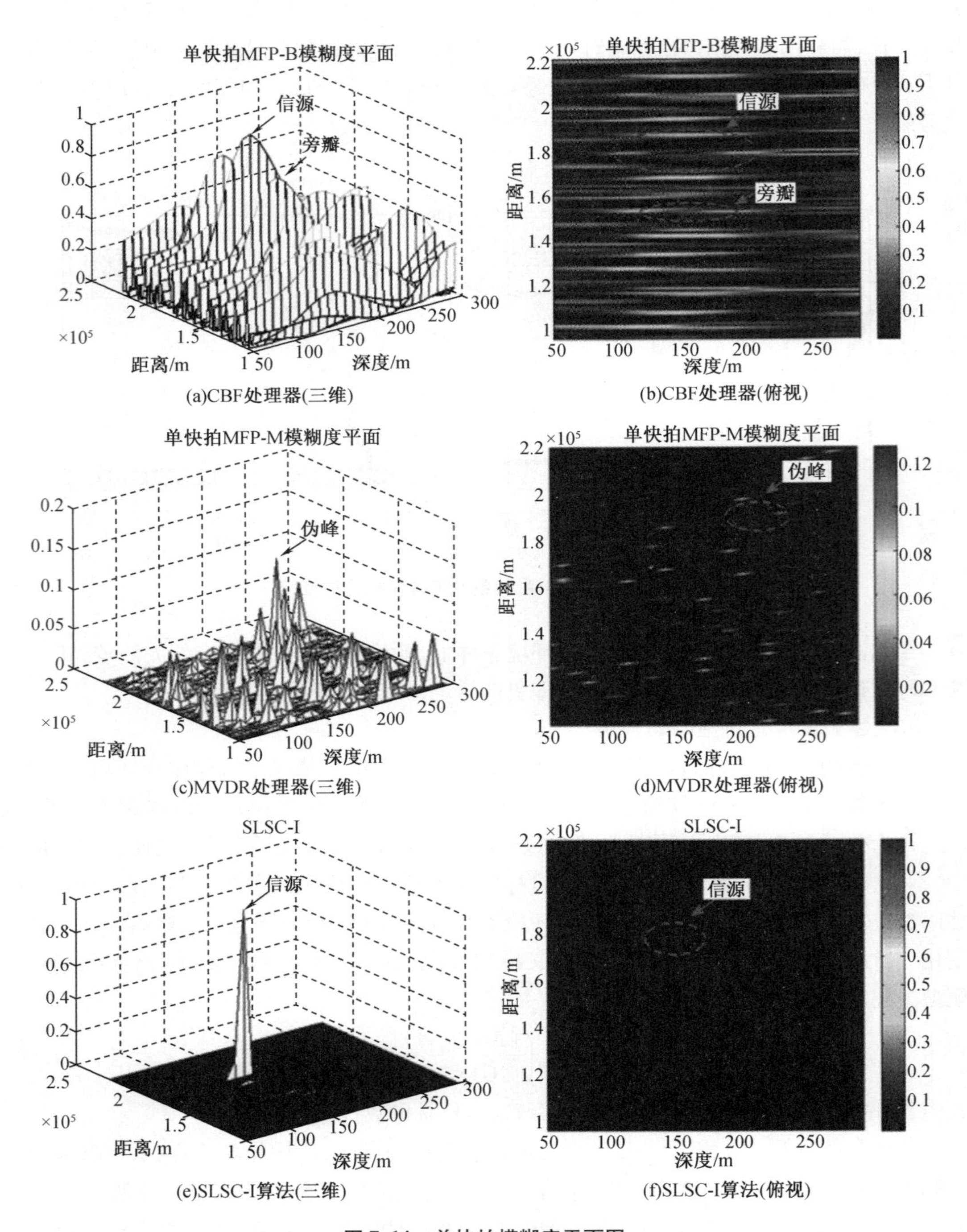

(a)CBF处理器(三维)　(b)CBF处理器(俯视)

(c)MVDR处理器(三维)　(d)MVDR处理器(俯视)

(e)SLSC-I算法(三维)　(f)SLSC-I算法(俯视)

图 7.14　单快拍模糊度平面图

为了进一步表明模型失配对算法性能的影响，我们从统计学角度分析不同模型失配条件下各算法的性能曲线。仿真条件如上,模型失配由 -20 dB 变化至 10 dB,蒙特卡罗实验次数为 200 次,单快拍条件下模型失配对算法性能影响如图 7.15 所示。

从图 7.15 可以看出,随着模型失配的增加,所有算法的声源定位误差 SLE 逐渐增加,主旁瓣比 MSR 逐渐降低。众所周知,CBF 处理器对模型失配具有较好的稳健性,故从整体上而言,其具有最低的声源定位误差。值得注意的是,SLSC - I 算法在较低模型失配条件下(如低于 -8 dB),与 MFP - B 算法的定位误差基本相同,但在较高模型失配条件下,其性能会略微下降。另一方面,最小方差无畸变处理器对模型失配敏感,整体上表现较差。例如,当模型扰动为 -10 dB 时,MFP - B 与 SLSC - I 算法可获得精确的定位结果,而 MFP - M 算法却存在较大的误差。此外,图 7.15(b)描述了主旁瓣比 MSR 曲线随模型失配的变化曲线。可以明显看出,当模型失配小于 -5 dB 时,SLSC - I 算法明显优于 MFP - B 和 MFP - M 算法,而当模型失配大于 -5 dB 时,所有算法的主旁瓣比 MSR 基本相同(接近于 0 dB)。

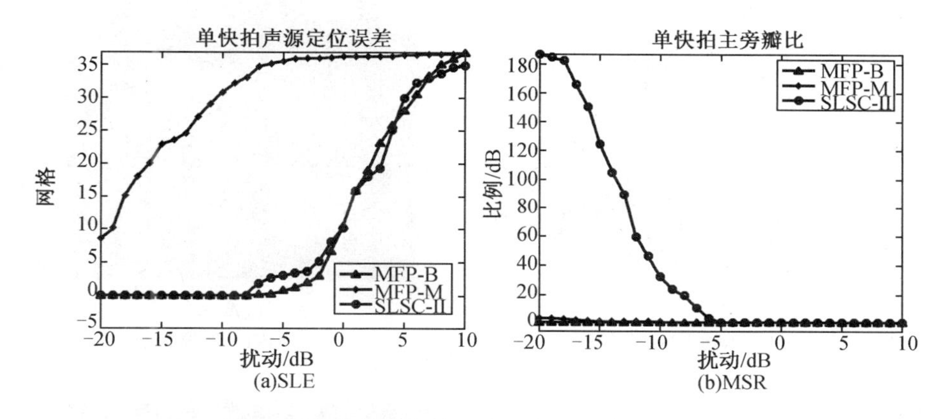

图 7.15 单快拍条件下模型失配对算法性能影响

接下来考察多快拍条件下模型失配对算法性能的影响。仿真条件与上述相同,模型失配为 -5 dB,约束参数 $\sigma = 1 \times 10^{-4}$。各算法模糊度平面仿真结果如图 7.16 所示。

从图 7.16 可以看出,多快拍模糊度平面图仿真结果与图 7.14 单快拍仿真结果相似:如图 7.16(a)和图 7.16(b)所示,MFP - B 算法具有较高的旁瓣,干扰了对真实目标位置的判断;如图 7.16(c)和 7.16(d)所示,MFP - M 算法受模型失配扰动较大,其性能出现严重退化。相比之下,SLSC - II 算法对模型失配具有较强的稳健性,其谱峰尖锐,能够清晰分辨出声源目标的真实位置。

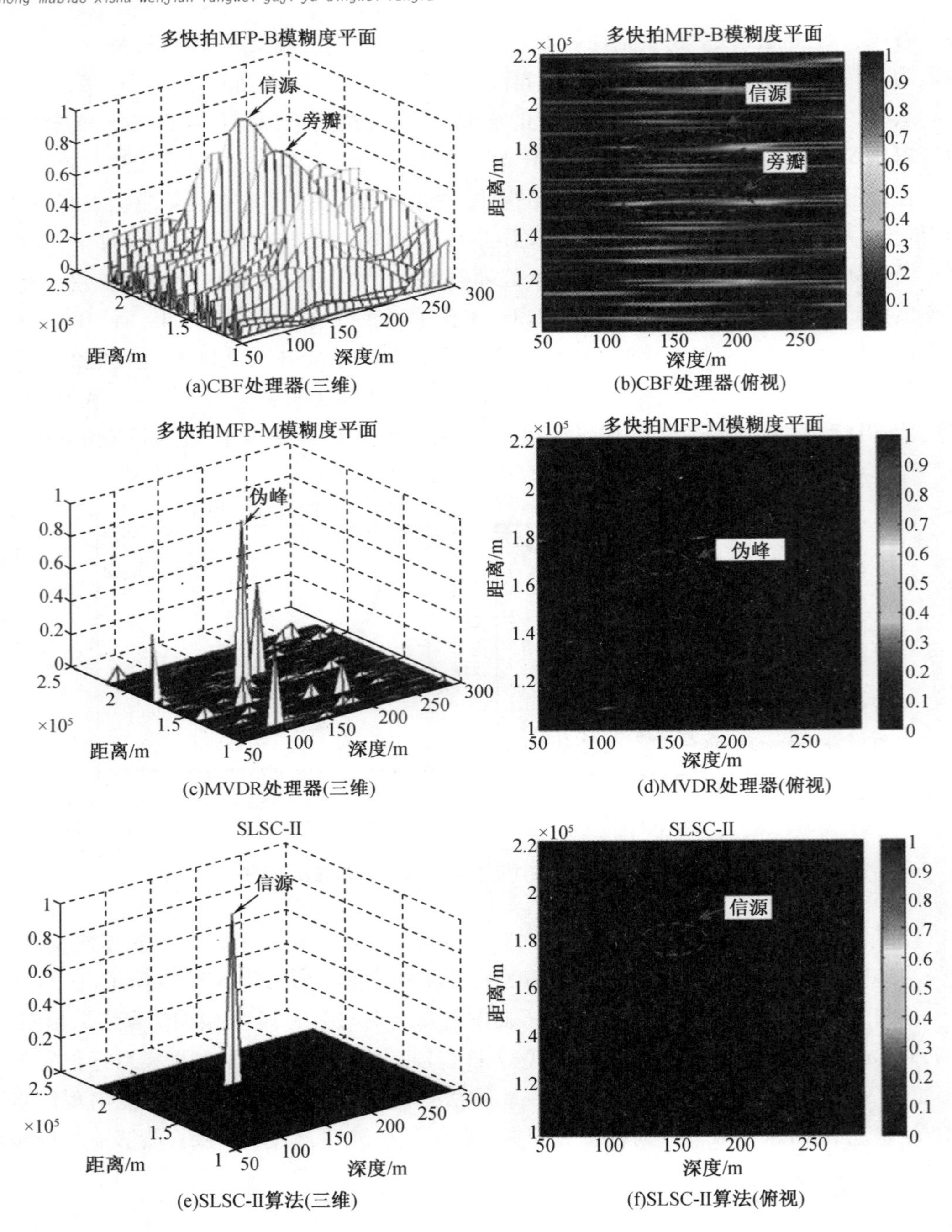

图 7.16　多快拍模糊度平面图

我们继续从统计学角度，考察多快拍算法性能曲线随模型失配的变化关系。仿真条件如上，模型失配变化范围为 -10 ~5 dB，仿真结果如图 7.17 所示。

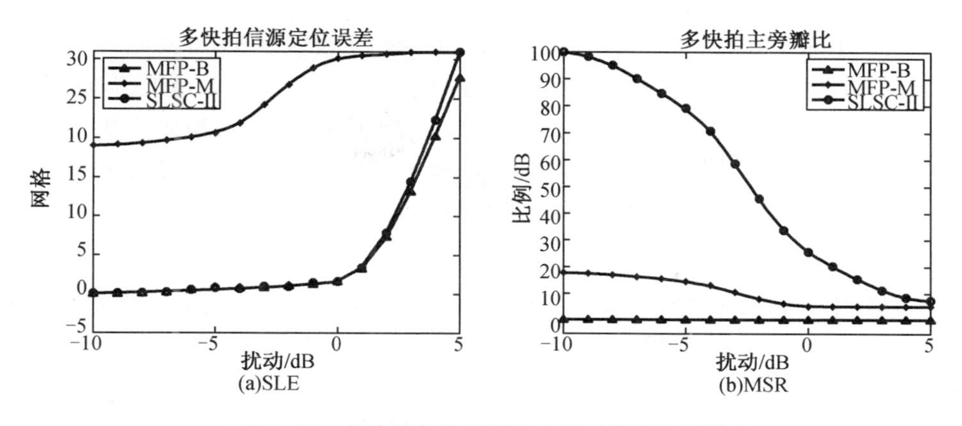

图 7.17 多快拍条件下模型失配对算法性能影响

从图7.17(a)可以看出,在模型失配低于0 dB时,MFP－B和SLSC－II算法较MFP－M算法具有更低的源定位误差SLE。而当模型失配高于0 dB时,MFP－B和SLSC－II算法均出现性能退化。图7.17(b)为主旁瓣比MSR随模型失配的变化关系。我们可以看出,随着模型失配的增加,SLSC－II算法的主旁瓣比MSR相应降低,但始终高于其他两种算法。本例仿真结果表明了SLSC－II算法对模型失配具有较强的稳健性。

3. 约束参数对定位性能的影响

以上讨论的仿真结果均假设在一个固定的约束参数条件下,然而理论研究及数值分析表明,只有选取合适的约束参数,基于稀疏约束的定位方法才能发挥其高分辨及稳健性能。故在实际工程应用中,如何正确选取约束参数至关重要。接下来,我们从统计学角度,考察不同约束参数条件下算法的性能变化,为后续的工程实践提供参考。

仿真条件与上述相同,单快拍约束参数ε变化范围为$0.5\times10^{-5}\sim5\times10^{-5}$,SLSC－I算法仿真结果如图7.18所示。

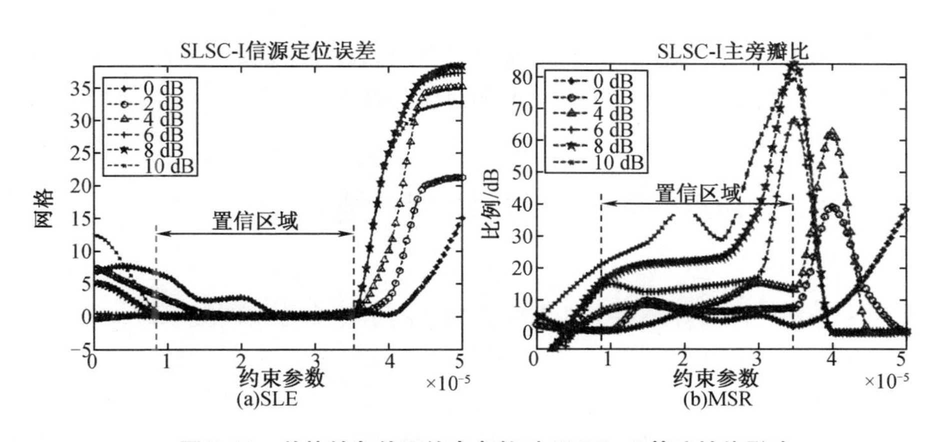

图 7.18 单快拍条件下约束参数对SLSC－I算法性能影响

图7.18(a)为在不同的信噪比条件下,SLSC－I算法的定位误差随约束参数的变化曲线。从图中可以看出,约束参数在$0.8\times10^{-5}\sim3.5\times10^{-5}$时,SLSC－I算法在整体上具有较低的定位误差。也就是说,在这个参数变化范围内(称为置信区间,如图虚线所示),算法达

到了较好的定位精度。但当约束参数高于3.5×10^{-5}时,定位误差变大,性能出现退化。图7.18(b)为在不同的信噪比条件下,SLSC-I算法的主旁瓣比随约束参数的变化曲线。从图中可以看出,约束参数在$0.8\times10^{-5}\sim3.5\times10^{-5}$时,信噪比越高,主旁瓣比越高。但当约束参数高于$3.5\times10^{-5}$时,由于不精确的定位误差[图7.18(a)],主旁瓣比仿真结果失效了。综上所述,基于稀疏约束的源定位算法的精度依赖于置信空间的选取(本例为$0.8\times10^{-5}\sim3.5\times10^{-5}$)。

此外,多快拍条件下的SLSC-II算法仿真结果如图7.19所示,仿真条件如上,约束参数σ变化范围为$1\times10^{-5}\sim2\times10^{-4}$。

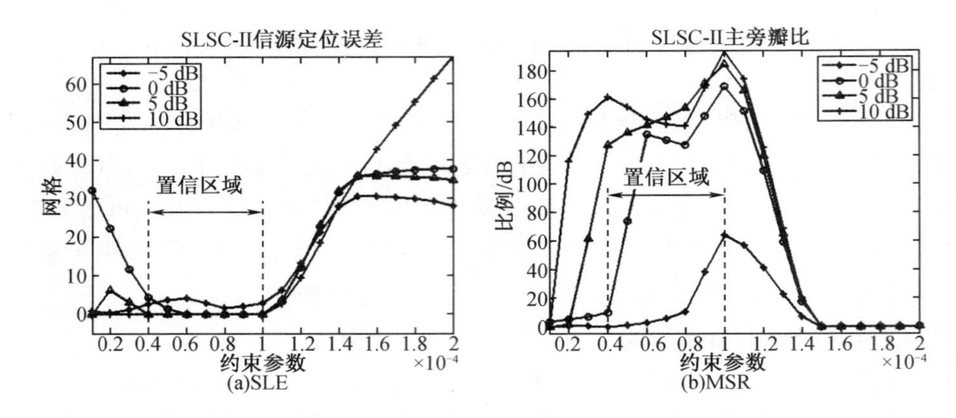

图7.19 多快拍条件下约束参数对SLSC-II算法性能影响

从图7.19中可以看出,置信区间可以定义为$0.4\times10^{-4}\sim1\times10^{-4}$(如图虚线所示)。在该置信区间内,SLSC-II算法较其他区间具有更低的定位误差SLE和更高的主旁瓣比MSR。同时,还可以观察到,当信噪比增加时,SLSC-II算法的性能得到改善。例如,SLSC-II算法在0 dB信噪比条件下较-5 dB信噪比条件具有更高的主旁瓣比。

本例数值仿真分析表明,在置信区间选取适当的条件下,本章所提出的基于稀疏约束的声源定位方法可获得更低的定位精度和更高的主旁瓣比。

7.5 本章小结

本章提出了一种海洋波导环境下基于稀疏约束的水下高分辨匹配场定位技术,该方法充分利用了信源空间稀疏性和水声传播规律,将定位问题转化为最优化稀疏求解问题,并通过凸优化工具进行有效求解。仿真分析表明,在低信噪比、相干源及阵型扰动等条件下,本章所提出的算法能够分辨空间方位较近的目标,较传统方法具有更高的空间分辨能力和更好的方位估计性能,充分验证了算法的有效性和正确性。

参考文献

[1] 王永良,陈辉,彭应宁,等.空间谱估计理论与算法[M].北京:清华大学出版社,2004.

[2] 孙超.水下多传感器阵列信号处理[M].西安:西北工业大学出版社,2007.

[3] 田坦,刘国枝,孙大军.声呐技术[M].哈尔滨:哈尔滨工程大学出版社,2000.

[4] KRIM H,VIBERG M. Two decades of array signal processing research: the parametric approach[J]. IEEE Signal Processing Magazine,1996,13(4):67-94.

[5] 李启虎.水声信号处理领域新进展[J].应用声学,2012,31(1):2-9.

[6] KUPERMAN W A,SONG H C. Integrating ocean acoustics and signal processing[C]. AIP Conference Proceedings,2012:69-82.

[7] CAPON J. High-resolution frequency-wave number spectrum analysis[J]. Processing of the IEEE,1969,57(8):1408-1418.

[8] FLANDRIN P, AMIN M, MCLAUGHLIN S, et al. Time-frequency analysis and applications[J]. IEEE Signal Processing Magazine,2013, 30(6): 19,150.

[9] COHEN L. Time-frequency analysis[M]. Englewood Cliffs, NJ: Prentice-Hall, 1995.

[10] BELOUCHRANI A,AMIN M G. Blind source separation based on time-frequency signal representations[J]. IEEE Transactions on Signal Processing,1998, 46(11): 2888-2897.

[11] BELOUCHRANI A,AMIN M G. Time-frequency MUSIC[J]. IEEE Signal Processing Letters,1999, 6(5):109-110.

[12] GERSHMAN A B,AMIN M G. Coherent wideband DOA estimation of multiple FM signals using spatial time-frequency distributions[C]. IEEE International Conference on Acoustics, Speech, and Signal Processing,2000:3065-3068.

[13] GHOFRANI S. Matching pursuit decomposition for high-resolution direction of arrival [J]. Multidimensional Systems and Signal Processing,2015, 26(3): 693-716.

[14] KHODJA M,BELOUCHRANI A,ABED-MERAIM K. Performance analysis for time-frequency MUSIC algorithm in presence of both additive noise and array calibration errors [J]. EURASIP Journal on Advances in Signal Processing,2012, 2012(1):94.

[15] 张贤达.矩阵分析与应用[M].北京:清华大学出版社,2004.

[16] BELOUCHRANI A,MERAIM K A, CARDOSO J F, et al. A blind source separation technique using second order statistics[J]. IEEE Transactions Signal Processing,1997,45(2):434-444.

[17] 蒋飚.基于空时相关阵联合对角化的子空间 DOA 估计[J].声学与电子工程,2006(z1):1-3.

[18] MATHEWS C P,ZOLTOWSKI M D. Direction finding with circular arrays via phase mode

excitation and Root - MUSIC[C]. IEEE International Conference on Acoustics, Speech, and Signal Processing,1992:1019 - 1022.

[19] RAFAELY B, BALMAGES I, EGER L. High - resolution plane - wave decomposition in an auditorium using a dual - radius scanning spherical microphone array[J]. Joural of Acoustical Society of America, 2007, 122:2661 - 2661.

[20] HU Y, LU J, QIU X. A maximum likelihood direction of arrival estimation method for open - sphere microphone arrays in the spherical harmonic domain[J]. Joural of Acoustical Society of America, 2015, 138:791 - 794.

[21] BAI M R, YAO Y H, LAI C S, et al. Design and implementation of a space domain spherical microphone array with application to source localization and separation[J]. Joural of Acoustical Society of America, 2016, 139:1058 - 1070.

[22] CANDÈS E J, WAKIN M B. An introduction to compressive sampling[J]. IEEE Signal Processing Magzine,2008,25(2):21 - 30.

[23] GORODNITSKY I F, RAO B D. Sparse signal reconstruction from limited data using FOCUSS: a re - weighted minimum norm algorith[J]. IEEE Transactions Signal Processing, 1997, 45(3):600 - 616.

[24] MALIOUTOV D, CETIN M, WILLSKY A S. A sparse signal reconstruction perspective for source localization with sensor arrays[J]. IEEE Transactions Signal Processing, 2005, 53(8):3010 - 3022.

[25] LI X, MA X C, YAN S F, et al. Single snapshot DOA estimation by compressive sampling[J]. Applied Acoustics,2013,74(7):926 - 930.

[26] SIMARD P, ANTONI J. Acoustic source identification: experimenting the minimization approach[J]. Applied Acoustics, 2013, 74(7):974 - 986.

[27] EDELMANN G F, GAUMOND C F. Beamforming using compressive sensing[J]. Joural of Acoustical Society of America, 2011, 130: 232 - 237.

[28] XENAKI A, GERSTOFT P, MOSEGAARD G. Compressive beamforming[J]. Joural of Acoustical Society of America, 2014, 136:260 - 271.

[29] CLAIRE D, KUPERMAN W A. Exploring the limits of matched - field processing[J]. Joural of Acoustical Society of America,2010,128(4):2431 - 2431.

[30] 熊鑫,章新华,高成志,等.水中目标被动定位技术综述[J].舰船科学技术,2010,32(7):140 - 143.

[31] 黄益旺,杨士莪,朴胜春,等.基于声线传播时间匹配场处理的失配研究[C]//2005年全国水声学学术会议论文集.上海:《声学技术》编辑部,2005:1 - 3.

[32] 杨坤德,马远良,张忠兵,等.不确定环境下的稳健自适应匹配场处理研究[J].声学学报,2006,31(3):255 - 262.

[33] 宫在晓,张仁和,李秀林,等.浅海脉冲声传播及信道匹配实验研究[J].声学学报,2005,30(2):108 - 114.

[34] 施国全.低信噪比下运动目标的被动定位和参数估计[J].声学与电子工程,2000

(2):5 -9.

[35] YARDIM C,GERSTOFT P,HODGKISS W S,et al. Compressive geoacoustic inversion using ambient noise[J]. Journal of the Acoustical Society of America,2014,135(3):1245 -1255.

[36] MANTZEL W,ROMBERG J,SABRA K. Compressive matched - field processing[J]. Journal of the Acoustical Society of America,2012,132(2):90 -102.

[37] 张小飞,汪飞,徐大专. 阵列信号处理的理论和应用[M]. 北京:国防工业出版社,2010.

[38] VAN TREES H L. Optimum array processing[M]. New York:Wiley,2002.

[39] 刘德树,罗景青,张剑云. 空间谱估计及其应用[M]. 合肥:中国科学技术大学出版社,1997.

[40] CAPON J. High - resolution frequency - wave number spectrum analysis[J]. Processing of the IEEE,1969,57(8):1408 -1418.

[41] WIDROW B,MANTEY P E,GRIFFITHS L J,et al. Adaptive antenna systems[J]. Processing of the IEEE,1967,55(12):2143 -2159.

[42] APPLEBAUM S P,CHAPMAN D J. Adaptive arrays with main beam constraints[J]. IEEE Transactions on Antennas and Propagation,1976,24(5):650 -662.

[43] 王永良,彭应宁. 空时自适应信号处理[M]. 北京:清华大学出版社,2000.

[44] MILLER M I, FUHRMANN D R. Maximum likelihood narrowband direction finding and the EM algorithm[J]. IEEE Transactions on Acoustics,Speech,and Signal Processing,1990,38(9):1560 -1577.

[45] SCHMIDT R O. Multiple emitter location and signal parameter estimation[J]. IEEE Transaction Antennas and Propagation,1986,34(3):276 -280.

[46] RAO B D,HARI K V S. Performance analysis of Root - MUSIC[J]. IEEE Transactions on Acoustics,Speech,and Signal Processing,1989,37(12):1939 -1949.

[47] ROY R,KAILATH T. ESPRIT:estimation of signal parameters via rotational invariance techniques[J]. IEEE Transactions on Acoustics,Speech,and Signal Processing,1989,37(7):984 -995.

[48] KRAEUTNER P H,BIRD J S,CHARBONNEAU B,et al. Multi - angle swath bathymetry sidescan quantitative performance analysis[C]. IEEE OCEANS,2002,4:2253 -2263.

[49] SONG H Y,PIAO S C. A new method for DOA and amplitude joint estimation[C]. IEEE Conference on Industial Electronics and Applications,2009:1097 -1102.

[50] 李海森,黎子盛,周天,等. MSB - CAATI 算法在多波束测深系统中的应用[J]. 声学技术,2007,26(2):286 -290.

[51] 张贤达. 现代信号处理[M]. 2 版. 北京:清华大学出版社,2002.

[52] YILMAZER N,KON J,SARKAR T K. Utilization of a unitary transform for efficient computation in the matrix pencil method to find the direction of arrival[J]. IEEE Transactions on Antennas and Propagation,2006,54(1):175 -181.

[53] 宋海岩,时洁,刘伯胜,稳健空间谱估计及其应用[M].哈尔滨:哈尔滨工程大学出版社,2014.

[54] 李峰,郭毅.压缩感知浅析[M].北京:科学出版社,2015.

[55] CANDÈS E J,WAKIN M B. An introduction to compressive sampling[J]. IEEE Signal Processing Magazine,2008,25(2):21-30.

[56] PEYRE G. Best basis compressed sensing[J]. IEEE Transactions on Signal Processing, 2010,58(5):2613-2622.

[57] RAUHUT H,SCHNASS K,VANDERGHEYNST P. Compressed sensing and redundant dictionaries[J]. IEEE Transactions on Information Theory,2008,54(5):2210-2219.

[58] 石光明,林杰,高大化,等.压缩感知理论的工程应用方法[M].西安:西安电子科技大学出版社,2017.

[59] CANDÈS E,TAO T. Near optimal signal recovery from random projections:Universal encoding strategies[J]. IEEE Transactions on Information Theory. 2006,52(12):5406-5425.

[60] DONOHO D L,ELAD M, TEMLYAKOV V N. Stable recovery of sparse overcomplete representations in the presence of noise[J]. IEEE Transactions on Information Theory, 2006,52(1):6-18.

[61] 李树涛,魏丹.压缩传感综述[J].自动化学报,2009,35(11):1369-1377.

[62] 张友文.稀疏信号处理技术及其在水声中的应用[M].哈尔滨:哈尔滨工业大学出版社,2020.

[63] DONOHO D. Compressed sensing[J]. IEEE Transaction on Information Theory,2006,52(4):1289-1306.

[64] 伍飞云,杨坤德,童峰.稀疏水声信号处理与压缩感知应用[M].北京:电子工业出版社,2020.

[65] 宋海岩,朴胜春,秦进平.基于矢量最优化的稳健波束形成方法[J].兵工学报,2012,33(10):1222-1229.

[66] BOYD S, VANDENBERGHE L. Convex optimization [M]. Cambridge: Cambridge University Press,2004.

[67] 宋海岩,朴胜春,秦进平.矢量最优化稳健波束形成性能分析[J].电子学报,2012,40(7):1351-1357.

[68] MALLAT S G, ZHANG Z. Matching pursuits with time-frequency dictionaries[J]. IEEE Transactions on Signal Processing,1993,41(12):3397-3415.

[69] 杨德森,洪连进.矢量水听器原理及应用引论[M].北京:科学出版社,2009.

[70] 尹世梅.矢量传感器阵时频联合方位估计[D].哈尔滨:哈尔滨工程大学,2009.

[71] 朱华,黄辉宁,李永庆,等.随机信号分析[M].北京:北京理工大学出版社,2005.

[72] 唐向宏,李齐良.时频分析与小波变换[M].北京:科学出版社,2008.

[73] WIGNER E. On the quantum correction for thermodynamic equilibrium[J]. Physical Review,1932,40(5):749-759.

[74] 王宏禹.非平稳信随机号分析与处理[M].北京:国防工业出版社,1999.

[75] COHEN L. Time - frequency analysis[M]. New Jersey:Prentice - Hall,1995.

[76] BELOUCHRANI A,AMIN M G. Blind source separation based on time - frequency signal representations[J]. IEEE Transactions on Signal Processing,1998, 46(11): 2888 -2897.

[77] BELOUCHRANI A, AMIN M G,ABED - MERAIM K. Direction Finding in correlated noise fields based on joint block - diagonalization of spatio - temporal correlation matrices [J]. IEEE Signal Processing Letters,1997,4(9):266 -268.

[78] SONG H Y, PIAO S C. DOA estimation method based on orthogonal joint diagonalization of high - order cumulant[J]. Journal of Electronics & Information Technology,2010,32 (4):967 -972.

[79] 何祚镛,赵玉芳.声学理论基础[M].北京:国防工业出版社,1981.

[80] 杜功焕.声学基础[M].上海:上海科学技术出版社,1981.

[81] 刘伯胜,雷家煜.水声学原理[M].哈尔滨:哈尔滨工程大学出版社,2002.

[82] 汪德昭,尚尔昌.水声学[M].北京:科学出版社,1981.

[83] 郑国垠,汤渭霖,范军.充水有限长圆柱薄壳声散射:Ⅱ.实验[J].声学学报,2010,35 (1):31 -37.

[84] 郑国垠,范军,汤渭霖.充水有限长圆柱薄壳声散射:Ⅰ.理论[J].声学学报,2009,34 (6):490 -497.

[85] TEUTSCH H. Modal Array Signal Processing:Principles and Applications of Acoustic Wave - field Decompositon[M]. Berlin Heidelberg:Springer - Verlag ,2007.

[86] SONG H Y,QIN J P,YANG C Y,et al. Circular array direction - of - arrival estimation in modal space using sparsity constraint[J]. Acoustical Science and Technology,2018,39 (5):343 -354.

[87] 惠俊英,生雪莉.水下声信道[M].2 版.北京:国防工业出版社,2007.

[88] 宋海岩.具有高稳健性的浅海目标方位估计方法研究[D].哈尔滨:哈尔滨工程大学,2011.

[89] 李启虎.声呐信号处理引论[M].2 版.北京:海洋出版社,2000.

[90] ETTER P C.水声建模与仿真[M].蔡志明,译.3 版.北京:电子工业出版社,2005.

[91] 孙万卿.浅海水声定位技术及应用研究[D].青岛:中国海洋大学,2007.

[92] CANDY J V,SULLIVAN E J. Ocean acoustic signal processing:a model - based approach [J]. Journal of the Acoustical Society of America,1992,92(6):3185 -3201.

[93] CANDY J V,SULLIVAN E J. Passive localization in ocean acoustics: a model - based approach[J]. Journal of the Acoustical Society of America,1995,98(3):1455 -1471.